U0145541

凝煉知識品味閱讀

管理數學

Python與R

第三版

邊玩程式邊學數學，不小心變成數據分析高手

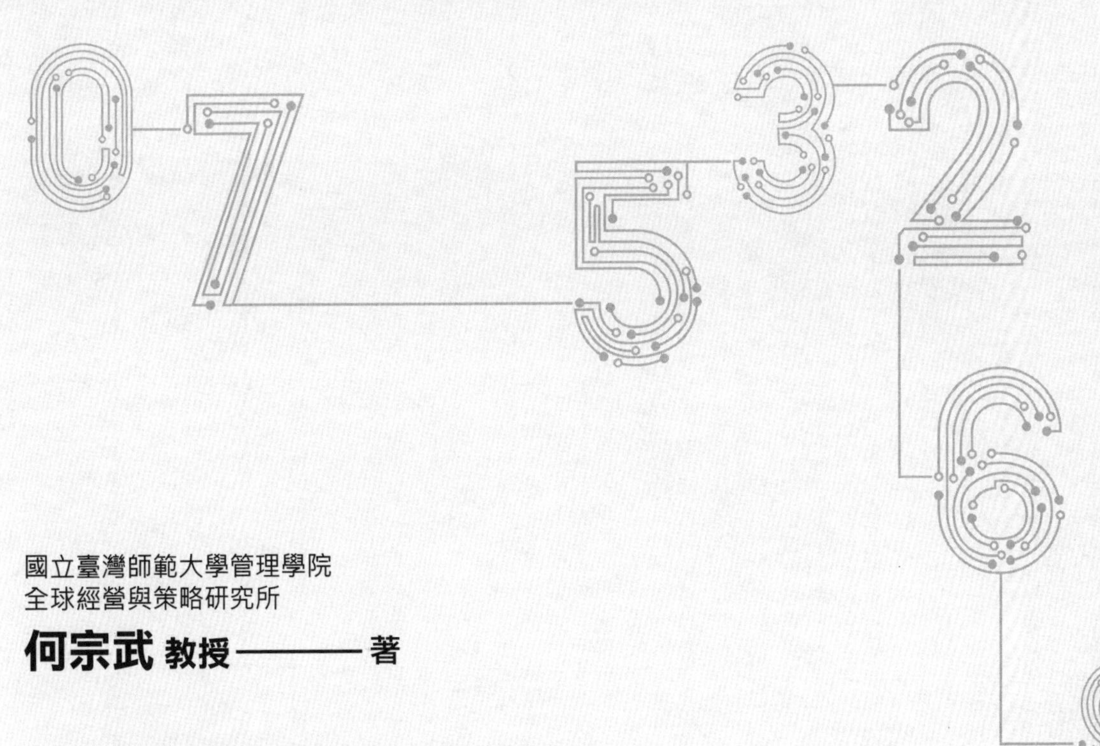

國立臺灣師範大學管理學院
全球經營與策略研究所

何宗武 教授——著

五南圖書出版公司 印行

推薦序

管理數學已為商管領域中數量方法的重要基礎，本書主要內容包括「微積分」與「矩陣代數」，並搭配實務面應用，如「數學規劃」及「管理決策」等。

與數學一樣講求邏輯思維的程式設計，近年來由於大數據與人工智慧的興起，帶動了一股軟體應用程式設計的學習熱潮，而過去幾年 Python 語言在 codeEval.com 的最夯程式語言中名列第一，毫無疑問 Python 已成為當今最熱門的程式語言。Python 程式碼簡單好理解、有超豐富的函式庫可以運用，是非常適合商管領域初學者學習的程式語言。

將當今最熱門及最適合商管領域初學者學習的程式語言 Python 與管理數學內容結合起來是本書的最大特色；讀者可將數學的運算邏輯透過程式語言來實現演算，過程中除了可以學習到數量方法與程式語法之外，對於商管領域未來實務應用與發展能力上奠定了深厚的基礎，例如：現今金融業蓬勃發展的金融科技（FinTech）。

末學與何宗武教授是相識多年的好友，同時也是在大數據、人工智慧與金融科技發展上的同好伙伴，深知何教授在財經與金融大數據等研究領域表現卓越，並且也出版多本與商管相關的程式語言書籍，對於商管程式教育不遺餘力。而《管理數學、Python 與 R：邊玩程式邊學數學，不小心變成數據分析高手》一書著重以企業管理為主的理論學習架構，搭配 Python 程式語言實現運算邏輯，內容淺顯易懂，非常適合商管相關科系的學生來學習，在此鄭重推薦給大家研讀，相信收穫一定滿滿。

陳育仁
國立高雄科技大學
會計資訊系、資訊財務碩士學位學程 教授
財金大數據中心 主持人
2019/5/24

再版序

2019 本書初版問世，2022 虎年改版。二版的內容延續第一版，除了勘誤的修正之外，在程式實作方面也添加了 R 的部分。雖然 R 在解數學問題上，比不上 Python 和 Matlab，但是，依然有它可取之處。至少就延伸資料科學的學習，從此是一個入門。

這次改版要謝謝國立臺灣師範大學管理學院企管系的同學們，這本書用於大一微積分和管理數學，很多用功的同學，有教的部分，題目做爛了，沒教的部分也做很多，因此回饋給我很多勘誤與教學建議，讓第二版修改了不少從學習者角度思考的寫法。同時，數學規劃和矩陣代數也增加了篇幅。學數學必須一再練習致熟能生巧，所以必須「Hands-on」，管理數學「Management Mathematics」，轉句廣告台詞：「M&M，只融你手，不融你口」。

何宗武

於臺師大管理學院 2022/1/20

初版序

過去 20 年，如果要處理資料都需要去圖書館拿年鑑或月報，然後用人工輸入。近來因為科技發展，讓數據的蒐集和使用愈來愈便捷，很多領域都開始面對大量數據躺在那邊。數字多的學科，須要了解資料探勘和數據分析的用途；用文字多的學門，則面臨文字分析和自然語言處理的學習。自己用不用沒關係，但是要能看得懂他人產生的報告。

坊間不缺管理數學的書，但是就內容編寫而言，會反應作者心中的核心學科。例如，有的側重微積分，有的側重作業研究（operation research）或數學規劃，有的甚至沒有足夠的矩陣代數篇幅。因此，以管理數學為經，本書設想的是以企業管理為主的學習架構，分四部分：微分和積分與矩陣代數和數學規劃。對於上學期可以講授 3 學分微積分，下學期可以講授矩陣代數和數學規劃。這是本書內容的第一個特色。

另外，目前商管學院和人文社會相關科系，幾乎都須要有一點程式概念，各校均增添程式教育課程。非資訊相關學門，程式學習入門最好能融入特定課程，而不要一開始就開一門獨立的程式語言課程。在這樣的背景之下，每一個部分結尾，納入循序漸進的 Python 章節，先把 Python 當成計算機，可以手算習題，然後用五六行的 Python 碼驗算。這樣一年課程下來，就會熟悉 Python 的運行邏輯。將 Python 融入課程，這是本書第二個特色。

然而，在 4 個部分之後，本書依然續編了 5-8 部分的 Python 介紹，以供有興趣的同學在整門課結束後可以利用暑假繼續學習。每部分的 Python 學習手冊，可以使用 Python 於習題練習，確認答案，繪圖，以及符號運算。

本書完成，一要感謝臺灣師範大學提供優良的研究與教學環境，讓本人能專心工作；二要感謝五南出版社別具慧眼，在教科書市場競爭之下，願意出版這樣一本教科書。本書有任何疏漏與未竟之處，皆是本人的責任。

何宗武

於臺師大管理學院 2019/5/17

目　錄
Contents

4

矩陣代數

5

數學規劃與管理決策

*下載本書相關檔案，請上五南官網 https://www.wunan.com.tw，首頁搜尋書號 1FWC。

第1部

管理數學原理

第❶堂課

數學基礎

1.1 函數入門

現代數學的基礎在於函數，函數的定義域和值域是數的集合，管理數學處理的數據範圍是實數，所以我們先從實數（real numbers）的觀念著手。本節將簡單複習一下實數、函數的觀念。

實數

以座標軸的 X 軸爲例，只要能夠實際在 X 軸標畫出來的線稱爲實線（real line），線上每個點的座標值，稱爲實數；Y 軸亦然。實線以 0 爲原點，分爲左邊爲負數、右邊爲正數兩個區域。非負實數是指：不是「正」就是「零」的數。實線上，愈往左愈小；反之愈大。如圖 1-1，實數系由「有理數系」（rational numbers）和「無理數系」（irrational numbers）兩個體系構成。任一實數，若能由分數表示者，則爲有理數；反之，則爲無理數。

有理數的型式有兩種：

1. 有限小數。例如：$0.25=\dfrac{1}{4}$；$1.875=1\dfrac{7}{8}$

2. 無限重複的小數。例如：$0.333\cdots=0.3\bar{3}=\dfrac{1}{3}$；$1.714285714285\cdots=$

$$1.\overline{714285} = \frac{12}{7}$$

無理數的例子，則有 $\sqrt{3} = 1.732050808$；$\pi \approx 3.1415926535\cdots$；$e = 2.71828\cdots$

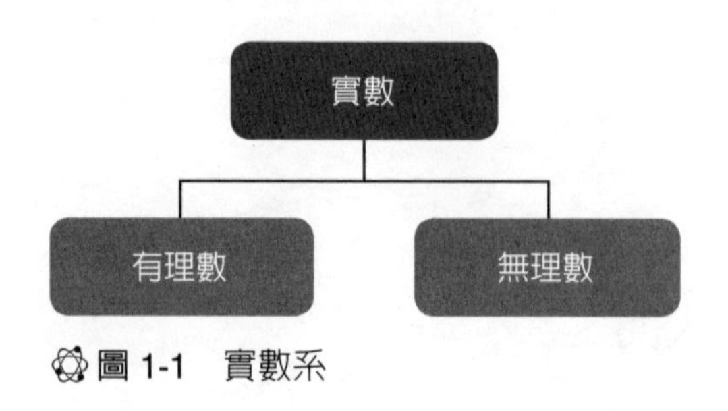

圖 1-1 實數系

函數

有了實數的基本觀念後，我們進一步認識函數。函數是指兩個以上的集合間的對應關係。爲方便起見，令這兩個集合一個爲 X，一個爲 Y。這兩個集合內的元素（elements），均是由實數所構成。利用簡單的符號，函數可表示如下：

$$f: X \rightarrow Y$$

口語上，我們可說成 X 集合裡的數字，透過 f 的轉換（或運算），變成 Y 集合裡的數字。因此，函數 f 事實上定義了一個「運算」；這個運算，將 X 變成 Y。例如：$y = 2 + 3x$，是說所有的 x 乘上 3 倍加 2，變成 y。在數學上，我們把這個運算關係表示成 $y = f(x)$，讀成「y 是 x 的函數」。這個型式表示「y 受 x 所決定」，故我們稱 y 爲「應變數」（dependent variable），x 可自行定義，故稱 x 爲「自變數」或「獨立變數」。以數學語言來說，我們稱 X 是 Y 的定義域（domain），Y 是 X 的值域（range）。我們正式定義函數如下：

函數定義

1. 令 $x \in X$ 及 $y \in Y$，則函數 $f: X \rightarrow Y$ 定義了自變數 x 和應變數 y 間的運算關係。一個 X 集合中的數字對應唯一一個 Y 集合中的數字，一般可寫成 $y = f(x)$。
2. 函數的定義域為其「自變數」集合 X 所有的數字，值域則為「應變數」集合 Y 所有的數字。

函數定義的敘述中，指出兩個重點：

1. 函數有兩種對應關係：「一對一函數」和「多對一函數」。「一對一函數」是指一個 x 對應一個 y；「多對一函數」則是指多個 x 對應一個 y。
2. 函數的對應，定義域 X 的對應必須全部對應出去，但值域不一定需要完全被對應完。如圖 1-2：

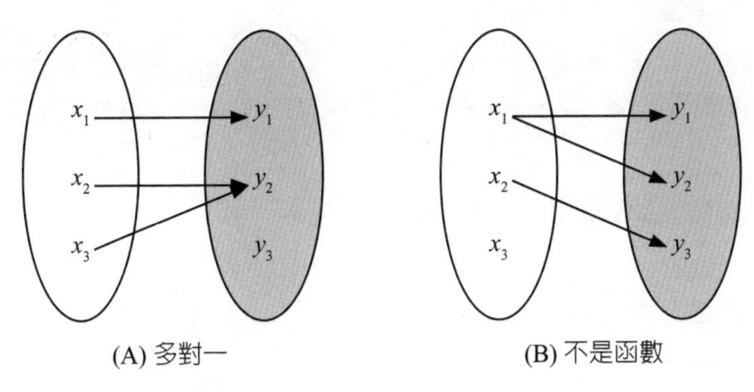

圖 1-2　辨認是否為函數

圖 1-2(A) 是一個「多對一」函數，且定義域 X 的元素完全對應出去；若 x_3 對應 y_3，不對應 y_2，就變成「一對一」函數。但是，圖 1-2(B) 就不是函數了，不但違反了對應原則，且定義域 X 有閒置的元素，即 x_3 沒有對應。

接下來正式定義「一對一函數」。

定義：一對一函數（one-to-one）

令 $f: X \to Y$，若對所有的 $x_1, x_2 \in X$，$x_1 \neq x_2 \to f(x_1) \neq f(x_2)$，則 f 稱爲一對一函數。

範例 1. 下面 4 個方程式，哪幾個符合 $y = f(x)$ 的函數型式？

(1) $2x + y = 0$ (2) $x^2 - y^2 = 2$ (3) $x^2 + y = 1$ (4) $x + y^2 = 1$

解 (1) $2x + y = 0 \to$ 1 個 x 決定 1 個 y（符合）。

(2) $x^2 - y^2 = 2 \to y = \pm\sqrt{x^2 - 2}$，1 個 x 決定 2 個 y（不符合）。

(3) $x^2 + y = 1 \to y = 1 - x^2$，2 個 x 決定 1 個 y（符合）。

(4) $x + y^2 = 1 \to y = \pm\sqrt{1 - x}$，1 個 x 決定 2 個 y（不符合）。

定義：合成函數（composite function）

令 $f: X \to Y$，$g: Z \to X$ 是兩個函數，且 $g(z)$ 包含在 X。則 f 和 g 的合成函數記作 $f \circ g: Z \to Y$，表示成 $f \circ g\,(z)$ 或 $f(g(z))$。

合成函數的運算很簡單，參考以下例題。

範例 2. 令 $f(x) = 3x - 3$ 及 $g(x) = x^2 + 2$，求合成函數 $f(g(x))$ 及 $g(f(x))$。

解 (1) 函數 f 的運算，是將括弧內的符號（定義域變數）乘 3 再減 3。

$$f(g(x)) = 3g(x) - 3 \quad \text{直接寫出}$$
$$= 3(x^2 + 2) - 3 \quad \text{帶入函數 } g(x) \text{ 的運算}$$
$$= 3x^2 + 3 \quad \text{化簡}$$

(2) 函數 g 的運算，是將括弧內的符號（定義域變數）平方再加 2。

$$
\begin{aligned}
g(f(x)) &= [f(x)]^2 + 2 \\
&= [3x-3]^2 + 2 \quad \text{帶入函數 } f(x) \text{ 的運算} \\
&= 9x^2 - 18x + 11 \quad \text{化簡}
\end{aligned}
$$

爲求更清晰區別，可以把合成後的函數換一個符號，例如：第 2 小題可以用 h 來代表新函數：$h(x) = 9x^2 - 18x + 11$。

定義：反函數（inverse function）

令 f、g 是兩個函數，g 稱爲 f 的反函數，若對函數 g 所有的定義域 x，$f(g(x)) = x$；或對函數 f 所有的定義域 x，$g(f(x)) = x$，g 可寫成 f^{-1}。

範例 3.　求下列函數的反函數。

(1) $f(x) = 5x$　(2) $f(x) = x^3$　(3) $f(x) = \sqrt{3x-1}$　(4) $f(x) = \frac{1}{x}$

解 (1) $f^{-1}(x) = \frac{1}{5}x$　(2) $f^{-1}(x) = x^{\frac{1}{3}} = \sqrt[3]{x}$

(3) 這一題可以從以下步驟求解（同樣的方法可以用來驗證下一小題）。

$y = \sqrt{3x-1}$　以 y 代替

$x = \sqrt{3y-1}$　符號互換

$x^2 = 3y - 1$　兩邊平方再去除根號

$\frac{x^2+1}{3} = y \Leftrightarrow f^{-1}(x) = \frac{x^2+1}{3}$　得解

(4) $f^{-1}(x) = \frac{1}{x}$

反函數其實就是從「值域」反對應回「定義域」；因此，要有反函數，函數必須是一對一函數。讀者可以自行驗證 $f(x) = x^2 + 1$ 沒有反函數。

定義域及值域的判斷

前面對函數的說明中，我們提到了兩個重要的數學觀念：「定義域」（domain）及「值域」（range）。本節將介紹如何確定「定義域」和「值域」的範圍。首先，我們先介紹集合的寫法：集合 x 爲所有小於 3 的實數，可表示如：

$$\{x \mid x < 3\} \text{ 或 } \{x \mid x \in (-\infty, 3)\}$$

求函數定義域的方法只須應用一項簡單的數學技巧：「使 y 這個函數沒有定義的 x 有哪些？」也就是「使 y 不爲實數的 x 有哪些？」請看下面兩個例子：

範例 4. 求 $f(x)=\dfrac{2}{3x-5}$ 的定義域。

解 使有理函數 $\dfrac{2}{3x-5}$ 在實數系有意義的條件為「分母不為零」。因此這個定義域只要排除「分母為零」的數就可以。

$3x-5=0$ 故 $x=\dfrac{5}{3}$ 時，分母為零。

故定義域的集合：$\{x \mid x \neq \dfrac{5}{3}\}$ 或 $\{x \mid x \in (-\infty, \dfrac{5}{3}) \cup (\dfrac{5}{3}, \infty)\}$

範例 5. 求 $f(x)=\sqrt{2-3x}$ 的定義域。

解 承上題的觀念，根號內不為負，才能排除「複數（虛數）」。

$2-3x \geq 0 \quad \Rightarrow x \leq \dfrac{2}{3}$

所以定義域的集合：$\{x \mid x \leq \dfrac{2}{3}\}$ 或 $\{x \mid x \in (-\infty, \dfrac{2}{3}]\}$

函數——理性思考第一步

函數 $y=f(x)$ 這樣的型式表示出了兩個變數的量化對應關係，在財務、經濟、管理的學科上，扮演了一個理性思考的角色，也就是理論的建構。一個做思考或研究的人，被觀察的現象或問題，就是 y，好比蘋果從樹上落下；根據邏輯分析或理論，心中臆測的答案就是 x；兩者之間如何建立相互關係就是函數的運算。

表 1-1　函數的對應類型

類型	y	x
1	應變數	自變數
2	依賴變數	獨立變數
3	內生變數	外生變數
4	果	因
5	被解釋變數	解釋變數
6	產出	投入

表 1-1 對應類型的前 3 個是比較傾向數學型式的稱呼，後面則是從事問題思考時，常常利用的邏輯架構。事實上，就整個財經學科所謂的理論，就是解釋：問題 y 受哪些因素影響 x（或決定）。例如，了解資產報酬率受哪些因素所決定，就是資產定價理論；資產報酬率是 y，哪些因素就是 x。了解消費變化受哪些因素所決定，就是消費理論；消費變化是 y，哪些因素就是 x。

同理，學者研究的成果，也可寫成以函數表示的理論，例如：

消費理論的恆常所得假說，認爲消費由恆常所得所決定，可以表示成：

$$消費 = f（恆常所得）$$

資本資產定價，認爲權益報酬率由風險因子所決定，可以表示成：

$$權益報酬率 = f（風險因子）$$

學校課程裡所學習的各種知識，多是在解說 x 的內容。學術研究的成果，則告訴我們爲什麼恆常所得會影響消費、如何影響、風險因子有哪些、如何決定報酬率等等。同時也提供眞實世界的數據給予某種程度的佐證，這些都牽涉到f的運算方式。

所以，學習利用函數型態對掌握問題的型式，是開始訓練理性思維的第一步。

習題

函數判斷

1. 令 $y=\dfrac{3x^2}{1+|x|}$，請問y是否是x的函數？
2. 令 $x=\dfrac{y^2}{1+x}$，請問y是否是x的函數？

函數基本運算

3. 令 $f(x)=\dfrac{-4x}{x^2+1}$，求 $f(-1)$。
4. 令 $f(x)=-x^3-3x^2-2x-1$，求 $f(-1)$。
5. 令 $f(x)=-x^2+3x-5$，求 $f(-1)$。
6. 令 $f(x)=3x-7$，求 $f(x+1)+f(2)$。
7. 令 $f(x)=|x-3|-5$，求 $f(1)-f(5)$。
8. 令 $f(x)=|3x+1|-5$，求 $f(x+1)-f(x)$。
9. 令 $f(x)=5x^2+x$，求 $f(x+\Delta x)$。
10. 令 $f(x)=2x^3+4$，求 $f(x+\Delta x)$。
11. 令 $f(x)=2x^3+3x+1$，求 $f(x+\Delta x)$。
12. 令 $f(x)=3-x^2$，求 $f(3)$、$f(-1)$、$f(2+\Delta x)$。
13. 令 $f(x)=8x^2+1$，求 $\dfrac{f(x+h)-f(x)}{h}$。
14. 令 $f(x)=\dfrac{1}{\sqrt{x}}$ 且 $g(x)=1-x^2$，求 $f(g(x))$。

反函數

15. 請問函數 $f(x)=\dfrac{7}{x+2}$ 是否爲一對一？如果是，請求反函數。
16. 令 $f(x)=7x+2$，求 $f^{-1}(x)$。

17. 令 $f(x)=\sqrt{2x-1}$，求 $f^{-1}(x)$。

18. 令 $f(x)=3x^3-1$，求 $f^{-1}(x)$。

19. 令 $f(x)=\dfrac{3}{\sqrt{2+x}}$，求 $f^{-1}(x)$。

20. 令 $f(x)=2x+4$，求 $f^{-1}(x)$。

判斷定義域

21. 求函數 $y=\dfrac{1}{x}$ 的定義域。

22. 求函數 $f(x)=\sqrt{2x+3}$ 的定義域。

23. 求函數 $f(x)=\dfrac{1}{x+2}$ 的定義域。

24. 求函數 $f(x)=\sqrt{10-x-x^3}$ 的定義域。

25. 求函數 $y=\sqrt{8-4x}$ 的定義域。

習題解答

1. 是
2. 否
3. 2
4. -1
5. -9
6. $3x-5$
7. 0
8. $|3x+4|-|3x+1|$
9. $5x^2+10x\Delta x+5(\Delta x)^2+x+\Delta x$
10. $2x^3+6x^2(\Delta x)+6x(\Delta x)^2+2(\Delta x)^3+4$
11. $2x^3+6x^2(\Delta x)+6x(\Delta x)^2+2(\Delta x)^3+3x+3\Delta x+1$
12. $f(3)=-6$，$f(-1)=2$，$f(2+\Delta x)=-1-4\Delta x-(\Delta x)^2$
13. $16x+8h$
14. $\dfrac{1}{\sqrt{1-x^2}}$
15. f 是一對一函數，反函數爲 $y=-2+\dfrac{7}{x}$
16. $\dfrac{x-2}{7}$
17. $\dfrac{1}{2}(x^2+1)$，$x\geq 0$
18. $\sqrt[3]{\dfrac{x+1}{3}}$
19. $f^{-1}(x)=\dfrac{9-2x^2}{x^2}$

20. $\frac{x-4}{2}$

21. $(-\infty, 0)\cup(0, \infty)$

22. $[-\frac{3}{2}, \infty)$

23. $(-\infty, -2)\cup(-2, \infty)$

24. $(-\infty, 2]$

25. $(-\infty, 2]$

1.2 線性函數

這一節我們將介紹函數的基本類型，本節介紹線性函數和冪函數以及冪函數延伸的多項式函數。因爲指數對數函數型的超越函數在極限觀念的基本解說上暫時用不到，我們將其留到第 3 堂課介紹微分方法時再一併介紹。

線性函數有兩種表示方法的方程式：「斜截式」和「點斜式」。

斜截式

令 a、$m \in R$（爲任意實數），則：

$$\text{斜截式：} y = f(x) = a + mx$$

顧名思義，斜截式就是兩個常數——斜率（m）和截距（a）——所組合而成。例如，$y = 2 + \frac{1}{2}x$，如圖 1-3：

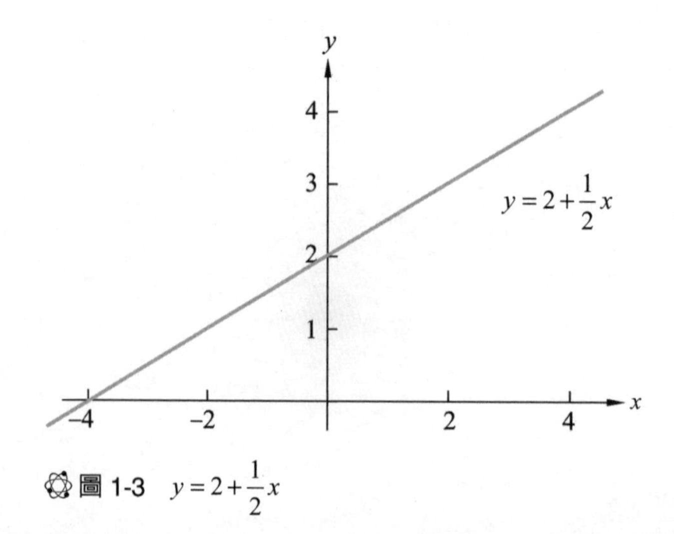

圖 1-3 $y = 2 + \frac{1}{2}x$

範例 1.　已知一函數 $3y+5x=7$，求斜率和 y 軸的截距並做圖。

解　$3y+5x=7 \Rightarrow y=\frac{7}{3}-\frac{5}{3}x$；故截距為 $\frac{7}{3}$，斜率為 $-\frac{5}{3}$。做圖如圖 1-4。

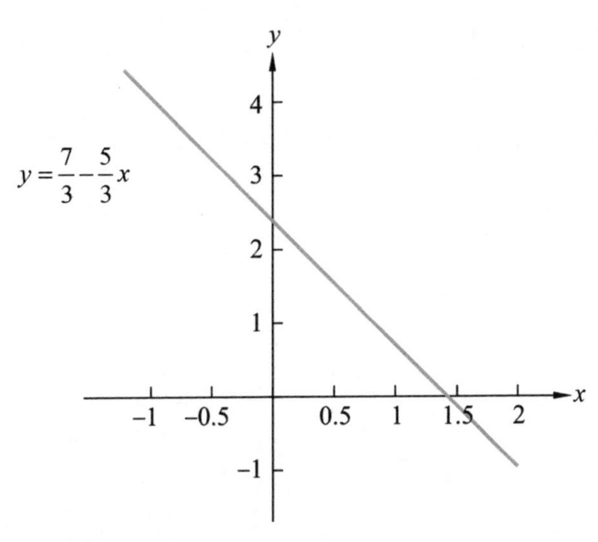

圖 1-4　$y=\frac{7}{3}-\frac{5}{3}x$

點斜式（point-slope equation）

令 $m \in R$（爲任意實數），則：

$$\text{點斜式：} y-y1=m\,(x-x1)$$

點斜式爲經過點 $(x1, y1)$ 且斜率爲 m 的線性方程式。例如：某函數斜率爲 $\frac{1}{3}$，且已知通過點 $(-1, -4)$，則它以點斜式表示的線性函數爲：

$$y-(-4)=\frac{1}{3}[x-(-1)] \Rightarrow y+4=\frac{1}{3}(x+1) \;\Rightarrow\; y=\frac{1}{3}x-\frac{11}{3}$$

由圖 1-4 可清楚知道斜率其實是衡量 x、y 間對應關係程度的一個參數。

範例 2. 求經過 (–2, 6) 和 (–4, 9) 兩點直線的方程式並做圖。

解 其斜率為 $\dfrac{6-9}{-2-(-4)}=-\dfrac{3}{2}$。利用點斜式的方法，這個線性函數為：

$$y-6=-\frac{3}{2}[x-(-2)]=-\frac{3}{2}(x+2)\ \Rightarrow\ y=-\frac{3}{2}x+3$$

做圖如圖 1-5。

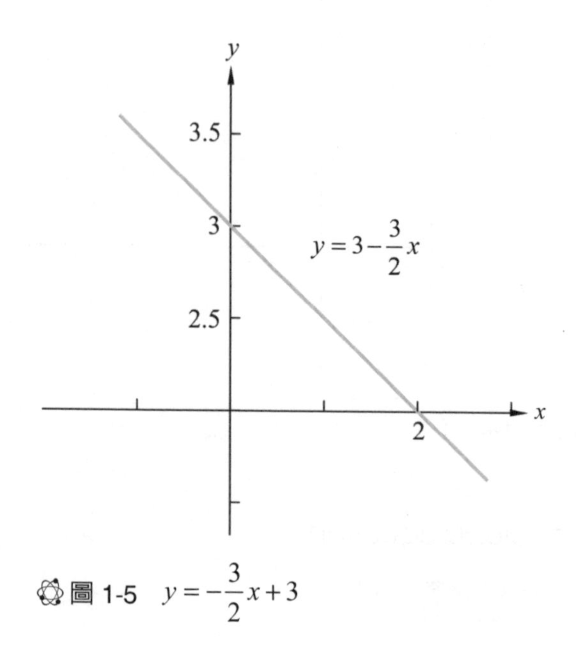

圖 1-5 $y=-\dfrac{3}{2}x+3$

線性函數的斜率在實際應用上有許多意義，我們會在後續的章節中，進一步介紹許多應用。

範例 3. 某公司的生產結構如下：

總成本函數 C 可表示成：

$$C(q)=\text{變動成本}+\text{固定成本}=20q+12{,}000$$

因為固定成本和產量無關，也就是說，生產一單位 q 增加成本 20 元的支出。

收益函數 R 可表示成：

$$R(q) = 商品單位價格（p）\times 銷售量（q）= 80q$$

也就是說，銷售一單位 q 有 80 元的收益。利潤函數為「收益函數減成本函數」。請問在利潤為 0 的銷售量 q 是多少？

解 利潤為 0 的銷售量 q 稱為損益平衡點（break-even point）。

$$R(q) = C(q) \Rightarrow 20q + 12{,}000 = 80q \Rightarrow q = 200 \text{ 單位}$$

垂直線「沒有斜率」是因為它的斜率是無限大（∞）。在實數系中，無限大的數是沒有辦法定義的。因此，本段最後我們強調一個觀念：

水平線的斜率為 0，垂直線沒有斜率。

習題

求滿足下述條件的線性方程式

1. 斜率 $m = -5$ 且過點 $(1, -5)$
2. 斜率 $m = 7$ 且過點 $(1, 7)$
3. 截距爲 $(0, -6)$ 且斜率是 0.5
4. 截距爲 $(0, 7)$ 且斜率是 $\frac{4}{3}$

應用問題

5. 投資應用：某人投資本金 P 元於一報酬率爲 8% 的生意。一年後，收回本利和 A 元。
   (1) 請驗證 A 和 P 之間具有比例關係。
   (2) 求當本金是 100 元時的本利和。
   (3) 求當本利和是 259.20 元時的本金。
6. 直線折舊法：某企業在民國 92 年 1 月 1 日以 5,200 元購買了一台機器。這台機器預估可使用 8 年，屆時這台機器的抵換價值（salvage value 或 trade-in

value）爲 1,100 元。假設這家企業每年價值的遞減金額爲相同，且可以下述函數表示：

$$V(t)=C-t(\frac{C-S}{N})\text{，}0\leq t\leq 8\text{年}$$

C 代表機器原初購買成本（\$5,200），N 代表預期壽命（8 年），S 代表期末抵換價值（\$1,100）。

(1) 求這台機器的直線折舊函數（價值和時間的關係）。

(2) 求這台機器在 8 年內每年的抵換價值（$t=0, 1, 2, \dots, 8$）。

7. 損益分析：汐止一位居民計畫這個夏天的抽水生意。一台進口抽水機的成本 C 是美金 250 元，每抽一噸水需汽油和保養費美金一元。

(1) 請以函數關係表示成本 C 和抽水量 Q 的關係。

(2) 這位居民已知抽水生意的利潤函數爲 $P(Q)=9Q-250$。求總收益函數及抽水每噸索價多少？

(3) 此人需有多少噸的抽水生意，才有利潤可賺？

請判定哪些 y 是 x 的線性函數，並請將它表示成 $y=mx+b$ 的型式

8. $2x+3y=9$

9. $-2x+4y=8$

10. $x=3y-9$

11. $2x=3y+8$

12. $2x-4y+9=0$

13. $3x-6y+11=0$

14. $2x^2-8y+4=0$

15. $2x+4y^2=0$

習題解答

1. $y=-5x$

2. $y=7x$

3. $y=\frac{1}{2}x-6$

4. $y=\frac{4}{3}x+7$

5. (1) 略 (2) $A=\$108$ (3) $P=\$240$

6. (1) $V(t)=\$5,200-\$512.50t$

(2) $V(0)=\$5,200$ $V(1)=\$4,687.50$
$V(2)=\$4,175$ $V(3)=\$3,662.50$
$V(4)=\$3,150$ $V(7)=\$1,612.50$
$V(8)=\$1,100$

7. (1) $C(Q)=Q+250$

(2) $R(Q)=10Q$，抽水 Q 噸的總收益函數爲 $10Q$，故抽一噸水索價美金 10 元。

(3) 28 噸

8. 是。$y=-\frac{2}{3}x+3$

9. 是。$y=\frac{1}{2}x+2$

10. 是。$y=\frac{1}{3}x+3$

11. 是。$y=\frac{2}{3}x-\frac{8}{3}$

12. 是。$y=\frac{1}{2}x+\frac{9}{4}$

13. 是。$y=\frac{1}{2}x+\frac{11}{6}$

14. 否

15. 否

1.3 極限與連續

極限的意義和基本性質

極限和連續在現代數學扮演了相當重要的角色，本節我們將學習極限與連續的數學直觀及邏輯。首先，我們掌握一個「直覺」的概念：

極限是指「逼近」但「不相等」

例如，當我們說 $x \to 2$ 時，這個極限的意義是 x 很逼近 2，但就是不等於 2。如果要問「有多近？」我們可以這麼想：在數線上，在 2 的左方鄰近處任取一點，假設爲 1.999。現在於 1.999 和 2 的中間取一點，如此和 2 更近了；再於這點和 2 的中間取一點，如此又和 2 更近了一些。此時你會發現這個動作永遠可以做下去。我們一直可以不斷逼近 2，但永遠不會和 2 相等。因此，以函數 $f(x)=3x+2$ 爲例，當 x 逼近 0 時，$f(x)$ 則逼近 2。以數學符號表示可寫成 $\lim_{x\to 0}(3x+2)=2$。

定義：極限

令函數 $f(x)$ 極限定義式爲 $\lim_{x \to a} f(x) = L$。這個極限定義說明了，不論 x 從哪個方向逼近 a，$f(x)$ 逼近唯一的 L。

上面這個定義指出 $x \to a$ 是有方向的。接下來，我們介紹一些極限運算的性質。

極限運算的性質

令 $\lim_{x \to a} f(x) = L$，$\lim_{x \to a} g(x) = M$

① $\lim_{x \to a} f(x) \pm \lim_{x \to a} g(x) = \lim_{x \to a}(f(x) \pm g(x)) = L \pm M$

② $((\lim_{x \to a} f(x))(\lim_{x \to a} g(x)) = \lim_{x \to a}(f(x)g(x)) = LM$

③ $\dfrac{\lim_{x \to a} f(x)}{\lim_{x \to a} g(x)} = \lim_{x \to a}\left(\dfrac{f(x)}{g(x)}\right) = \dfrac{L}{M}$，$M = \lim_{x \to a} g(x) \neq 0$

上述這些運算性質說明了在四則運算中，取完極限再運算，或是先運算再取極限，結果是一樣的。接下來，我們介紹如何求極限。

極限的求法

求極限的方法有三種：直接代入法、消去分式法、有理化法。下面例題，說明了這三個方法。

範例 1. 求極限：(1) $\lim_{x \to 1}(3x^2 - 2x + 3)$ (2) $\lim_{x \to 3}(\dfrac{x^2 + x - 12}{x - 3})$

(3) $\lim_{x \to 0}(\dfrac{\sqrt{x+1} - 1}{x})$。

解 (1) 這一題是多項式函數，因為多項式函數的定義域和值域均是整個實數系，它沒有無法定義的地方。因此，我們可以直接將極限點帶入求得極限：

$$\lim_{x\to 1}(3x^2-2x+3)=3\cdot 1^2-2\cdot 1+3=4$$

(2) 在這一題，明顯地，當 $x\to 3$ 時，函數的分母 = 0，導致這個極限逼近無限大而不存在。碰到這個問題，我們可以做如下因式分解，以移除分式中的問題：

$\frac{x^2+x-12}{x-3}=\frac{(x-3)\ (x+4)}{x-3}=x+4$，所以原式 $=\lim_{x\to 3}(x+4)=7$。

(3) 在 $x\to 0$，函數的分母 = 0 時，導致這個極限逼近無限大而不存在。但是這個極限又不像上面的題目，可以透過因式分解移除有問題的項目。想要解這個問題，我們用第三個方法：將分子有理化。

$$\lim_{x\to 0}(\frac{\sqrt{x+1}-1}{x})$$
$$=\lim_{x\to 0}(\frac{(\sqrt{x+1}-1)\ (\sqrt{x+1}+1)}{x\ (\sqrt{x+1}+1)})$$
$$=\lim_{x\to 0}(\frac{x}{x(\sqrt{x+1}+1)})$$
$$=\lim_{x\to 0}(\frac{1}{(\sqrt{x+1}+1)})=\frac{1}{2}$$

範例 1. (2) 指出極限的一個重要觀念。最後算出來的極限值是 7，但 $\frac{x^2+x-12}{x-3}$ 這個函數無法到那裡，因此藉由 $x+4$，我們發現雖然 $\frac{x^2+x-12}{x-3}$ 和 $x+4$ 在圖形上是一樣的，但是它們的「運算過程」卻大不相同。$\frac{x^2+x-12}{x-3}$ 這個函數是兩個數相除，但 $x+4$ 則不是。在 $x=3$ 時，$\frac{x^2+x-12}{x-3}$ 的運算就會發生問題。

從一個現實的例子來想像這個問題。在地圖上，把臺北和日本迪士尼樂園大門畫一條線，日本迪士尼樂園大門就是我們的極限，這條線則代表了特定運算的軌跡，且這軌跡是由某交通工具所定義。我們知道僅僅開車是到不了日本迪士尼樂園的大門。因此，如果以一個函數代表一種交通工具，要到達這個目標至少需要兩個函數：一個定義飛機軌跡的函數和一個定義汽車軌跡的函數。飛機的軌跡對汽車是不連續的，反之亦然。

雖然極限的求取有三個方法，但是正確說來只有「直接代入法」。只有當直接代入法失敗時，依函數的型式，可以試試「有理化法」或「消去分式法」，這兩個方法只是「移除」「直接代入」的使用障礙。

極限的存在

一個極限若存在，則從左方逼近或右方逼近均一樣。因此，要判斷一個極限是否存在，必須定義左、右兩個單邊極限。

定義：單邊極限（one-sided limits）

左極限寫成 $\lim\limits_{x \to a^-} f(x)$，指 x 從 a 的左方逼近 a。如下圖：

a

右極限寫成 $\lim\limits_{x \to a^+} f(x)$，指 x 從 a 的右方逼近 a。如下圖：

a

因此，藉用左、右極限，我們定義極限如下：

$$\lim_{x \to a} f(x) = L \Leftrightarrow \lim_{x \to a^+} f(x) = \lim_{x \to a^-} f(x) = L$$

我們先看單邊極限求法的例題。

範例 2. 考慮如下函數 $f(x) = \begin{cases} 3x^2 + 4, x \neq 2 \\ 12, x = 2 \end{cases}$，試求 $\lim\limits_{x \to 2} f(x)$。

解 $\lim\limits_{x \to 2} f(x)$ 是定義域逼近 2 的極限。極限是近似但是不相等（$x \neq 2$），因此值域函數為 $3x^2 + 4$。

故 $\lim_{x\to 2} f(x)=\lim_{x\to 2}(3x^2+4)=12+4=16$ 。

範例 3. 說明了如何利用單邊極限來判斷極限是否存在。

範例 3.　試論極限 $\lim_{x\to 0}\frac{x}{|x|}$ 是否存在。

解　左極限：$\lim_{x\to 0^-}\frac{x}{|x|}=\lim_{x\to 0^-}\frac{x}{-x}=-1$

右極限：$\lim_{x\to 0^+}\frac{x}{|x|}=\lim_{x\to 0^+}\frac{x}{x}=1$

因為左極限 $\neq$ 右極限，故此極限不存在。

穿著衣服不能洗澡，有絕對值符號的變數也不能運算。所以當我們遇見有絕對值包裝的函數時，第一件事就是「拿掉絕對值」。技巧如下：

$$|x|=-x \leftrightarrow x<0$$
$$|x|=x \leftrightarrow x>0$$

也就是說，「拿掉絕對值」這個動作是將原式分成「正」、「負」區間後，再來求解。另外，如果一個極限不存在，除了左右極限不相等之外，還有一個情形：極限值無限大。參考下面例題。

範例 4.　求 $\lim_{x\to 5}\frac{3}{\sqrt{x-5}}$ 。

解　因為平方根内的實數不可以為負。故這個極限只有一個單邊極限，也就是右極限，所以我們直接從右極限判斷：$\lim_{x\to 5^+}\frac{3}{\sqrt{x-5}}=\infty$ 。

因此，這個極限無法逼近一個定值，故不存在。

極限的一個重要數學應用，在於協助定義連續。連續是函數的性質，這部分沒有計算，只有依照數學定義判斷某函數是否連續，分爲兩類：點連續和區間連續。

先回到前面東京迪士尼大門的例子。我們發現，從臺北到迪士尼，無論使用何種交通工具都無法直達。也就是說，函數有不連續之處。簡而言之，必須先下飛機，再換巴士。在這裡，我們建立的直觀概念如下：

所謂連續，指函數在保持「原貌」運算之下的極限。

連續有兩種：「點連續」和「區間連續」。我們先介紹點連續。

點連續

定義：點連續

若 $f(x)$ 函數在 a 點連續，則滿足下面 3 個條件：

(1) $f(a)$ 有定義

(2) $\lim_{x\to a} f(x)$ 存在

(3) $\lim_{x\to a} f(x) = f(a)$

如果上述 3 個條件任何 1 個不滿足，則稱函數 f 在 a 點不連續。

第一個條件是指函數的值域是有意義的；第二個條件是指左右極限相等；第三個條件表示，如果這個極限存在，則必須用上一節的「直接帶入法」求得極限，也就是在維持函數 f 的運算規則下，求得極限。我們利用圖 1-6 的三個圖形來說明違反上述條件的三種不連續。

在圖 1-6(A) 中，當 x 逼近 1 時，不存在；在圖 1-6(B) 中，極限 $\lim_{x\to 2} f(x)$ 不存在；在圖 1-6(C)，則 $\lim_{x\to -1} f(x) \neq f(-1)$。圖 1-6(C) 則是一個重要的例子。函數 $f(x)=\dfrac{1-x^2}{1+x}$ 在 $x=-1$ 處，沒有辦法「直接帶入」，透過 $\dfrac{(1-x)(1+x)}{1+x}$ 消掉 $1+x$ 剩下的 $1-x$，雖然在 $x=-1$ 處可以帶入，但是 $1-x \neq f(x)$；在數學上，我們應該重新用一個符號，例如 $g(x)=1-x$。雖然函數 $f(x)$ 和 $g(x)$ 的值域 y 的值似乎重疊，但在 $x=-1$ 就不同了。因為，

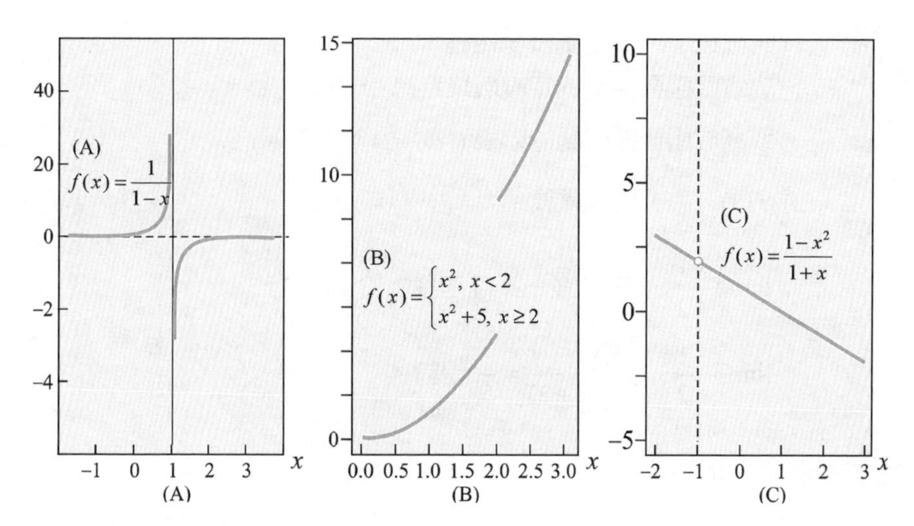

圖 1-6　違反點連續條件的情況

兩個函數運算過程不同：f 值域的運算，是將括弧內的值 + 1 放在分母，1 減掉其平方放在分子，再相除後丟到值域 y，和 g 的 $1-x$ 的運算完全不同。函數的連續是針對函數，也就是原始運算，所以不能有任何的因式分解。

數學上，定理證明的依據就是「依定義」得證。連續的問題，提供了極佳的示範。接下來，我們就用例題說明，如何利用連續定義的 3 個性質來證明某函數是連續。

範例 5. 請證明多項式函數 $p(x)=3x^2-2x+1$ 在 $x=1$ 連續。

證明 只要連續 3 個條件滿足，則得證。

(1) $x=1$，$p(1)=3-2+1=2$，故 $p(1)$ 有定義。

(2) $\lim_{x\to 1} p(x)$ 存在。

(3) $\lim_{x\to 1} p(x)=p(1)$ 得證。

範例 6. 已知有理函數 $f(x)=\frac{x-1}{x+2}$，

(1) 討論此函數的連續問題。　(2) 試證明在 $x=3$ 處連續。

證明 (1) 函數在 $x=-2$ 之處沒有定義。

故令此函數連續的定義域集合為 $\{x \mid x \in R$ 且 $x \neq -2\}$，

或寫成兩個開區間的聯集 $(-\infty, -2) \cup (-2, \infty)$。

(2) $f(3)=\frac{2}{5}$，故有意義。

$\lim_{x \to 3} \frac{x-1}{x+2}$ 存在（唯一不存在發生於 $x=-2$）。

$\lim_{x \to 3} \frac{x-1}{x+2} = \frac{\lim_{x \to 3}(x-1)}{\lim_{x \to 3}(x+2)} = \frac{2}{5}$ 得證。

範例 7. $\lim_{x \to 1} \frac{1}{x-1} = ?$

解 $\lim_{x \to 1^+} \frac{1}{x-1} = +\infty$

$\lim_{x \to 1^-} \frac{1}{x-1} = -\infty$

單邊極限存在，但左右極限不相等，故不連續。

區間連續

點連續是指函數在實數線上某一點是連續，這個概念可以推廣至函數在某個區間是連續的。我們稱之爲區間連續。

定義：區間連續

1. 若函數 $f(x)$ 在開區間 $a<x<b$ 連續，則對所有在此區間的點集合，均滿足點連續的條件。
2. 如果函數 $f(x)$ 在閉區間 $a \le x \le b$ 連續，則在開區間 $a<x<b$ 內，滿足下述兩個單邊極限：

$$\lim_{x \to a^+} f(x) = f(a) \text{ 且 } \lim_{x \to b^-} f(x) = f(b)$$

區間連續的定義，從下列例子中可以得到進一步理解。

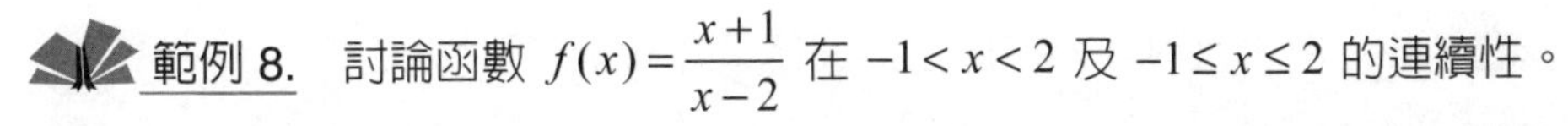

範例 8.　討論函數 $f(x)=\dfrac{x+1}{x-2}$ 在 $-1<x<2$ 及 $-1\le x\le 2$ 的連續性。

解　此有理函數除了在 $x=2$ 之外，處處連續。因此，這個函數在開區間 $-1<x<2$ 連續，但在閉區間 $-1\le x\le 2$ 不連續，因為在右邊端點 $x=2$ 處，極限不存在。

進階問題

進階問題 1　中間值定理（intermediate value theorem）

如果 f 在一閉區間 $[a, b]$ 上連續，且如果 $w\in[f(a), f(b)]$，則至少存在一 $c\in[a, b]$，使得 $f(c)=w$。

中間值定理的概念如圖 1-7。中間值定理的實際例子如下：有一個女孩出生時 50 公分，15 歲時 160 公分，則在她出生到 15 歲之間，必定有一個時期的身高剛剛好 100 公分。因爲每一個時間點身體均有一個高度，人的身高不可能在某一天是無法測量的；因此身高是時間的連續函數。我們由以下例題加以說明中間值定理的應用。

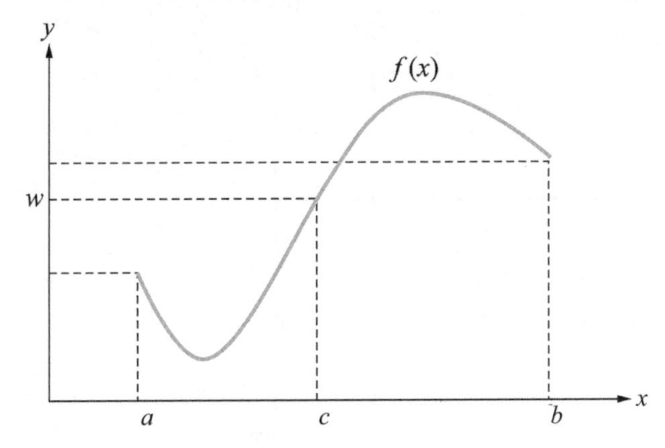

圖 1-7　中間值定理示意圖

範例 9. $f(x)=\sqrt{x+1}$，且 $x\in[3, 24]$，故 $f(3)=\sqrt{4}=2$ ，$f(24)=5$。

證明 如果 $w\in[f(3)=2, f(24)=5]$，則在定義域內可找到一數 c，使得 $f(c)=w$。也就是說 $f(c)=\sqrt{c+1}=w$ ，則 $c=w^2-1$。

故 $3\le w^2-1\le 24 \Leftrightarrow 4\le w^2\le 25$。

因此，若 $2\le w\le 5$，則 $4\le w^2\le 25 \quad \Rightarrow 3\le w^2-1\le 24$。

所以，我們找到 $c=w^2-1\Rightarrow f(c)=f(w^2-1)=\sqrt{w^2-1+1}=w$ 。

範例 10. 證明方程式 $x^2-x-1=\dfrac{1}{x+1}$ 在 $1<x<2$ 有解。

證明 這個方程式可定義一函數 $f(x)=x^2-x-1-\dfrac{1}{x+1}$ ，

且 $f(1)=-\dfrac{3}{2}$ ，$f(2)=\dfrac{2}{3}$ ，

這個函數在 $1\le x\le 2$ 是連續的，且 $f(1)=-\dfrac{3}{2}<0, f(2)=\dfrac{2}{3}>0$ ，

故 $1<x<2$ 間必有一解（値）a，使 $f(a)=0$。

參考圖 1-8 所示。

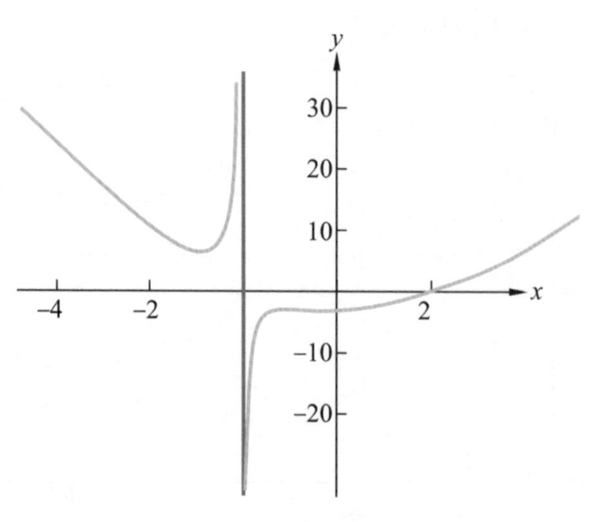

圖 1-8 $f(x)=x^2-x-1-\dfrac{1}{x+1}$

進階問題 2 勘根定理

令一多項式 $p(x)=a_n x^n + a_{n-1}x^{n-1}+\cdots+a_1 x + a_0$，如果 xc 爲 $p(x)=0$ 的解，則對 $\forall x^c \in (c, d)$ 且 $c, d \in R$，$p(c)\cdot p(d)<0$。

勘根定理是中介定理的延伸，我們只需對定理的概念加以掌握，如下說明：令一多項式函數 $p(x)=\frac{1}{4}(3x^3-5x)$。令 $p(x)=0$，解集合爲滿足 $\frac{1}{4}(3x^3-5x)=0$ 的點集合。故 $x=0$，或 $\pm\frac{\sqrt{15}}{3}$。所以，在 $(-\infty, -\frac{\sqrt{15}}{3})$、$(-\frac{\sqrt{15}}{3}, 0)$、$(0, \frac{\sqrt{15}}{3})$、$(\frac{\sqrt{15}}{3}, \infty)$ 四個連續區間內，若 c、d 爲任兩個相近區間的數值，例如 $c\in(-\frac{\sqrt{15}}{3}, 0)$ 及 $d\in(0, \frac{\sqrt{15}}{3})$；依定理：$p(c)\cdot p(d)<0$。據此，我們可以判斷 (c, d) 內有一根滿足 $p(x^c)=0$；在此題爲 $x^c=0$。

習題

依題意，求極限

1. 若 $\lim_{x\to c} f(x)=-0.5$ 且 $\lim_{x\to c} g(x)=\frac{2}{3}$，求 $\lim_{x\to c}\frac{f(x)}{g(x)}$。
2. 若 $\lim_{x\to c} f(x)=\frac{1}{2}$ 且 $\lim_{x\to c} g(x)=\frac{2}{3}$，求 $\lim_{x\to c}[f(x)\times g(x)]$。
3. 若 $\lim_{x\to c} f(x)=-\frac{1}{2}$ 且 $\lim_{x\to c} g(x)=\frac{2}{3}$，求 $\lim_{x\to c}[f(x)-g(x)]$。
4. 求 $\lim_{x\to 0} f(x)$，若 $f(x)=\begin{cases}3-x, x\neq 1\\ 1, x=1\end{cases}$
5. 求 $\lim_{x\to 2}(3x^2+5)$
6. 求 $\lim_{x\to -3}(-2x^2+1)$
7. 求 $\lim_{x\to 2}(-2x^2-6x+1)$
8. 求 $\lim_{x\to 2}(x^2+4x-3)$
9. 求 $\lim_{x\to -1}\frac{x^2+3x+2}{x^2+1}$
10. 求 $\lim_{x\to 3}\sqrt{x^2-4}$
11. 求 $\lim_{x\to 3^-}\sqrt{9-x^2}$

12. 求 $\lim_{x\to 2}\sqrt{4x^2+9}$

13. 求 $\lim_{x\to -2}\frac{x+2}{x^3+8}$

14. 求 $\lim_{x\to -9}\frac{x^2+6x-27}{x+9}$

15. 求 $\lim_{x\to 0}\frac{\sqrt{x+4}-2}{x}$

16. 求 $\lim_{x\to 1}\frac{1-\sqrt{2x^2-1}}{x-1}$

17. 求 $\lim_{x\to 2^+}\frac{|x-2|}{x-2}$

依題意，判斷連續

18. 求取令函數 $f(x)=\frac{(x+1)(x-3)}{x-2}$ 爲連續的區間。

19. 求取令函數 $f(x)=\frac{x-4}{(x-2)(x+1)}$ 爲連續的區間。

20. 令 $f(x)=\frac{1}{x-1}$ 且 $g(x)=x^2-5$，求取令合成函數 $f(g(x))$ 爲連續的區間。

21. 令 $f(x)=\frac{5}{x+1}$ 且 $g(x)=x^4$，求取令合成函數 $f(g(x))$ 爲連續的區間。

22. 求取令函數 $f(x)=\begin{cases}x^2+3, x<1\\ 2x+1, x\geq 1\end{cases}$ 爲連續的區間。

23. 求取令函數 $f(x)=\frac{x^2-9}{x+3}$ 爲連續的區間。

24. 求取令函數 $f(x)=\frac{3x}{x^2+1}$ 爲連續的區間。

25. 求取令函數 $f(x)=\begin{cases}x^2+1, x\geq 3\\ 4x+2, x<3\end{cases}$ 爲不連續的所有 x 值。

26. 求取令函數 $f(x)=\begin{cases}x^2+3, x\geq 0\\ 2x+5, x<0\end{cases}$ 爲不連續的所有 x 值。

27. 求取令函數 $f(x)=|9-x^2|$ 爲不連續的所有 x 值。

28. 請判斷令函數 $f(x)=\frac{|x|}{x}$ 爲不連續的點是可移除或不可移除。

29. 令函數 $f(x)=\frac{x+3}{x^2+4x+3}$ 爲不連續之點有哪些？請判定它們是可移除或不可移除。

30. 令函數 $f(x)=\begin{cases}x-2, x\leq 5\\ cx-3, x\geq 5\end{cases}$，求取令 $f(x)$ 爲連續函數的 c 值。

習題解答

1. $-\frac{3}{4}$
2. $\frac{1}{3}$
3. $-\frac{7}{6}$
4. 3
5. 17
6. -17
7. -19
8. 9
9. 0
10. $\sqrt{5}$
11. 0
12. 5
13. $\frac{1}{12}$
14. -12
15. $\frac{1}{4}$
16. -2
17. 1
18. $(-\infty, 2)\cup(2, \infty)$
19. $(-\infty, -1)\cup(-1, 2)\cup(2, \infty)$
20. $(-\infty, -\sqrt{6})\cup(-\sqrt{6}, \sqrt{6})\cup(\sqrt{6}, \infty)$
21. $f(g(x))=\frac{5}{x^4+1}, x\in(-\infty, \infty)$
22. $(-\infty, 1)\cup(1, \infty)$
23. $(-\infty, -3)\cup(-3, \infty)$
24. $(-\infty, \infty)$
25. 3
26. 0
27. 無不連續點
28. $x=0$ 處之不連續無法移除
29. $x=-3$ 處之不連續可移除；$x=-1$ 處之不連續無法移除
30. $\frac{6}{5}$

附錄 數學觀念

合成函數的分解

1.1 節講述了多個函數如何合成為一個運算，合成函數基本上就是把一個函數的值域當成定義域，再依定義去完成運算。要進一步掌握這個觀念，我們看反向：已知一個函數，把運算拆解。如下：

已知：$y = f(x) = \sqrt{1+x^2}$，如何表示成多個運算的合成？

雖然合成的過程是唯一，但是函數運算的拆解卻不是唯一，由此例說明這一點。分解一個函數，要從最後一個運算（或最外層運算）開始，此例就是根號。

$$g(x) = \sqrt{x} \rightarrow \text{函數 } g \text{ 把定義域的參數「開根號」成為值域}$$
$$h(x) = 1 + x^2 \rightarrow \text{函數 } h \text{ 把定義域的參數「平方 +1」成為值域}$$

雖然變數名稱都是 x 這個符號，但是運算沒在管什麼變數名稱。例如，$g(u+v) = \sqrt{u+v}$，對 g 而言，它就是把括弧內的事物，通通開根號丟到值域。所以，函數 f 的合成就是 g 合成 h：

$$g \circ h(x) = g(h(x)) = g(1+x^2) = \sqrt{1+x^2}$$

接下來，這個合成其實還可以用同樣的觀念，把 h 分解成兩個運算：平方和加 1，例如：

$$h(x) = 1 + x^2 \text{ 可以分解成：} u(x) = 1 + x \text{ 與 } v(x) = x^2$$
$$\text{故，} h(x) = u(v(x))$$
$$\Rightarrow u(v(x)) = u(x^2) = 1 + x^2$$

這樣的訓練，把演算過程分解動作，對於未來要學習程式語言的同學，很有幫助，將運算 step-by-step 的觀念建立起來，有助於理解演算法。

極限的定義：ε-δ 觀念

1.3 節對極限的定義，以描述爲主。所謂的近似（approximate）一詞，意指很接近但是不相等，在數學上用 ε-δ 的方式描述近似的收斂。這樣的數學觀念，我們敘述如下：

極限 $\lim_{x \to a} f(x) = L$ 描述了當 x 近似 a 時，$f(x)$ 近似 L，ε-δ 的數學定義如下：

$\forall\, \varepsilon > 0$，$\exists\, \delta > 0$，滿足 若 $\lvert x-a \rvert < \varepsilon$，則 $\lvert f(x)-L \rvert < \delta$

上面第一行讀成：對任意（所有）$\varepsilon > 0$，存在一個對應的 $\delta > 0$，滿足⋯⋯。有些地方會添加大於 0，如：$0 < \lvert x-a \rvert < \varepsilon$ 和 $0 < \lvert f(x)-L \rvert < \delta$，其實近似就是說兩者不等，絕對值大於 0 寫不寫都無妨。這裡重要的是在於如何理解數學的思考型式：

$\forall\, \varepsilon > 0$ 和 $\lvert x-a \rvert < \varepsilon$ 就是在描述一個「數」的相對觀念，也就是：

$\lvert x-a \rvert$ 小於任何大於 0 的實數 ε，不論 ε 有多小。

同理，$\lvert f(x)-L \rvert < \delta$ 也是描述這樣的一個觀念：

$\lvert f(x)-L \rvert$ 小於任何大於 0 的實數 δ，不論 δ 有多小。

純粹是商用微積分的相對變化率測量，雖然不需要對數學的型式有所理解，但是，了解數學的處理問題的思考模式，對於系統性掌握複雜現象是有幫助的。尤其是普遍推廣程式語言教育的這個時代，對於機率和數理統計這些演算法運算的原理，更是必需妥善掌握它的內涵，而不只是背起來得分就好。

第❷堂課

函數

2.1 冪函數

冪函數

冪函數（power function）是我們實際上經常使用的函數，也是函數家族的基本函數。冪函數的型式相當簡潔，在介紹這個函數的細節之前，我們先看下面的定義。

定義：冪函數

$f(x) = x^n$, n 為任意實數（$n \in R$）

冪函數的型式相當簡潔，圖 2-1 及圖 2-2 說明了這個家族在不同定義域的特性。

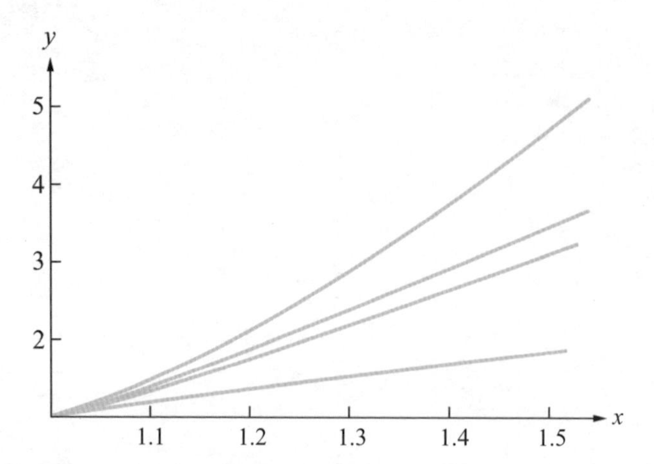

圖 2-1　函數由左至右分別為：$x^4, x^3, x^{2.5}, x^{1.5}$；$x \in (1, \infty)$

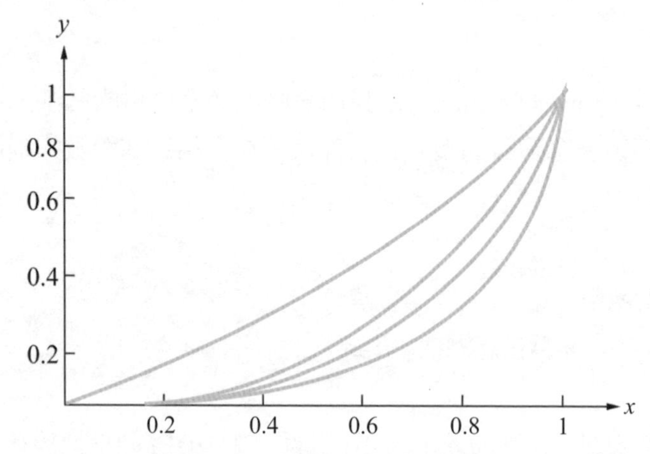

圖 2-2　函數由左至右分別為：$x^{1.5}, x^{2.5}, x^3, x^4$；$x \in (0, 1)$

多項式函數

我們稱 $\{x^n\}$ 在 n 為「非負整數」時，$\{x^n\}$ 的線性組合為「多項式函數」。因此，「多項式函數」可視為冪函數的一種變化。定義如下：

定義：多項式函數（polynomial functions）

令 $f(x)=a_nx^n+a_{n-1}x^{n-1}+...+a_2x^2+a_1x+a_0$。所有的係數 $\{a_n,a_{n-1},...,a_0\}$ 均爲任意實數，但 n 爲大於等於零之正整數。則 $f(x)$ 稱爲多項式函數（n 次多項式）。

範例 1. 試判斷下列何者是多項式函數，何者不是？

(1) $f(x)=3x^3-2x^2$　(2) $f(x)=\frac{1}{2}x^5-2.5x^4+\sqrt{3}$

(3) $f(x)=\sqrt{x}$　(4) $f(x)=\frac{1}{3}$　(5) $f(x)=\frac{1}{x}$

解 (1) 是，依定義。

(2) 是，依定義。

(3) 不是。$f(x)=\sqrt{x}=x^{\frac{1}{2}}$，$\frac{1}{2}$ 非整數。

(4) 是，$f(x)=\frac{1}{3}$ 是零階多項式。

(5) 不是。$f(x)=\frac{1}{x}=x^{-1}$，次數非正整數。

多項式函數中，二次多項式是很常用的。因爲許多極值的問題，均可利用二次多項式表示。如：令 $f(x)$ 爲二次多項式，則它的標準型式爲：

$$f(x)=a_2x^2+a_1x+a_0$$

由圖 2-3 及圖 2-4 可以知道，一個二次多項式只需要改變它的係數，圖形的極值會大幅改變，這個特點會讓我們模擬現實問題的極值時，方便許多。

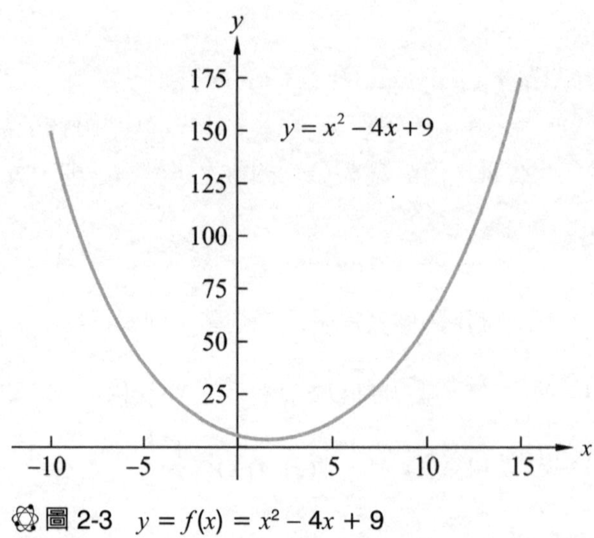

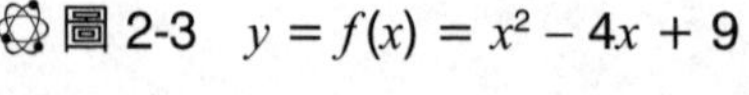
圖 2-3　$y = f(x) = x^2 - 4x + 9$

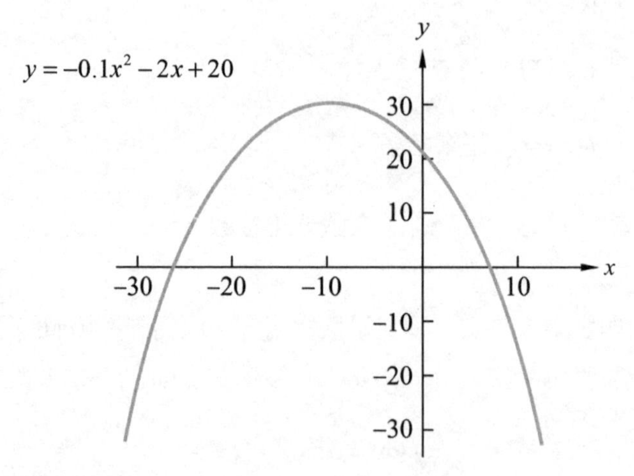

圖 2-4　$y = f(x) = -0.1x^2 - 2x + 20$

範例 2. 依過去經驗，某冰箱製造商知道他每月利潤 P 和每月產量 N 有如下關係式：

$$P = -22N^2 + 210N - 100$$

令 P 為以仟元表示，N 以千台冰箱表示。試對這個函數做圖，並簡單分析。

解 第 1 步：做表 2-1

表 2-1　列出 N = 1~10 的解

N	0	1	2	3	4	5	6	7	8	9	10
P	–100	88	232	332	388	400	368	292	172	8	–200

第 2 步：繪圖

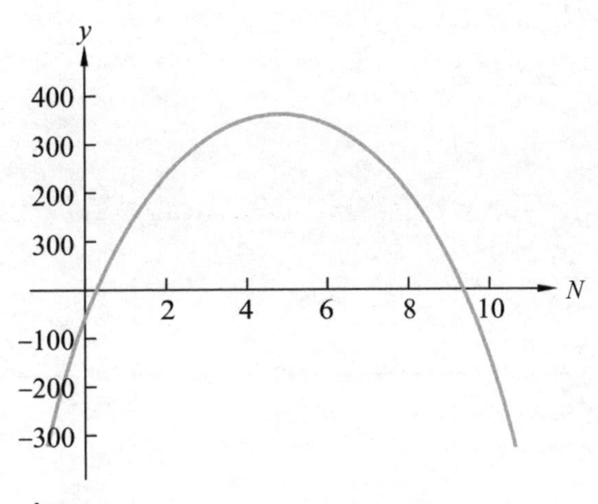

圖 2-5　$y = -22N^2 + 210N - 100$

顯示此函數有一極大值。

有理函數

多項式函數的另一種變化則是有理函數，定義如下：

定義：有理函數（rational functions）

令 $p(x)$、$q(x)$ 爲兩個多項式函數，$q(x) \neq 0$，則 $f(x)=\dfrac{p(x)}{q(x)}$ 稱爲有理函數。

範例 3. 試判斷下列函數，哪些是有理函數？

(1) $f(x)=\dfrac{1}{x}$ (2) $f(x)=\dfrac{\frac{1}{2}x^5-3x^3+\sqrt{5}}{x^2-1}$

(3) $f(x)=\dfrac{x^2-1}{x^3+5}$ (4) $f(x)=\dfrac{\sqrt{x}+3}{2x}$

解 依定義得知，除了 (4) 其餘均是有理函數。(4) 的分子不是多項式。

習題

請判斷下列函數的種類

1. $f(x)=3x^6-2x^2+1$
2. $f(x)=\dfrac{x^3+1}{x+5}, x\neq -5$
3. $f(x)=2(x^2-3)$
4. $f(x)=3x^2+2\sqrt{x}$
5. $f(x)=\dfrac{6x}{x^3+8}$

習題解答

1. 六次多項式函數
2. 有理函數
3. 二次多項式函數
4. 混和型
5. 有理函數

2.2 指數與對數函數

一般我們用到的超越函數有指數對數和三角。本書略去三角，只介紹指數對數。指數函數的應用領域非常廣泛，在財務方面，有連續複利；在經濟方面，有成長和衰退率。有許多重要的函數均是用指數去模擬特定現象。這一節介紹指數函數與其基本型式與性質，下一節介紹如何對這類函數微分。

指數函數

指數函數的型式

$f(x) = a(b^x) \quad a, b \in R \quad a \neq 0$、$b > 0$ 且 $b \neq 1$

上式讀成「x 以 b 爲底的指數函數」。

範例 1. 判斷下面 6 個函數，何者不是指數函數？

(1) $f(x) = 3^x$　(2) $f(x) = 5.5(5^x)$　(3) $f(x) = (\frac{2}{3})^x$

(4) $f(x) = -2(\frac{1}{3})^x$　(5) $f(x) = (-2)^x$　(6) $f(x) = x^6$

解 (1)(2)(3)(4) 是指數函數。

(5) 不是，因為「底」為負。

(6) 不是指數函數，此為一多項式函數（也是冪函數）。

在介紹自然指數函數之前，我們先介紹什麼是自然指數。自然指數 e = 2.71828 是一個相當有意義的無理數（irrational number），數學上以極限來定義這個數，如下：

$$\lim_{x \to 0} (1+x)^{\frac{1}{x}} = \lim_{x \to \infty} (1+\frac{1}{x})^x = e = 2.71828\cdots$$

自然指數函數的型式

已知尤拉數（Euler number）$e = 2.71828$，則以 e 爲底的指數函數稱爲自然指數函數。寫成：

$$f(x) = e^x$$

自然指數函數是相當重要的一個函數，圖 2-6 繪出它的形狀。

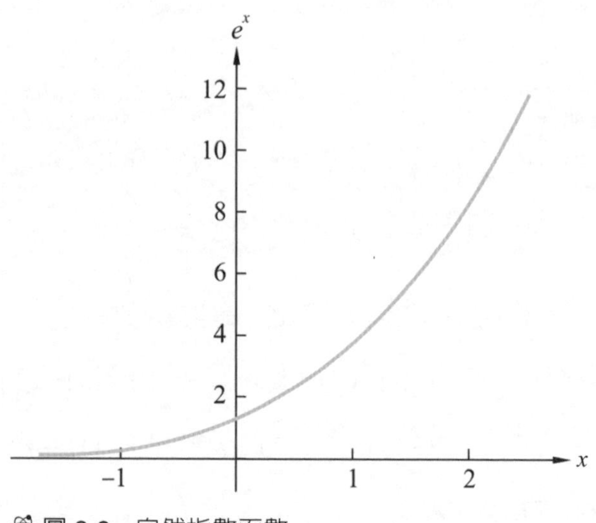

圖 2-6 自然指數函數

由此我們可以知道，「自然指數函數」其實只是「指數函數」的一個特例。指數函數家族，均具有以下性質：

指數函數的性質

(1) $b^x b^y = b^{x+y}$

(2) $(b^x)^y = b^{xy}$

(3) $\dfrac{b^x}{b^y} = b^{x-y}$

(4) $(\dfrac{1}{b})^x = \dfrac{1}{b^x} = b^{-x}$

(5) $(b \cdot c)^x = b^x \cdot c^x$

(6) $(\dfrac{b}{c})^x = \dfrac{b^x}{c^x}$

複利

自然指數函數應用很廣，除了基本的成長之外，最常用的就是利用它來逼近「連續複利」。令 P = 本金，A = 本利和，r = 年利率，則一年複利 N 次，存 t 年的複利公式如下：

$$A = P(1+\frac{r}{N})^{Nt}$$

當 $N \to \infty$ 時，我們稱爲「連續複利」，可用自然指數化簡：

$$A = P(1+\frac{r}{N})^{Nt} \approx Pe^{rt}$$

很明顯地，Pe^{rt} 在計算上簡潔許多。

範例 2. 令本金為 800 元，以年利率 6%，連續複利 25 年後的本利和為多少？

解 $A = 800e^{0.06\times 25} = 800e^{1.5} = 3{,}585.35$ 元

財務上將 $e^r - 1$ 定義爲連續複利下的「有效利率」（effective interest rate）。

對數函數

接下來要介紹對數函數 log（logarithm function）。對數函數和指數函數互爲「反函數」（inverse function），以下面關係表示較清楚。

對數函數

$b^x = a \Leftrightarrow \log_b b^x = \log_b a \Leftrightarrow x = \log_b a$

$\log_b a$ 讀成「a 是以 b 爲底的對數函數」。

故同理，當 $b=e$ 時，$\log_e e^x = x$。因此，我們定義 $\log_e = \ln =$ 自然對數函數，如圖 2-7。以 10 爲底的對數往往省略，只寫成 $\log B = \log_{10} B$。

自然對數函數的性質

(1) $\ln(1)=0$

(2) $\ln(e)=1$

(3) $\ln(AB)=\ln A+\ln B$

(4) $\ln(\frac{B}{A})=\ln B-\ln A$

(5) $\ln A^B = B\ln A$

(6) $\ln e^x = e^{\ln x} = x$

性質 (6) 是指數對數的反函數性質，下一節介紹微分方法時，會應用這個性質來求解許多問題。

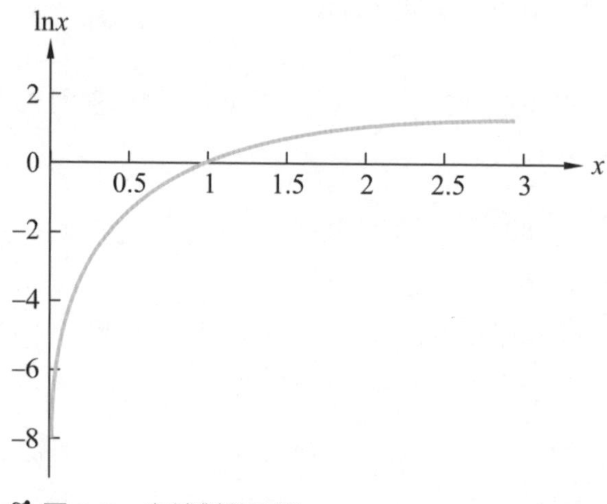

圖 2-7　自然對數函數

範例 3.　令 $2.3=5(1.06)^{-4r}$，求 $r=$ ？

解　$(1.06)^{-4r}=0.46$

雙邊均取自然對數 $\Rightarrow (-4r)\ln(1.06)=\ln(0.46)$

$$\Rightarrow r=\frac{\ln(0.46)}{-4\ln(1.06)}\approx 3.332$$

範例 4. 令銀行年利率為 6%，每季複利（一年 4 次），則多久才能把存款變成兩倍？

解　$A=P(1+\frac{r}{N})^{Nt}$，由題意可知 $r=0.06$，$N=4$，$A=2P$，我們要求 t。

$$\Rightarrow 2P=P(1+\frac{0.06}{4})^{4t} \Rightarrow 2=(1.015)^{4t} \Rightarrow \ln 2=4t\cdot\ln(1.015)$$

$$\Rightarrow t=\frac{\ln 2}{4\ln(1.015)}=11.75$$

故需 11 年又 3 季，存款方能加倍。

接下來說明一個有趣的問題：70 律。令投資利率爲 r %，銀行業者常用 70 除以 r 來逼近當利率已知時，投資增加一倍的時間（T）；也就是 $T=\frac{70}{r}$。

下面的例題，將驗證 70 律的精確性。

範例 5. (1) 求年成長率 $r=2\%$ 和 5% 的倍增期 T。(2) 用前題來驗證 $T=\frac{70}{r}$。

解　(1) 我們利用 $A=P(1+r)^T$ 的式子。

年成長率 $r=2\%$ 的公式為 $2P=P(1+0.02)^T \Rightarrow T\cong 35.003$ 年增加一倍。

年成長率 $r=5\%$ 的公式為 $2P=P(1+0.05)^T \Rightarrow T\cong 14.207$ 年增加一倍。

(2) 我們計算 $T=\frac{70}{2}\cong 35.00$；$T=\frac{70}{5}\cong 14.00$；

由上面的演算可知，大致上 70 律是滿精確的。

生態成長函數

現在介紹一種稱爲生態成長函數（logistic growth function）的函數。生態成長函數和指數成長函數最大的不同在於，當自變數（時間）愈大時，指數成長函數會一直成長，沒有收斂；但是，生態成長函數的變數則會收斂到一定值。生態成長函數的型式如下：

$$y = f(x) = \frac{L}{1 + Ce^{-rx}}$$

L、C、r 均大於 0。r 代表變數 y 的成長率，這個函數有幾個重要的性質：

1. 當 $x \to \infty$ 時，$y \to L$；L 代表了最大承受量，或 y 的上界（upper bound）。
2. 生態成長函數的反曲點爲遞減開始之點，而此點也是成長最快速之點；它發生在 $y = \frac{L}{2}$。
3. 生態成長函數在 x 極小時，逼近指數函數，成長率爲 r。

圖 2-8 函數 $\frac{100}{1 + 5e^{-0.05x}}$ 的圖形說明了上述性質。此函數的成長率爲 5%，當 x 極大時，y 收斂到 100，成長最快速之點發生在 $y = 50$ 之處。

在許多應用問題，x 往往是時間 t。參考下例。

範例 6. 令 t 為以年為單位的時間變數，y 為以萬為單位的汽車數量。若我們使用下面的函數來建立一個汽車市場的成長模型：

$$y = \frac{185}{1 + 48e^{-0.25t}}$$

請問，這個汽車市場飽和之數量為多少？成長最快速又在何時？

解 (1) 市場飽和之數量即為市場之最大數量，為 185 萬輛。

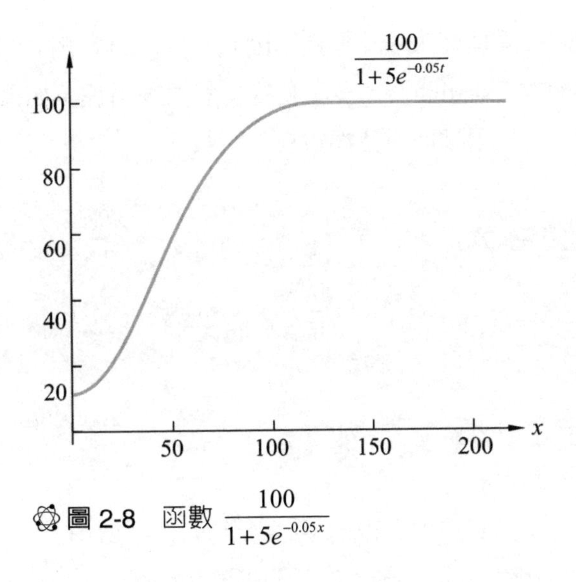

圖 2-8　函數 $\frac{100}{1+5e^{-0.05x}}$

(2) 成長最快速發生在 $y=\frac{185}{2}$，故

$$\frac{185}{2}=\frac{185}{1+48e^{-0.25t}}$$
$$\Rightarrow 2=1+48e^{-0.25t}$$
$$\Rightarrow t=15.485$$

故自此汽車開始進入市場 15 年半後，市場成長最快（參考圖 2-9）。

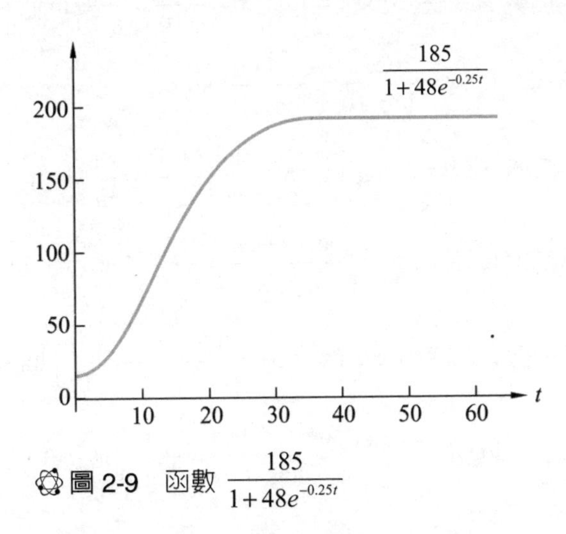

圖 2-9　函數 $\frac{185}{1+48e^{-0.25t}}$

自然對數函數處理起來較爲便捷，因此，許多財務經濟的函數，或統計上的資料尺度縮放（scaling），多半利用自然對數處理。如果我們遇到一般底的對數函數，可以用換底方法換爲自然指數底。

對數函數的換底公式

$$\log_{A} X = \frac{\ln X}{\ln A} = \frac{1}{\ln A}\ln X$$

上面這個式子很容易確認，如下：

令 $\log_A X = B$

雙邊進行以 A 爲底的指數轉換 $\rightarrow A^{\log_A X} = A^B \rightarrow X = A^B$

雙邊取自然對數 $\rightarrow \ln X = \ln A^B \rightarrow \ln X = B\ln A$

$$\rightarrow \frac{\ln X}{\ln A} = \frac{1}{\ln A}\ln X = B \text{ 得證}$$

範例 7. 請將以下對數函數換成以自然指數 e 與以 5 為底的對數函數。

(1) $\log x$ (2) $\log_3(x+5)$ (3) $\log_4(x^2+5)$

解 (1) 以自然指數 e 為底：$\log x = \log_{10} x = \dfrac{\ln x}{\ln 10} = \dfrac{1}{\ln 10}\ln x$

以 5 為底：$\log x = \dfrac{\log_5 x}{\log_5 10} = \dfrac{1}{\log_5 10}\log_5 x$

(2) 以自然指數 e 為底：$\log_3(x+5) = \dfrac{\ln(x+5)}{\ln 3} = \dfrac{1}{\ln 3}\ln(x+5)$

以 5 為底：$\log_3(x+5) = \dfrac{\log_5(x+5)}{\log_5 3} = \dfrac{1}{\log_5 3}\log_5(x+5)$

(3) 以自然指數 e 為底：$\log_4(x^2+5) = \dfrac{\ln(x^2+5)}{\ln 4} = \dfrac{1}{\ln 4}\ln(x^2+5)$

以 5 為底：$\log_4(x^2+5) = \dfrac{\log_5(x^2+5)}{\log_5 4} = \dfrac{1}{\log_5 4}\log(x^2+5)$

習題

1. 請用計算機算出下題之值。

(1) $\ln 45$　(2) $\ln 100$　(3) $\log_5 10$　(4) $e^{-1.4}$　(5) $\ln 3.28$

(6) $e^{2.24}$　(7) $\ln e^{-0.5}$　(8) $e^{\ln(3.4)}$　(9) $e^{\ln(2.25)}$　(10) $\ln e^{-2.5}$

2. 請求出下題的 x。

(1) $e^{2x}=3$　(2) $e^{3x}=5$　(3) $e^{2x+1}=2^x$　(4) $e^{3x-1}=3^{2x}$

(5) $e^{2x+1}=6$　(6) $e^{2x-3}=\dfrac{1}{5}$

3. 某人存入新臺幣 5,000 元於銀行户頭，年利率 6%，每年複利。請問多久後這筆存款會變成 7,000 元？

4. 某公司在其銀行户頭存有兩萬美元，年利率 8%。請問在連續複利之下，四年後可領出多少？

5. 人在 X 次學習後，將某事做正確的機率 Y 可用以下生態函數表示：

$$Y=\frac{0.82}{1+e^{-0.2X}}$$

請問，練習幾次進步最快？當練習次數極多時，正確的機率是多少？

6. 請將以下對數函數換成以自然指數 e 爲底的對數函數。

(1) $\log\sqrt{x}$　(2) $\log_6(2x-5)$　(3) $\log_4\dfrac{7-\sqrt{x}}{1+x^2}$

7. 將下列各題表示成以自然指數爲底的函數。

(1) 5^4　(2) 2^3

(3) $(3.4)^{10}$　(4) $(5.3)^{20}$

習題解答

1. (1) 3.807　(2) 4.605　(3) 1.431　(4) 0.247　(5) 1.188

(6) 9.393　(7) −0.5　(8) 3.4　(9) 2.25　(10) −2.5

2. (1) $\dfrac{\ln 3}{2}$　(2) $\dfrac{\ln 5}{3}$　(3) $-\dfrac{1}{2-\ln 2}$　(4) $\dfrac{1}{3-2\ln 3}$　(5) $\dfrac{\ln 6-1}{2}$　(6) $\dfrac{3-\ln 5}{2}$

3. 5.8 年

4. 約 27,542 美元

5. $x=0$ 時進步最快；機率 $=0.82$

6. (1) $\frac{1}{\ln 10}\ln\sqrt{x}$；(2) $\frac{1}{\ln 6}\ln(2x-5)$；(3) $\frac{1}{\ln 4}\ln\frac{7-\sqrt{x}}{1+x^2}$

7. (1) $e^{4\ln 5}(\approx e^{6.4378})$；(2) $e^{3\ln 2}(\approx e^{2.0794})$；(3) $e^{10\ln 3.4}(\approx e^{12.238})$；(4) $e^{20\ln 5.3}(\approx e^{33.354})$

2.3 導函數和導數

本章至此將進入微分方法的關鍵。微分方法的變化和函數的型式有關，但是不管型式爲何，我們皆由導函數 $f'(x)$ 爲基礎。若能在技術上熟練依定義展開導函數，那麼接下來的學習就簡單多了。另外，幾何上理解函數與導函數上下對稱圖，也是本節的學習重點。計算導函數的過程，我們稱之爲「微分」。

定義：導函數

$$f'(x)=\lim_{\Delta x\to 0}\frac{f(x+\Delta x)-f(x)}{\Delta x}\text{；}\Delta x=b-a$$

當 $a\to b$ 時，線段 $\overline{\text{AB}}$（或 L）就會移向 $f'(x)$（圖 2-10）。我們往往也將 $f'(x)$ 的運算符號寫成 $\frac{dy}{dx}$ 或 D_x，對任意定義域實數 a 而言，如果 $f'(x)$ 存在，則我們稱 $f(x)$ 可微分。這個定義式是由極限來定義的，爲說明這個定義，我們暫時不看極限符號，先看 $\frac{f(b)-f(a)}{b-a}$ 這個式子。如圖 2-10，這個有理式明顯地是直線 L 的斜率。接下來，這個極限是由 $a\to b$，故直線 L 以點 B 爲中心，逆時針轉。這個過程最後得到函數 $f(x)$ 在 b 的斜率，也就是函數 $f(x)$ 在點 B 的切線斜率 $f'(b)$。

細心的讀者會發現一個疑問：在 B 點做切線有那麼麻煩嗎？和極限有

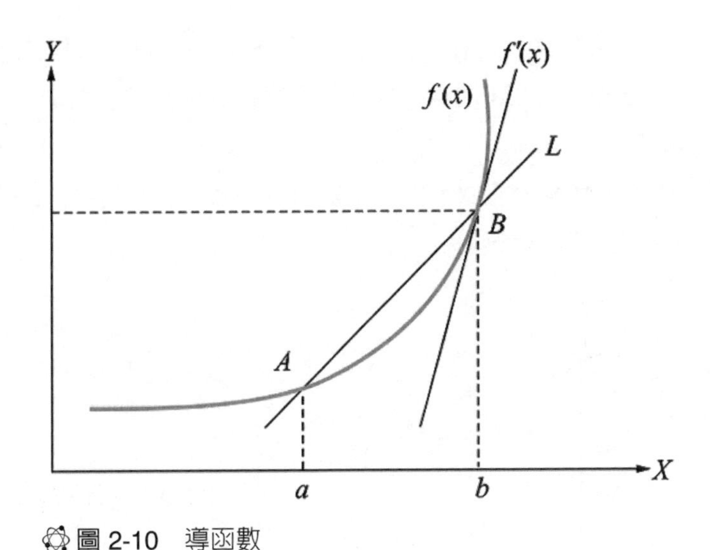

圖 2-10　導函數

什麼關係？我們回想一個數學概念：過兩點才能畫一條「唯一」直線。因此，在 B 點做切線時，除了第一點 x 之外，我們必須在 x 附近取一個和 x 很近，但不等於 x 的第二點。在數學上，我們利用極限 $a \to b$ 來取這一點。因此，才能在 B 點做出唯一的一條切線。

接下來，我們利用這個定義來求取一些函數的導函數。

範例 1. $f(x)=x^3$，求 $f'(x)$ 及 $f'(1)$。

解　依定義：

$$f'(x)=\lim_{\Delta x\to 0}\frac{f(x+\Delta x)-f(x)}{\Delta x}=\lim_{\Delta x\to 0}\frac{(x+\Delta x)^3-x^3}{\Delta x}$$

$$=\lim_{\Delta x\to 0}(3x^2+3x\Delta x+(\Delta x)^2)=3x^2$$

導函數 $f'(x)$ 在　1 的導數為 3。

這一題函數 $f(x)$ 和其導函數的圖形可以用同一個 x 軸畫出對應圖，如圖 2-11 和圖 2-12 所示。我們在 $f(x)$ 圖形上所有的點做切線，算出斜率，然後對應 x 軸將之描在圖 2-12 的垂直軸上，圖 2-12 的曲線方程式就是導函數。

根據圖 2-11 和圖 2-12，我們強調兩個觀念：

1. 導函數是函數，且是在原函數每一點做切線的斜率方程式，也就是說，圖 2-12 中 $f'(x)$ 曲線上任何和垂直軸對應的點，均是原函數切線的斜率值。
2. 導函數不是切線方程式。對一函數 $f(x)$ 而言，它只有唯一的導函數，但切線方程式則有無限多。

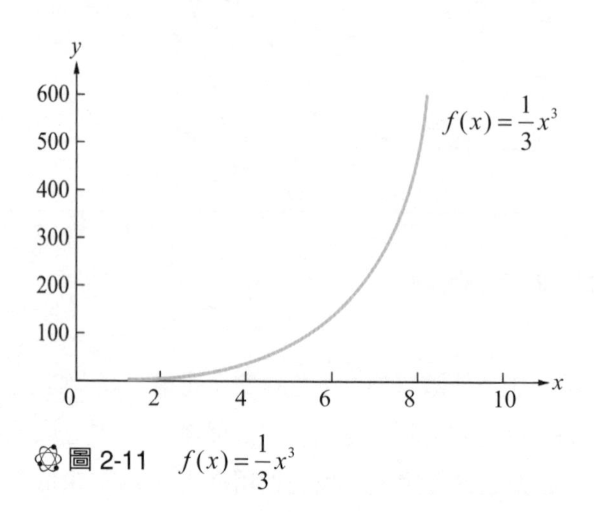

圖 2-11 $f(x)=\frac{1}{3}x^3$

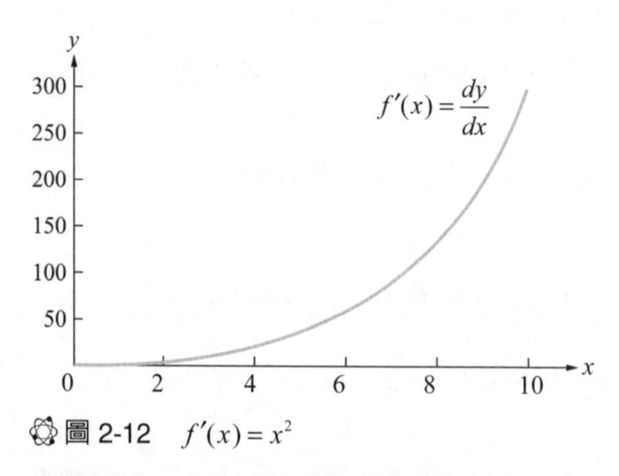

圖 2-12 $f'(x)=x^2$

圖 2-13 是更複雜的三次多項式函數 $f(x)=-x^3+x^2+12x-2$ 與其一階導函數的上下對稱圖。函數和導函數上下對稱圖的幾何呈現，對問題的解答相當有幫助。在函數 A、B 點做的切線是水平的，所以斜率是 0。由 x 軸畫

一條延長線到對稱 $f'(x)$ 的 Y 軸就在 0。兩個圖形共有 X 軸，但 Y 軸刻度的數值則大不相同。

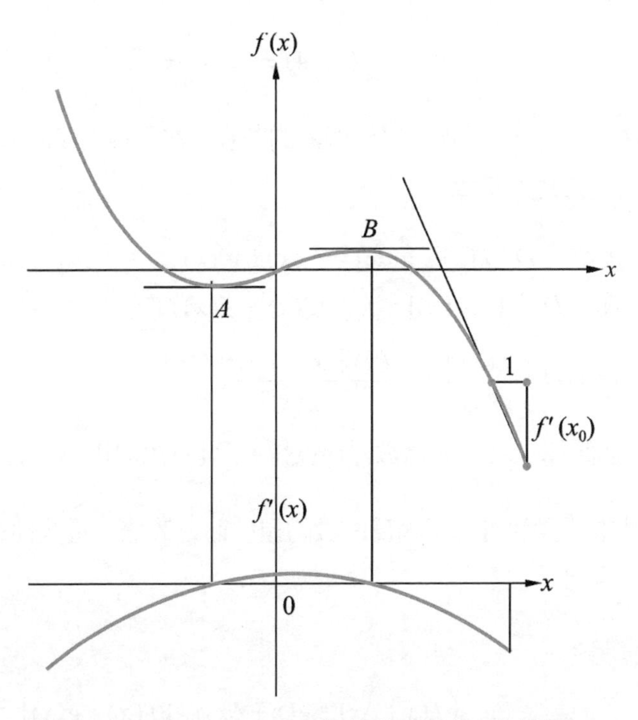

圖 2-13　三次多項式函數與導函數上下對稱圖

範例 2.　令函數 $f(x)=\sqrt{x}$，

(1) 求 $f(x)$ 的導函數 $f'(x)$；(2) 求 $x=4$ 的導數；(3) 求在 $x=4$ 的切線方程式。

解　(1) 依定義：

$$f'(x)=\lim_{\Delta x\to 0}\frac{\sqrt{x+\Delta x}-\sqrt{x}}{\Delta x}=\lim_{\Delta x\to 0}\frac{\left(\sqrt{x+\Delta x}-\sqrt{x}\right)\left(\sqrt{x+\Delta x}+\sqrt{x}\right)}{\Delta x\left(\sqrt{x+\Delta x}+\sqrt{x}\right)}$$

$$=\lim_{\Delta x\to 0}\frac{x+\Delta x-x}{\Delta x\left(\sqrt{x+\Delta x}+\sqrt{x}\right)}=\lim_{\Delta x\to 0}\frac{1}{\sqrt{x+\Delta x}+\sqrt{x}}=\frac{1}{2\sqrt{x}}$$

(2) $f'(4)=\dfrac{1}{2\sqrt{4}}=\dfrac{1}{4}$

(3) $y=f(4)=\sqrt{4}=2$，故求過 (4, 2) 的切線方程式為：

$$y-2=\frac{1}{4}(x-4)\Leftrightarrow y=\frac{1}{4}x+1$$

前面說過，「微分」是指求得導函數的運算。在最後，我們列出「微分」的四則運算的性質及連鎖律。

性質 1：加減：$D_x[f(x)\pm g(x)]=f'(x)\pm g'(x)$

性質 2：乘：$D_x[f(x)g(x)]=f'(x)g(x)+g'(x)f(x)$

性質 3：除：$D_x\left[\dfrac{f(x)}{g(x)}\right]=\dfrac{f'(x)g(x)-g'(x)f(x)}{[g(x)]^2}$

性質 4：連鎖律：令合成函數 $f(g(x))$，$D_x[f(g(x))]=f'(g(x))\cdot g'(x)$

微分的基本運算性質，不因爲函數的類型而有改變。這些性質均可以從導函數的定義得出。如下：

性質 1 證明：

$$\begin{aligned}D_x\left[f(x)+g(x)\right]&=\lim_{\Delta x\to 0}\frac{\left[f(x+\Delta x)+g(x+\Delta x)\right]-\left[f(x)+g(x)\right]}{\Delta x}\\&=\lim_{\Delta x\to 0}\frac{\left[f(x+\Delta x)-f(x)\right]+\left[g(x+\Delta x)-g(x)\right]}{\Delta x}\\&=\lim_{\Delta x\to 0}\left\{\frac{f(x+\Delta x)-f(x)}{\Delta x}+\frac{g(x+\Delta x)-g(x)}{\Delta x}\right\}\\&=\lim_{\Delta x\to 0}\frac{f(x+\Delta x)-f(x)}{\Delta x}+\lim_{\Delta x\to 0}\frac{g(x+\Delta x)-g(x)}{\Delta x}\\&=f'(x)+g'(x)\quad\text{得證}\end{aligned}$$

性質 2 證明：

$$
\begin{aligned}
D_x[f(x)g(x)] &= \lim_{\Delta x\to 0}\frac{f(x+\Delta x)g(x+\Delta x)-f(x)g(x)}{\Delta x}\\
&= \lim_{\Delta x\to 0}\frac{f(x+\Delta x)g(x+\Delta x)-f(x+\Delta x)g(x)+f(x+\Delta x)g(x)-f(x)g(x)}{\Delta x}\\
&= \lim_{\Delta x\to 0}\left\{\frac{f(x+\Delta x)g(x+\Delta x)-f(x+\Delta x)g(x)}{\Delta x}+\frac{f(x+\Delta x)g(x)-f(x)g(x)}{\Delta x}\right\}\\
&= \lim_{\Delta x\to 0}\left\{\frac{f(x+\Delta x)[g(x+\Delta x)-g(x)]}{\Delta x}+\frac{[f(x+\Delta x)-f(x)]g(x)}{\Delta x}\right\}\\
&= \lim_{\Delta x\to 0} f(x+\Delta x)\frac{[g(x+\Delta x)-g(x)]}{\Delta x}+\lim_{\Delta x\to 0} g(x)\frac{[f(x+\Delta x)-f(x)]}{\Delta x}\\
&= f(x)\lim_{\Delta x\to 0}\frac{[g(x+\Delta x)-g(x)]}{\Delta x}+g(x)\lim_{\Delta x\to 0}\frac{[f(x+\Delta x)-f(x)]}{\Delta x}\\
&= f(x)g'(x)+g(x)f'(x) \quad \text{得證}
\end{aligned}
$$

這 4 個性質均是由定義導出來的，性質 3 和性質 4 留做習題由同學自行練習。這 4 個性質，是微分運算的基本規則。後面將以函數爲主軸，分別介紹這 4 種基本性質。

習題

1. 令 $f(x)=x^2-4$，寫函數 $f(x)$ 的導函數定義式。
2. 令 $f(x)=-3x^2+2x$，寫函數 $f(x)$ 的導函數定義式。
3. 依定義，求 $f(x)=\frac{1}{x}$ 的導函數。
4. 依定義，求 $f(x)=x^2+x$ 的導函數。
5. 依定義，求 $y=2$ 的導函數。
6. 依導函數定義，求經過 $x=2$ 且和函數 $f(x)=-2x+4$ 相切的斜率。
7. 依導函數定義，求經過 $x=-1$ 且和函數 $f(x)=3x-1$ 相切的斜率。
8. 依導函數定義，求經過點 (2, 13) 且和函數 $f(x)=3x^2+1$ 相切的方程式。
9. 依導函數定義，令 $f(2)=3$ 及 $f'(2)=-1$，求經過 $x=2$ 的切線方程式。
10. 依導函數定義，導出本節最後性質三和性質四。

習題解答

1. $\lim_{\Delta x \to 0} \frac{[(x+\Delta x)^2-4]-(x^2-4)}{\Delta x}$

2. $\lim_{\Delta x \to 0} \frac{[-3(x+\Delta x)^2+2(x+\Delta x)]-(-3x^2+2x)}{\Delta x}$

3. $-\frac{1}{x^2}$

4. $2x+1$

5. 0

6. -2

7. 3

8. $y=12x-11$

9. $y-3=-(x-2)$

10. 略

Codes Part 1 Step-by-Step

Python

主題 1　裝置

學習程式由 Python 入手，是一個相當理想的選擇。主要原因是 Python 是一個多功能的語言，除了數學上的數值計算，更可以用來開發軟體，寫 App 和網站。在此我們先有一個好的開始，先學習如何成功裝置軟體。

Step 1. 進入 Python 官方網站 https://www.python.org/，如圖 Py 1-1，把滑鼠指向選單 Downloads 處，會跳出軟體下載區的方框。

作業系統有很多種，如果是蘋果電腦，就點選下方的 Mac OS X；其餘的請選 Other Platforms。本書教學以 Windows 版爲準。

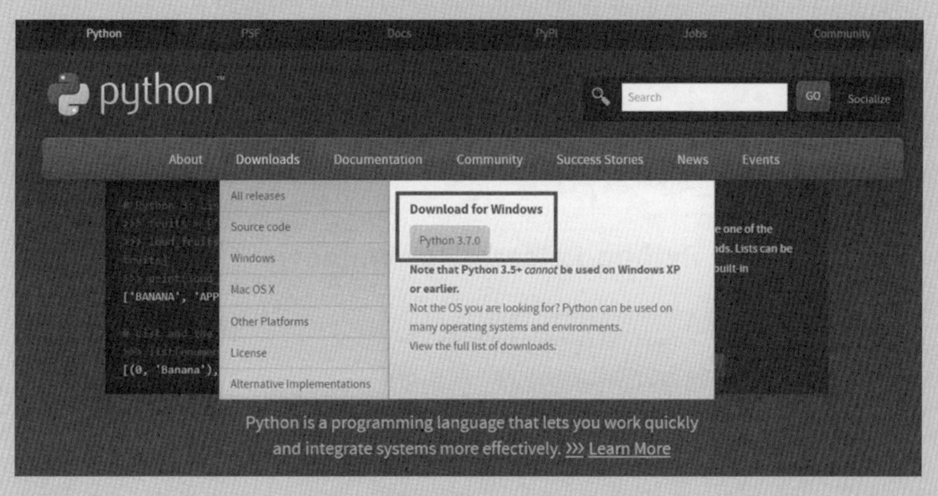

圖 Py 1-1　進入 Python 官網

Step 2. 下載軟體

承上，點選進入後，就會看到如圖 Py 1-2。Python 2.x 和 3.x 的糾葛就不談，我們以 3.7 爲主要版本。直接按下，就會傳輸 32 位元的安裝檔 **python-3.7.0.exe**。

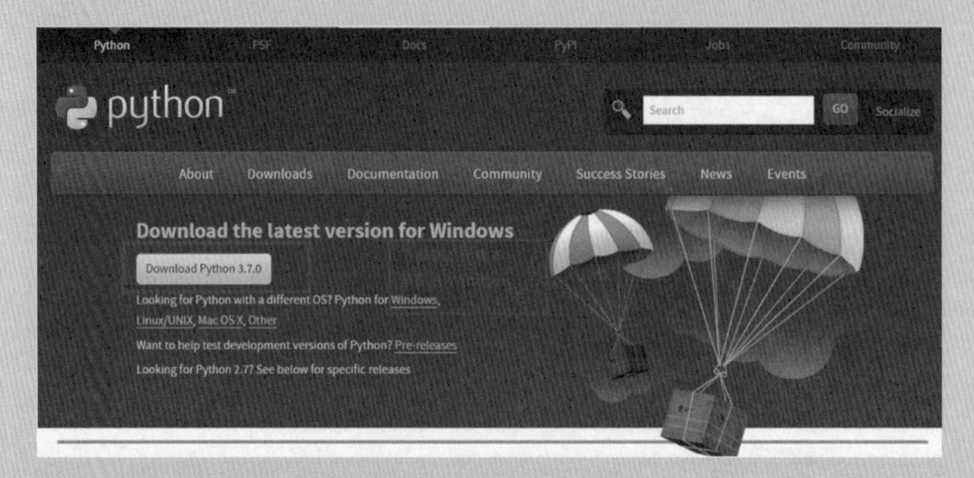

圖 Py 1-2　下載 3.x 最新版

如果需要安裝 64 位元的版本，就依圖點選，進入圖 Py 1-3。其安裝檔名是 python-3.7.0-amd64。

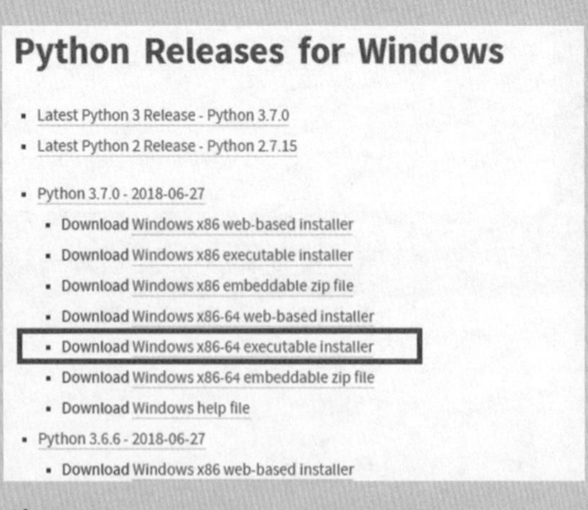

圖 Py 1-3　下載 64 位元 Python

Step 3. 下載完成後，啓動安裝檔。3.7 版的選項，可以在裝置時就設定好環境變數。如果是初學者，請務必一步一步看清楚選項，避免事後又出現一堆設定問題。如圖 Py 1-4 指示，下方打勾可以寫入環境變數路徑（path）；如果忘了打勾，事後還是可以另外由控制台進入塡寫。

圖 Py 1-4　依圖形點選，尤其是下方打勾

Step 4. 裝置完畢後，以 Windows 7 爲例，以 IDLE 啓動 Python[1]。IDLE 是 Python GUI（Graphical User Interface），如圖 Py 1-5。

1 開啓 Python 的方法還可以透過「命令提示字元」或 Power Shell。爲了不讓初學者感到負擔過重，我們只介紹 IDLE 一種。

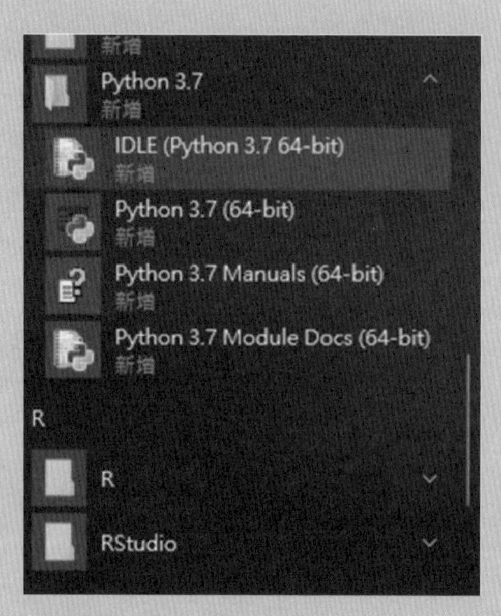

圖 Py 1-5 啓動 Python

啓動 Python 之後，直接進入 Python Shell 或主控台（Console），如圖 Py 1-6。圖 Py 1-6 的 Python Shell 是所謂的命令列模式（Command Line Mode），現在請使用者在游標處鍵入 1+1，即：

```
>>> 1+1
```

然後按下 Enter，就會出現：

```
>>> 2
```

```
Python 3.7.0 Shell
File Edit Shell Debug Options Window Help
Python 3.7.0 (v3.7.0:1bf9cc5093, Jun 27 2018, 04:59:51) [MSC v.1914 64 bit (AMD6
4)] on win32
Type "copyright", "credits" or "license()" for more information.
>>> |
```

圖 Py 1-6 Python Shell 主介面

命令列模式就是一個指令，一個 Enter 執行一個動作，如要執行數行指令，就必須按很多 Enter。例如：

```
y = 2
y = 3
x + y
```

就要按 3 次 Enter，而且輸入的東西下次就不見了。所謂的寫程式當然不是這樣，我們要利用批次檔（scripting file）。依照以下三個圖說，打開批次檔。

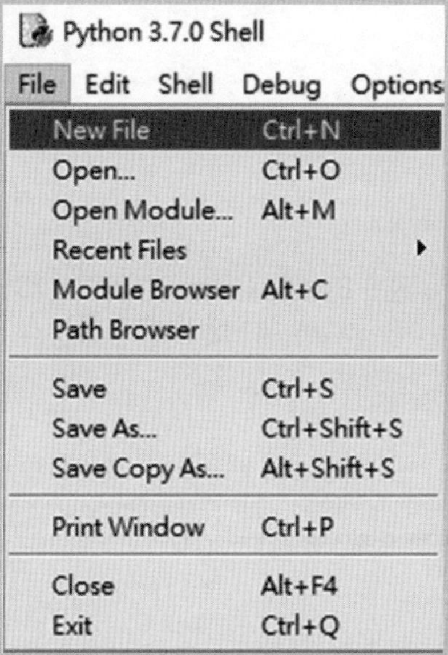

Python 3.7.0 Shell
File Edit Shell Debug Options
New File Ctrl+N
Open... Ctrl+O
Open Module... Alt+M
Recent Files
Module Browser Alt+C
Path Browser
Save Ctrl+S
Save As... Ctrl+Shift+S
Save Copy As... Alt+Shift+S
Print Window Ctrl+P
Close Alt+F4
Exit Ctrl+Q

圖 Py 1-7　從主選單 File → New File

圖 Py 1-8 開啓一個空白的檔案 Untitled，可以先給一個名稱儲存起來，例如：01.py，副檔名 .py 會自動添加不用輸入。

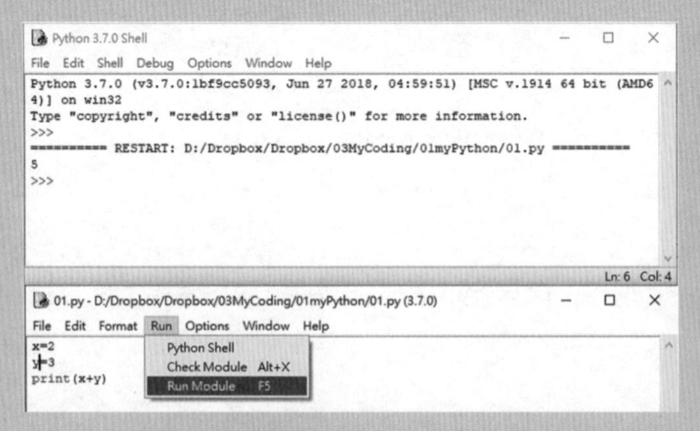

圖 Py 1-9 在批次檔內，如圖鍵入三行，需要顯示於 Shell 的，必須加上 print()，然後按 F5 或如選單指示 Run → Run Module。

如果至此完全成功，恭喜您，接下來可以透過微積分，循序逐章學習 Python 的數學和資料結構。希望上完微積分，Python 已經有了扎實的入門，未來將無限寬廣。之後會介紹使用 IDE Anaconda，目前我們先使用 IDLE shell。

主題 2　基礎數學運算

2-1　四則運算

```
>>> 6+5              加
11
>>> 6-9              減
-3
>>> 81/9             除（整除）
9.0
>>> 80/9             除（非整除）
8.88888888888889
>>> 80//9            除（無條件捨去）
8
>>> 5*5*5            5 的 3 次方 =5³
125
>>> 5**3             5 的 3 次方另一種表示方法
125
```

需注意，Python 內「次方」不是用 ^。

```
>>> 300%15           餘數（整除）
0
>>> 300%11           餘數（非整除）
3
```

2-2 數值型態轉換

```
>>> int(2.125)              整數
2
>>> round(3.14159)          四捨五入至小數點
3.0
>>> round(3.14159, 2)       四捨五入至小數點後兩位
3.14
>>> round(3.14159, 3)       四捨五入至小數點後三位
3.142

>>> import operator         載入比較算子（operator）模組（因下面的函數需要）[2]
>>> operator.lt(2, 3)       是否 2<3? lt=less than
True
>>> operator.gt(2, 3)       是否 2>3? gt=greater than
False
>>> operator.eq(-2, -3)     是否 -2=-3? eq=equal to
False
>>> operator.ne(2, 2)       是否 2≠2? ne=not equal to
False

>>> import math             載入數學模組（因下面的函數需要）
>>> math.floor(2.71828)     小於等於 2.71 的最大整數
2                           （數線上，左邊的第 1 個整數）
>>> math.ceil(2.71828)      大於等於 2.71 的最小整數
3                           （數線上，右邊的第 1 個整數）
```

2 Python2 比較大小有一個函數 cmp，我們用的 Python3 沒有這個函數，相關功能是由模組 operator 達成。

```
>>> math.sqrt(9)          平方根 √9
3.0
>>> abs(-123)             絕對值 |-123|
123
>>> math.exp(2)           自然指數 e²
7.38905609893065
>>> math.exp(1)           自然指數 e
2.718281828459045
>>> math.log(100)         自然對數 ln(100)
4.605170185988092
>>> math.log10(100)       以 10 為底的對數
2.0
>>> math.pi               π
3.141592654
>>> math.factorial(5)     5! = 1×2×3×4×5
120
>>> x=(1, 3, 5, 7, 9)
>>> max(x)                最大值
9
>>> min(x)                最小值
1
```

練習

已知一函數：$y = f(x) = \frac{1}{\sqrt{2\pi}} e^{-\frac{1}{2x^2}}$，請用 Python 計算 $f(-1.23) = ?$

參考做法

```
>>> x = -1.23
>>> y = (1/math.sqrt(2*math.pi))*math.exp(-1/(2*x*x))
>>> y
0.2866682534882691
```

主題 3 指定運算子（Assignment operator）

指定運算子爲一種運算子，用以指派給一變數或資料結構。Python 有多個指定運算子。

表 Py 3-1 指定運算子表

<table>
<tr><th>指定運算子</th><th>範例</th><th>解釋</th></tr>
<tr><td>=</td><td>x = 50</td><td>數字 50 指定給 x</td></tr>
<tr><td>+=</td><td>x += 50</td><td>同 x = x + 50</td></tr>
<tr><td>-=</td><td>x -= 50</td><td>同 x = x – 50</td></tr>
<tr><td>*=</td><td>x *= 50</td><td>同 x = x * 50</td></tr>
<tr><td>/=</td><td>x /= 50</td><td>同 x = x / 50</td></tr>
<tr><td>%=</td><td>x %= 50</td><td>同 x = x % 50</td></tr>
<tr><td>//=</td><td>x //= 50</td><td>同 x = x // 50</td></tr>
<tr><td>**=</td><td>x **= 50</td><td>同 x = x ** 50</td></tr>
<tr><td>&=</td><td>x &= 50</td><td>同 x = x & 50</td></tr>
<tr><td>|=</td><td>x |= 50</td><td>同 x = x | 50</td></tr>
<tr><td>^=</td><td>x ^= 50</td><td>同 x = x ^ 50</td></tr>
<tr><td><<=</td><td>x <<= 50</td><td>同 x = x << 50</td></tr>
<tr><td>>>=</td><td>x >>= 50</td><td>同 x = x >> 50</td></tr>
</table>

練習

以下有幾個範例，請學習者在 Python Shell 練練手感，體會運算子的意義。

```
a = 6；x = 36
x += a          # 使用 +=
print(x)

x -= a          # 使用 -=
print(x)

x *= a          # 使用 *=
print(x)

x //= a         # 使用 //=
print(x)

x **= a         # 使用 **=
print(x)

x /= a          # 使用 /=
print(x)

x %= a          # 使用 %=
print(x)
```

```
x = 33；y = 88
x &= y          # 使用 &=
print(x)

x |= 9          # 使用 |=
print(x)

x ^= y          # 使用 ^=
print(x)
```

主題 4 Anaconda：使用整合性圖形介面 IDE

裝置 Python 有其他方法，最主要的一種就是透過 Anaconda (https://www.anaconda.com/download/)，如圖 Py 4-1。

圖 Py 4-1 下載 Anaconda 最新版

Anaconda 是一個使用 Python 的 IDE（Integrated Development Environment），裝置同時也裝好 Python 所有設定和套件，下載十分簡易。

Anaconda 外觀如圖 Py 4-2，右邊的 Spyder 就是很受歡迎的 Python IDE，其他的工具也很有用。但是，Anaconda 帶入的 Python 版本不是最新的，是最新前一版。其實，這多半不是問題。

程式語言是靠載入模組來擴充功能，程式語言的套件類似 Excel 的增益集。數學套件「math」是內建，因此不需要額外載入。

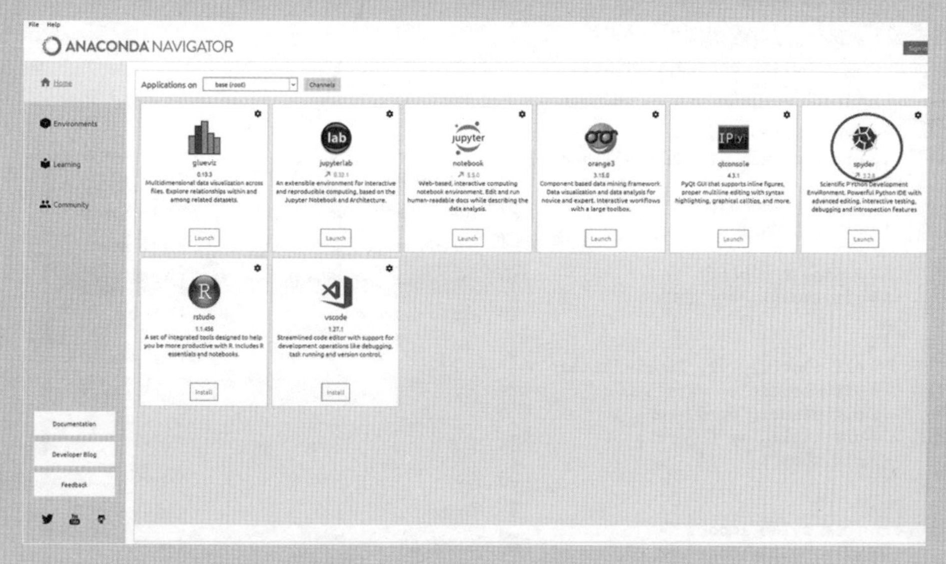

圖 Py 4-2　Anaconda 環境

初學者如果不涉及資料分析，其實用 Python 內建的 IDLE 就夠用了。第 3 堂課開始，我們不需在 IDLE 內寫一行執行一行。改爲使用 Spyder 這個介面，一次書寫多行，一次執行，提高寫 Python 程式的效率。

依照上圖，Launch Spyder 後，載入本書所附程式檔 learningPython2-2_plot.py，如圖 Py 4-3 使用 IDE 的好處之一是可以局部執行程式，用滑鼠框起來部分代碼，滑鼠右鍵就可以執行所選（Run selection or current line），或依照圖 Py 4-3 按圈起來的圖示也可以。如果使用 IDLE，對話視窗必須一行一行執行，若開程式檔，必須全部執行。

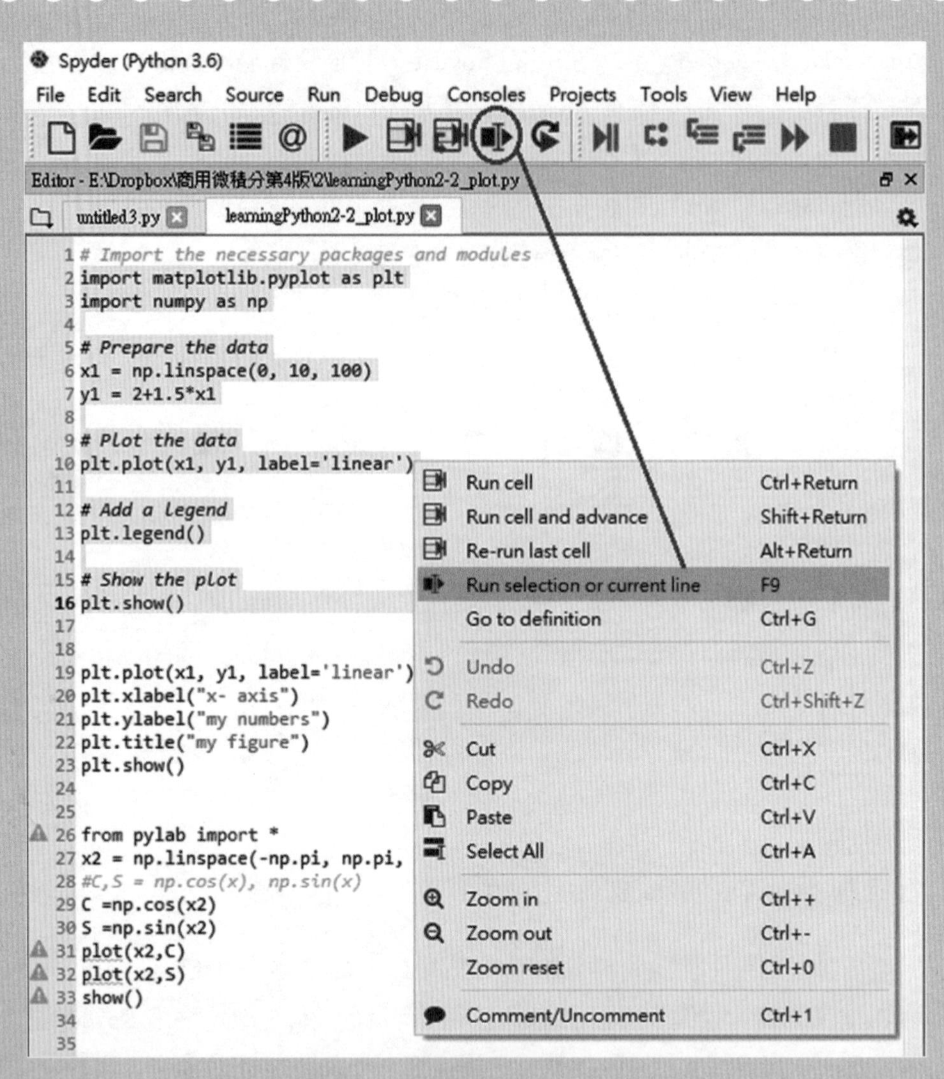

圖 Py 4-3　在 Spyder 的程式 learningPython2-2_plot.py

執行上述區塊完畢，就會畫出圖形，如圖 Py 4-4 右邊主控台顯示結果，如果要另外儲存圖檔，使用滑鼠點選圖樣後，滑鼠右鍵就可以儲存圖檔。

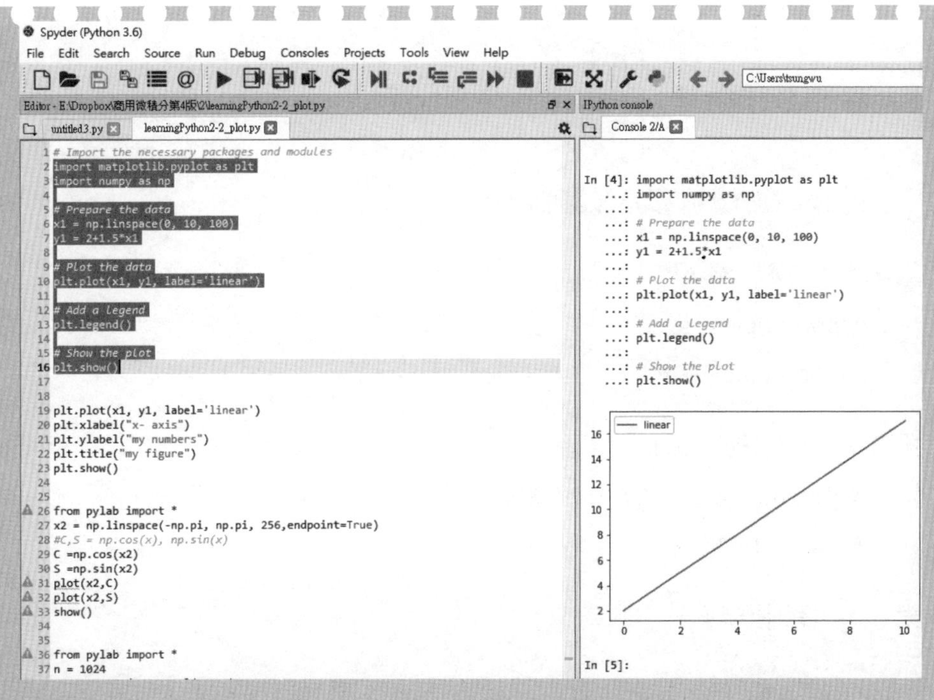

圖 Py 4-4 右邊主控台顯示結果

IDLE 的主控台無法清理，但是 Spyder 只需要在命令列（如圖 Py 4-4 的 In [5] 位置）鍵入 cls 就可以。

我們先來在 Spyder 內解聯立方程式，這個主題應該高中代數有教過。已知一個如下聯立方程式：

$$x+2y-5z=10$$
$$2x+5y+z=-8$$
$$2x+3y+8z=5$$

我們先定義係數矩陣：$\begin{bmatrix} 1 & 2 & -5 \\ 2 & 5 & 1 \\ 2 & 3 & 8 \end{bmatrix}$

接著是常數向量：$\begin{bmatrix} 10 \\ -8 \\ 5 \end{bmatrix}$

Python 程式碼可以這樣處理：

第 1 步：先載入模組

```
import scipy as sp
import numpy as np
```

第 2 步：再定義 A 和 B

```
A = sp.mat('[1 2 -5; 2 5 1; 2 3 8]')
B = sp.mat('[10;-8;5]')
```

第 3 步：有兩個解法

方法一：代公式

因爲 A 的逆矩陣是 **A.I**

故此題解是 **A.I*B**

方法二：用 numpy 內的 method linalg.solve()

np.linalg.solve(A, B)

解完後，請自行確認答案是不是以下這行：

```
matrix([[ 25.96551724], [-11.68965517], [ -1.48275862]])
```

練習

解聯立方程組，請讀者自行與同學互相確認答案。

有興趣的讀者們，可以自行更改方程組的數值，再和同學互相確認答案，抑或是取出高中課本題目，練習程式。

使用 IDE 就到此處。學習過程，如要一開始就使用 IDE 也可以，Anaconda 內 IDE 也不止 Spyder。本書撰寫採用逐章依序介紹，其實，如何選擇都可以自己決定。

主題 5. 流程控制

Python 乃至任何程式語言都有流程控制，也就是條件式判斷 True / False。流程控制用於檢查條件是否吻合，以執行下一步程式；例如：通關密語，過關爲眞（True），可繼續執行下一步。可以分爲「關係運算子」、「邏輯運算子」和「if..., then」等三類。依序介紹。

5.1 關係運算子（relational operator）

關係運算是判斷六組關係的「比較」，這六組關係如下：

表 Py 5-1 關係運算子

關係運算子	意義	範例	說明
<	小於	A<B	檢查 A 是否小於 B
<=	小於或等於	A<=B	檢查 A 是否小於等於 B
>	大於	A>B	檢查 A 是否大於 B
>=	大於或等於	A>=B	檢查 A 是否大於等於 B
==	等於	A==B	檢查 A 是否等於 B
!=	不等於	A!=B	檢查 A 是否不等於 B

關係運算子的練習，可以不用 Spyder，在 Command line 鍵入以下範例即可。

範例 1.

```
>>> print(10>9)
>>> print(10<=10)
```

```
>>> print(10 != 0)
>>> print(5== 5)
```

當然，也可以用指派，如下：

```
>>> X=10>9
>>> print(X)
```

5.2 邏輯運算子（logical operator）

邏輯運算子可以用來判斷多個關係，一般程式語言基本上一定會有三種：and（且）、or（或）、not（非）。

我們來看以下三個例子。

範例 2.

(1) A and B:「A 為真」且「B 為真」，此事件才為真。

```
>>> X=(10>5) and (23>15)
>>> print(X)
True

>>> X=(3.45>3) and (2>5)
>>> print(X)
False
```

(2) A or B:「A 為真」或「B 為真」，兩者一個為真，此事件就為真。

```
>>> X=(4>3) or (2>5)
>>> print(X)
True
```

(3) not():

```
>>> X= not(4>3)
>>> print(X)
False

>>> X= not(5<10)
>>> print(X)
False
```

5.3 if 敘述

if 敘述的基本語法如下：

```
if ( 條件 ):
    條件為真時執行的程式
```

if 敘述的內容較多，讀者此時可以啟動 Spyder 來練習。舉例如下：

範例 3.

```
if (score >= 60):
    print(" 恭喜！ ")
    print(" 你的微積分成績過關了。")
```

用上面的寫法，下兩行要內縮 4 個字元空間或用 Tab，以宣告這是 if 敘述的區塊。內縮必須一致，不能有多有少。

有的程式寫法是用大括號 {}，例如：C 語言。

```
if (score>=60){
printf(" 恭喜！你微積分成績過關了。");
printf(" 抱歉！微積分明年重修囉。");
}
```

各個程式的差異都不大，知道是如何定義的即可。

範例 4.

```
number = int(input(" 請輸入任何整數 : "))
if number >= 1:
  print(" 您輸入的是正整數 ")
  print(" 您輸入的不是正整數 ")
```

上例中，函數 input() 是輸入請求功能。

5.4 「if... else」的敘述

結構如下：

```
if ( 條件 ):
    條件爲眞，執行的程式區塊。
else:
    條件不爲眞時，執行的程式區塊。
```

範例 5.

```
if (score >= 60):
  print(" 恭喜！你微積分成績過關了。")
else:
  print(" 抱歉！微積分明年重修囉。")
```

我們要將正負 1 之間的小數，做一個對數的計算。且萬一輸入的數字超過邊界，必須出現錯誤警訊，寫法如下：

範例 6.

```
import math
x0=input(" 請輸入正負 1 之間任意小數：")
x=float(x0)
if (abs(x)>1):
   print(" 錯誤！ ")
   print(" 輸入數字超過邊界 ")
else:
   y=math.log((1+x)/(1-x))
   print(y)
```

練習

1. 請刪除上例之範圍條件，然後將轉換改成指數函數。
2. 請將上例之範圍條件改成非負的正數（≥ 0），然後將轉換改成指數函數，再輸入很大的 x，確認一下差異。

5.5 「if...elif... else」的敘述

這是一個多重判斷，寫程式時遇到多個條件的分類時，就很有用。例如：目前已經被很多大學採用的成績等第制度。90~100 是 A+；85~89 是 A；80~84 是 A-；77~79 是 B+；73~76 是 B；70~72 是 B-，研究生的最低標準是 B-。

```
sc=input(" 請輸入成績： ")
score=int(sc)
if (score >= 90):
        print("A+")
```

```
elif (score >= 85):
        print("A")
elif (score >= 80):
        print("A-")
elif (score >= 77):
        print("B+")
elif (score >= 73):
        print("B")
elif (score >= 70):
        print("B-")
else:
  print("Failed")
```

練習

請用邏輯運算子「or」改寫上例成績等第的多重判斷。

5.6 巢狀的 if 敘述

巢狀（nested）的 if 敘述是指 if 內還有一層 if。

```
age = int(input(" 請輸入年齡： "))
if age < 18:
  print(" 您未成年 ")
  print(" 您的年齡不符合本專案規範 ")
else:
  if age >= 18 and age <= 60:
    print(" 您符合本專案規範 ")
```

```
    print(" 請填妥以下表格完成申請 ")
else:
    print(" 您已經超齡 ")
    print(" 您的年齡不符合本專案規範 ")
```

寫程式是不是很好玩？慢慢學，和自己的課程結合，很容易的。如前所述，函數定義了一組運算，接下來我們要學習如何用 Python 定義函數，幫助我們計算一些複雜的公式。

練習

1. 請設計一個可以執行以下四件事的程式：
   (1) 若輸入英文大寫，則轉成小寫。
   (2) 若輸入英文小寫，則轉成大寫。
   (3) 若輸入數字，則直接輸出。
   (4) 其他字元，則輸出「錯誤」兩字。

第 2 部
微分

第3堂課

微分方法：單變數

3.1 冪函數微分

一階導函數

依導函數的定義，冪函數 x^n 的導函數：

$$f'(x)=\lim_{\Delta x\to 0}\frac{f(x+\Delta x)-f(x)}{\Delta x}=\lim_{\Delta x\to 0}\frac{(x+\Delta x)^n-x^n}{\Delta x}$$

將 $(x+\Delta x)^n$ 依二項式定理展開：$(x+\Delta x)^n=\sum_{i=0}^{n}C_i^n x^{n-i}(\Delta x)^i$

$$\Rightarrow \lim_{\Delta x\to 0}\frac{x^n+nx^{n-1}\Delta x+\frac{n(n-1)}{2}x^{n-2}(\Delta x)^2+\cdots+(\Delta x)^n-x^n}{\Delta x}$$

$$=\lim_{\Delta x\to 0}\frac{nx^{n-1}(\Delta x)+\frac{n(n-1)}{2}x^{n-2}(\Delta x)^2+\cdots+(\Delta x)^n}{\Delta x}$$

$$=\lim_{\Delta x\to 0}(nx^{n-1}+\frac{n(n-1)}{2}x^{n-2}\Delta x+\cdots+(\Delta x)^{n-1})=nx^{n-1}$$

所以，冪函數 $f(x)=x^n$，$n\in R \quad \Rightarrow f'(x)=nx^{n-1}$

為方便應用，建議讀者將這個結果當作「公式」記起來。接下來，我們依前一章最後的五種運算規則，介紹例題。

範例 1. 兩函數相減

令 $f(x)=\frac{1}{2}\sqrt[3]{x}+3x,\ g(x)=\frac{1}{\sqrt{x}}+4x$，求 $D_x[f(x)-g(x)]$。

解

$$\begin{aligned} D_x[f(x)-g(x)] &= D_x f(x)-D_x g(x) \\ &= D_x[\frac{1}{2}x^{\frac{1}{3}}+3x]-D_x[x^{-\frac{1}{2}}+4x] \\ &= \frac{1}{6}x^{-\frac{2}{3}}+3-(-\frac{1}{2})x^{-\frac{3}{2}}-4 \\ &= \frac{1}{6}x^{-\frac{2}{3}}+\frac{1}{2}x^{-\frac{3}{2}}-1 \end{aligned}$$

範例 2. 兩函數相加

令 $f(x)=2x^4-2$，$g(x)=x^2$，求 $D_x[f(x)+g(x)]$。

解

$$\begin{aligned} D_x[f(x)+g(x)] &= f'(x)+g'(x)=2\times 4\times x^{4-1}-0+2x^{2-1} \text{（常數微分}=0\text{）} \\ &= 8x^3+2x \end{aligned}$$

範例 3. 兩函數相乘

令 $f(x)=\sqrt{x}-2$，$g(x)=\frac{1}{x}+4$，求 $D_x[f(x)g(x)]$。

解

$$\begin{aligned} D_x[f(x)g(x)] &= g(x)D_x[f(x)]+f(x)D_x[g(x)] \\ &= (\frac{1}{x}+4)D_x(\sqrt{x}-2)+(\sqrt{x}-2)D_x(\frac{1}{x}+4) \\ &= (\frac{1}{x}+4)D_x(x^{\frac{1}{2}}-2)+(\sqrt{x}-2)D_x(x^{-1}+4) \\ &= \frac{1}{2}x^{-\frac{3}{2}}+2x^{-\frac{1}{2}}-x^{-\frac{3}{2}}+2x^{-2}=2x^{-\frac{1}{2}}-\frac{1}{2}x^{-\frac{3}{2}}+2x^{-2} \\ &= \frac{2}{\sqrt{x}}-\frac{1}{2\sqrt{x^3}}+\frac{2}{x^2} \end{aligned}$$

範例 4. 兩函數相除

令 $f(x)=x^3+3x-4$，$g(x)=\sqrt{x}+3$，求 $D_x[\frac{f(x)}{g(x)}]$。

解 $D_x\,[\frac{f(x)}{g(x)}]=\frac{[D_x f(x)]\cdot g(x)-[D_x g(x)]\cdot f(x)}{[g(x)]^2}$

$$=\frac{[D_x(x^3+3x-4)]\cdot(\sqrt{x}+3)-[D_x(\sqrt{x}+3)]\cdot(x^3+3x-4)}{(\sqrt{x}+3)^2}$$

$$=\frac{(3x^2+3)\cdot(\sqrt{x}+3)-(\frac{1}{2\sqrt{x}})\cdot(x^3+3x-4)}{(\sqrt{x}+3)^2}$$

這類有理函數的解，往往分子無法化約成一個簡潔的結果。就微分而言，本例題做到這裡已經正確。讀者如有興趣，可自行練習化約。

範例 5.　連鎖律

令 $f(x)=x^2+3$，$g(x)=x-1$，求 $D_x[f\,(g(x))]$ 及 $D_x[g\,(f(x))]$。

解 遇到合成函數，我們可以先寫出合成後的函數。

$f(g(x))=(x-1)^2+3$

$g\,(f(x))=(x^2+3)-1=x^2+2$

$D_x[f\,(g(x))\,]=D_x[(x-1)^2+3]=2\,(x-1)\cdot D_x(x-1)=2\,(x-1)$

$D_x[g\,(f(x))\,]=D_x\,(x^2+2)=2x$

合成函數尚有一種：函數的冪函數，如下：

$$[g(x)]^a,\ a\in R$$

也就是說，簡單冪函數是一個「變數的 a 次方」。這裡則表現出一般的型式：函數的 a 次方。同理，可推廣如下：

$$D_x[g\,(x)\,]^a=a[g(x)]^{a-1}\cdot g'(x)$$

範例 6.　函數的冪

令 $f(x)=(2x+3)^7$，求 $f'(x)$。

解 $D_x(2x+3)^7=7(2x+3)^6\cdot D_x(2x+3)$
$=7(2x+3)^6\cdot 2=14(2x+3)^6$

範例 7. 求切於曲線 $y=4x-x^2$ 且通過點 (2, 5) 之切線方程式。

解 點 (2, 5) 沒有在曲線上，故我們必須找到曲線上一點 (x_0, y_0)。

$$f'(x_0)=\frac{y_0-5}{x_0-2}\text{，}f'(x)=4-2x$$

$$\frac{y_0-5}{x_0-2}=4-2x_0 \Rightarrow \frac{4x_0-x_0^2-5}{x_0-2}=4-2x_0 \Rightarrow x_0=1, 3$$

故 $f'(1)=2$，$f'(3)=-2$。

有兩條切線：$y-5=2(x-2) \Rightarrow 2x-y+1=0$

$y-5=-2(x-2) \Rightarrow 2x+y-9=0$

高階導函數

如果函數 $f(x)$ 的導函數 $f'(x)$ 可微分，則 $f'(x)$ 的導函數記為 $f''(x)$，稱為 $f(x)$ 的 2 階導函數。只要依序微分下去的函數具有可微分的特性，則更高階的導函數均可推廣而得。如下：

$y=f(x)$

1 階 $f'(x)=\frac{dy}{dx}=D_x f(x)$

2 階 $f''(x)=\frac{d^2y}{dx^2}=D_x^{\,2} f(x)$

3 階 $f'''(x)=\frac{d^3y}{dx^3}=D_x^{\,3} f(x)$

⋮ ⋮ ⋮

n 階 $f^{(n)}(x)=\frac{d^ny}{dx^n}=D_x^{\,n} f(x)$

範例 8. 求函數 $\frac{1}{x}$ 的前 3 階導函數。

解

$$f(x)=\frac{1}{x}=x^{-1}$$

$$f'(x)=-x^{-2}=-\frac{1}{x^2}$$

$$f''(x)=2x^{-3}=\frac{2}{x^3}$$

$$f'''(x)=-6x^{-4}=\frac{-6}{x^4}$$

習題

求下列函數的 $f'(x)$ 及 $f''(x)$

1. $f(x)=4x^4-5x^3+2x-3$
2. $f(x)=\frac{1}{x^2}$
3. $f(x)=\frac{1}{x}$
4. $f(x)=\frac{x^2-4x}{\sqrt{x}}$
5. $f(x)=\frac{x^2-3x}{x^2}$

求下列函數的 $\frac{dy}{dx}$ 及 $\frac{d^2y}{dx^2}$

6. $y=4\sqrt{x}\,(2x+3)$
7. $y=4\sqrt[3]{x}(2x+3)$
8. $y=4x(2x+3)$
9. $y=\frac{2x^3}{3}$
10. $y=\frac{7}{x^2}$
11. $y=\frac{(1-x)}{x}$
12. $y=\frac{4}{\sqrt{x}}$
13. $y=\frac{(1-2x)}{x}$

依各題題意求解

14. 令 $g(x)=-7f(x)$ 且 $f'(-7)=-9$，求 $g'(-7)$。
15. 令 $g(x)=3\times f(x)+5$ 且 $f'(4)=2$，求 $g'(4)$。
16. 令 $g(x)=2\times f(x)-3$ 且 $f'(4)=2$，求 $g'(4)$。

17. 令 $g(x)=-5\cdot f(x)$ 且 $f'(-7)=6$，求 $g'(-7)$。

18. 令 $g(x)=9\cdot f(x)$ 且 $f'(-6)=-6$，求 $g'(-6)$。

幾何應用

19. 求函數 $f(x)=3+\sqrt{x}$ 在點 $(4, 5)$ 時的導數（或切線斜率）。

20. 求函數 $f(x)=3\sqrt[4]{x}-1$ 在點 $(1, 2)$ 時的導數（或切線斜率）。

習題解答

1. $f'(x)=16x^3-15x^2+2$；$f''(x)=48x^2-30x$

2. $f'(x)=-\dfrac{2}{x^3}$；$f''(x)=\dfrac{6}{x^4}$

3. $f'(x)=-\dfrac{1}{x^2}$；$f''(x)=\dfrac{2}{x^3}$

4. $f'(x)=\dfrac{3}{2}x^{\frac{1}{2}}-\dfrac{2}{x^{\frac{1}{2}}}$；$f''(x)=\dfrac{3}{4\sqrt{x}}+\dfrac{1}{\sqrt{x^3}}$

5. $f'(x)=\dfrac{3}{x^2}$；$f''(x)=-\dfrac{6}{x^3}$

6. $\dfrac{dy}{dx}=\dfrac{6(2x+1)}{\sqrt{x}}$；$\dfrac{d^2y}{dx^2}=\dfrac{6x-3}{\sqrt{x^3}}$

7. $\dfrac{dy}{dx}=\dfrac{4(8x+3)}{3x^{\frac{2}{3}}}$；$\dfrac{d^2y}{dx^2}=\dfrac{50x-16}{9x^{\frac{5}{3}}}=(\dfrac{32}{9x^{\frac{2}{3}}}-\dfrac{8}{3x^{\frac{5}{3}}})$

8. $\dfrac{dy}{dx}=16x+12$；$\dfrac{d^2y}{dx^2}=16$

9. $\dfrac{dy}{dx}=2x^2$；$\dfrac{d^2y}{dx^2}=4x$

10. $\dfrac{dy}{dx}=-\dfrac{14}{x^3}$；$\dfrac{d^2y}{dx^2}=\dfrac{42}{x^4}$

11. $\dfrac{dy}{dx}=-\dfrac{1}{x^2}$；$\dfrac{d^2y}{dx^2}=\dfrac{2}{x^3}$

12. $\dfrac{dy}{dx}=\dfrac{-2}{x^{\frac{3}{2}}}$；$\dfrac{d^2y}{dx^2}=\dfrac{3}{x^{\frac{5}{2}}}$

13. $\dfrac{dy}{dx}=-\dfrac{1}{x^2}$；$\dfrac{d^2y}{dx^2}=\dfrac{2}{x^3}$

14. 63

15. 6

16. 4

17. -30

18. -54

19. $\dfrac{1}{4}$

20. $\dfrac{3}{4}$

3.2 指數與對數函數的微分

一階導函數

指數函數的導函數

令一個一般化的指數函數 $y=a^{f(x)}$, $a>0$ 且 $a\neq 1$, $x\in R$。其一階導函數：

$$\frac{dy}{dx}=D_x[a^{f(x)}]=a^{f(x)}\cdot\ln a\cdot f'(x)$$

故自然指數 $e^{f(x)}$ 的導函數：

$$D_x[e^{f(x)}]=e^{f(x)}\cdot\ln e\cdot f'(x)=e^{f(x)}\cdot f'(x)$$

同理，上面的導函數也是由導函數的極限定義式所得到的，有興趣的同學可以自行練習。我們先介紹一般指數函數的例子。

範例 1. 求以下指數函數之導函數 $\dfrac{dy}{dx}$。

(1) $y=2^x$；(2) $y=3^{x^2+4x}$；(3) $y=\dfrac{2^x-2^{-x}}{2^x+2^{-x}}$ ；(4) $y=2^{3^x}$

解 (1) $\dfrac{dy}{dx}=D_x(2^x)=2^x\ln 2D_x(x)=2^x\ln 2$

(2) $\dfrac{dy}{dx}=D_x(3^{x^2+4x})=3^{x^2+4x}\cdot\ln 3\cdot D_x(x^2+4x)=3^{x^2+4x}\cdot\ln 3\cdot(2x+4)$

(3) $$\frac{dy}{dx}=\frac{(2^x+2^{-x})\cdot D_x(2^x-2^{-x})-(2^x-2^{-x})\cdot D_x(2^x+2^{-x})}{(2^x+2^{-x})^2}$$

$$=\frac{(2^x+2^{-x})(2^x\ln 2+2^{-x}\ln 2)-(2^x-2^{-x})(2^x\ln 2-2^{-x}\ln 2)}{(2^x+2^{-x})^2}$$

$$=\frac{\ln 2[(2^{2x}+2^{-2x})^2-(2^{2x}-2^{-2x})^2]}{(2^x+2^{-x})^2}=\frac{4\ln 2}{(2^x+2^{-x})^2}$$

(4) $\dfrac{dy}{dx}=D_x(2^{3^x})=2^{3^x}\cdot\ln 2\cdot D_x(3^x)=2^{3^x}\cdot\ln 2\cdot 3^x\cdot\ln 3=\ln 2\cdot\ln 3\cdot 2^{3^x}\cdot 3^x$

範例 2. 求以下自然指數之導函數。

(1) $y=\dfrac{1}{3}(e^x-e^{-x})$ (2) $y=xe^{-x}$ (3) $y=\dfrac{e^{-3x}}{x^2-1}$ (4) $y=x^2e^x-2e^x$

解 (1) $\dfrac{dy}{dx}=\dfrac{1}{3}D_x(e^x-e^{-x})=\dfrac{1}{3}\left(D_xe^x-D_xe^{-x}\right)=\dfrac{1}{3}(e^x+e^{-x})$

(2) $\dfrac{dy}{dx}=xD_x(e^{-x})+e^{-x}D_x(x)=-xe^{-x}+e^{-x}$

(3) $\dfrac{dy}{dx}=\dfrac{(x^2-1)D_x(e^{-3x})-e^{-3x}D_x(x^2-1)}{(x^2-1)^2}=\dfrac{[-3(x^2-1)-2x]e^{-3x}}{(x^2-1)^2}$

$=\dfrac{e^{-3x}(-3x^2-2x+3)}{(x^2-1)^2}$

(4) $\dfrac{dy}{dx}=D_x(x^2e^x-2e^x)=D_x(x^2e^x)-D_x(2e^x)=x^2D_x(e^x)+e^xD_x(x^2)-2e^x$

$=x^2e^x+2xe^x-2e^x=e^x(x^2+2x-2)$

自然對數函數的導函數

自然對數 $\ln f(x)$ 的導函數：

$$\frac{d\ln f(x)}{dx}=\frac{1}{f(x)}f'(x)=\frac{f'(x)}{f(x)}$$

上面的說明，利用了一般函數 $f(x)$，在 $f(x)=x$ 時，也是一樣。參考下例。

範例 3. 求下面三個自然對數的一階導函數。

(1) $f(x)=\dfrac{\ln x}{x}$ (2) $f(x)=\ln(2x^3+3)$ (3) $f(x)=x\ln x$

解 (1) 此題為兩個函數相除，故 $D_x\dfrac{\ln x}{x}=\dfrac{xD_x\ln x-\ln xD_xx}{x^2}=\dfrac{1-\ln x}{x^2}$

(2) $D_x(\ln(2x^3+3))=\dfrac{1}{2x^3+3}D_x(2x^3+3)=\dfrac{6x^2}{2x^3+3}$

(3) 此題為兩個函數相乘，故 $D_x(x\ln x)=xD_x(\ln x)+\ln xD_x x=x\dfrac{1}{x}+\ln x$

$=1+\ln x$

範例 4. 求下面兩個自然對數的導函數。

(1) $f(x)=\ln[x(x^2+3)^2]$ (2) $f(x)=\dfrac{x^3}{3}-\ln x$

解 (1) $D_x\ln[x(x^2+3)^2]=D_x[\ln x+\ln(x^2+3)^2]=D_x\ln x+D_x\ln(x^2+3)^2$

$$=\frac{1}{x}+\frac{1}{(x^2+3)^2}D_x(x^2+3)^2=\frac{1}{x}+\frac{2(x^2+3)}{(x^2+3)^2}D_x(x^2+3)$$

$$=\frac{1}{x}+\frac{2(x^2+3)}{(x^2+3)^2}2x=\frac{1}{x}+\frac{4x}{(x^2+3)}$$

(2) $D_x(\dfrac{x^3}{3}-\ln x)=x^2-\dfrac{1}{x}$

一般底對數函數的導函數

令一個對數函數 $y=\log_a f(x)$，$a>0$ 且 $x\in R$。其一階導函數：

$$\frac{dy}{dx}=D_x\left[\log_a f(x)\right]=\frac{1}{f(x)}\frac{1}{\ln a}f'(x)$$

上面的結果不須記憶，我們先重述前面介紹過的換底公式：

$$\log_A X=\frac{\ln X}{\ln A}$$

依照換底公式：

$$D_x[\log_a f(x)]=D_x[\frac{\ln f(x)}{\ln a}]=\frac{1}{\ln a}D_x[\ln f(x)]=\frac{1}{\ln a}\frac{1}{f(x)}f'(x)$$

因此，我們只須知道自然對數的微分法，一般對數的微分利用換底公式就可以輕鬆得到。

範例 5. 求對數函數 $\log_7(\sqrt{x^2+1})$ 的導函數。

解 $\log_7(\sqrt{x^2+1}) = \dfrac{\ln(\sqrt{x^2+1})}{\ln 7}$

$$\Rightarrow D_x \frac{\ln(\sqrt{x^2+1})}{\ln 7} = \frac{1}{\ln 7} D_x \ln(\sqrt{x^2+1})$$

$$= \frac{1}{\ln 7}\frac{1}{\sqrt{x^2+1}} D_x(\sqrt{x^2+1}) = \frac{x}{\ln 7\,(x^2+1)}$$

高階導函數

如同冪函數，指數對數函數的高階導函數只要一階一階地做。我們來看一個例題。

範例 6. 求 $f(x) = (\ln x)^2$ 的前三階導函數。

解 $f'(x) = 2\ln x\,(D_x \ln x) = 2(\ln x)\dfrac{1}{x} = \dfrac{2}{x}\ln x$

$$f''(x) = 2D_x\left(\frac{1}{x}\cdot\ln x\right) = 2\left(\ln x D_x\frac{1}{x} + \frac{1}{x}D_x\ln x\right) = 2\left(\frac{-\ln x}{x^2} + \frac{1}{x^2}\right) = \frac{2(1-\ln x)}{x^2}$$

$$f'''(x) = D_x\frac{2(1-\ln x)}{x^2} = \frac{x^2 D_x 2(1-\ln x) - 2(1-\ln x)D_x x^2}{x^4}$$

$$= \frac{-2x - 4x(1-\ln x)}{x^4} = \frac{-2-4(1-\ln x)}{x^3}$$

習題

求下列各題的一階及二階導函數

1. $f(x) = x(6.2)^x$
2. $y = x^3 10^x$
3. $y = \log_4 x$
4. $f(x) = 2\log x$
5. $f(x) = \log\dfrac{x}{3}$
6. $y = x^3 \log_8 x$

求下列各題的一階導函數

7. $y=e^{4x}$

8. $y=e^{1-x}$

9. $y=e^{-x^2}$

10. $f(x)=e^{\frac{1}{x}}$

11. $f(x)=e^{\frac{-1}{x^2}}$

12. $g(x)=e^{\sqrt{x}}$

13. $f(x)=(x^2+1)e^{4x}$

14. $y=(10e^{-x})^2$

15. $f(x)=\dfrac{e^x+e^{-x}}{2}$

16. $y=xe^x-4e^{-x}$

17. 已知函數 $y=e^{-2x+x^2}$，求過點 $(0, 1)$ 的切線方程式。

18. 已知函數 $g(x)=e^{x^3}$，求過點 $(-1,\dfrac{1}{e})$ 的切線方程式。

19. 已知函數 $y=x^2e^{-x}$，求過點 $(2,\dfrac{4}{e^2})$ 的切線方程式。

20. 已知函數 $y=(e^{-x}+e^x)^3$，求過點 $(0, 8)$ 的切線方程式。

求下列各題的一階導函數

21. $y=\ln x^2$

22. $y=\ln(x^2+3)$

23. $y=\ln\sqrt{x^4-4x}$

24. $y=\ln(1-x)^{\frac{3}{2}}$

25. $y=\dfrac{1}{2}(\ln x)^6$

26. $f(x)=x^2\ln x$

27. $y=\ln(x\sqrt{x^2-1})$

28. $y=\ln\dfrac{x}{x^2+1}$

29. $y=\ln\sqrt{\dfrac{x+1}{x-1}}$

30. $y=\dfrac{\ln x}{x}$

習題解答

1. $f'(x)=(6.2)^x(x\ln 6.2+1)$；$f''(x)=(6.2)^x\ln 6.2(2+x\ln 6.2)$

2. $\dfrac{dy}{dx}=10^x x^2(x\ln 10+3)$；$\dfrac{d^2y}{dx^2}=(10^x)\ln 10(3x^2+x^3\ln 10)+(10^x)(6x+3x^2\ln 10)$

3. $\dfrac{dy}{dx}=\dfrac{1}{\ln 4}\cdot\dfrac{1}{x}$；$\dfrac{d^2y}{dx^2}=-\dfrac{1}{\ln 4}\dfrac{1}{x^2}$

4. $f'(x)=\dfrac{2}{\ln 10}\cdot\dfrac{1}{x}$；$f''(x)=-\dfrac{2}{\ln 10}\dfrac{1}{x^2}$

5. $f'(x)=\dfrac{1}{\ln 10}\cdot\dfrac{1}{x}$；$f''(x)=-\dfrac{1}{\ln 10}\dfrac{1}{x^2}$

6. $\dfrac{dy}{dx}=x^2(\dfrac{1}{\ln 8}+3\log_8 x)$；$\dfrac{d^2y}{dx^2}=6x\log_8 x+5x\dfrac{1}{\ln 8}$

7. $y'=4e^{4x}$

8. $y'=-e^{1-x}$

9. $y'=-2xe^{-x^2}$

10. $f'(x)=\dfrac{-e^{\frac{1}{x}}}{x^2}$

11. $f'(x)=\dfrac{2}{x^3}e^{\frac{-1}{x^2}}$

12. $g'(x)=\dfrac{e^{\sqrt{x}}}{2\sqrt{x}}$

13. $f'(x)=e^{4x}(4x^2+2x+4)$

14. $y'=-200e^{-2x}$

15. $f'(x)=\dfrac{1}{2}(e^x-e^{-x})$

16. $y'=xe^x+e^x+4e^{-x}$

17. $y=-2x+1$

18. $y=\dfrac{3}{e}x+\dfrac{4}{e}$

19. $y=4e^{-2}$

20. $y=8$

21. $y'=\dfrac{2}{x}$

22. $y'=\dfrac{2x}{x^2+3}$

23. $y'=\dfrac{2(x^3-1)}{x(x^3-4)}$

24. $y'=\dfrac{3}{2(x-1)}$

25. $y'=\dfrac{3}{x}(\ln x)^5$

26. $y'=x(1+\ln x^2)$

27. $y'=\dfrac{2x^2-1}{x(x^2-1)}$

28. $y'=\dfrac{1-x^2}{x(x^2+1)}$

29. $y'=\dfrac{1}{1-x^2}$

30. $y'=\dfrac{-\ln x+1}{x^2}$

附錄　微分均值定理

微分均值定理（mean-value theory）也就是微分平均值定理，和中間值定理很像。它的前身是有名的 Rolle 定理。基於本書的篇幅與定位，Rolle 定理就不介紹。我們先敘述微分均值定理如下：

微分均值定理

令函數 $f(x)$ 在閉區間 $[A, B]$ 爲可微分，則至少存在一點 $C \in [A, B]$ 滿足下式：

$$f'(C) = \frac{f(B) - f(A)}{B - A}$$

這個定理的說明如圖 3-1。點 A 與 B 可畫一條割線 $\overline{AB}$，均值定理表示在區間內可以做一平行於此割線的切線，且此切點 C 必定在此區間內。

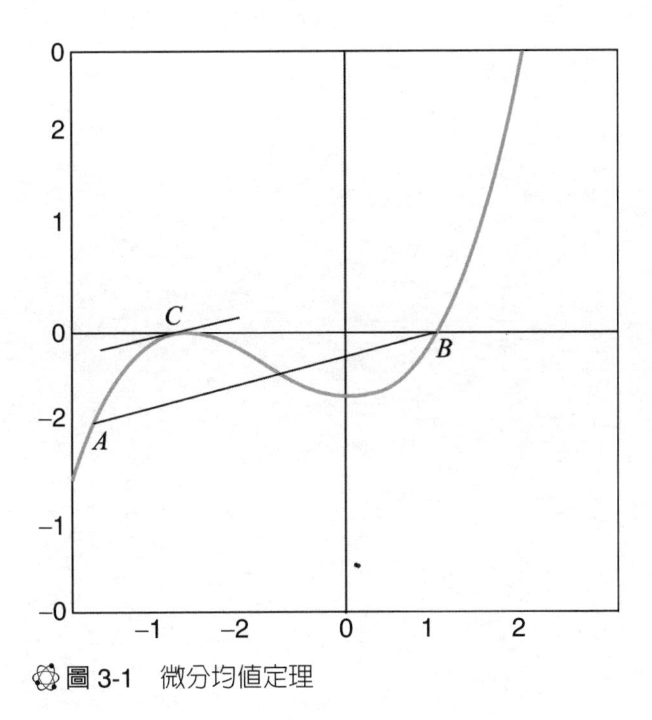

圖 3-1　微分均值定理

均值定理主要的用處是求函數的根或不等式的證明。廣義均值定理（或稱 Cauchy 定理）以及延伸之 Bolzano 勘根定理有更廣泛的應用，本書不深入討論。請看下例：

範例 1. 令 $f(x)=x^3$，$x\in[1, 2]$，求滿足微分均值定理之數 c。

解 由均值定理 $\Rightarrow f'(c)=3c^2=\dfrac{f(2)-f(1)}{2-1}=7\Rightarrow c=\pm\sqrt{\dfrac{7}{3}}$

因為負不合，故滿足微分均值定理之數 $c=\sqrt{\dfrac{7}{3}}$。

第 4 堂課

微分方法：多變數函數之偏微分與全微分

4.1 冪函數

偏微分

這一節的學習重點在於，當我們面對一個多變數函數時，只對其中一個自變數微分時的做法。以雙變數函數 $f(x_1, x_2) = y$ 爲例，在符號上多變數函數的偏微分用 ∂，不用 d。定義如下：

偏微分定義

令一多變數函數 $f(x_1, x_2) = y$ 爲可微分函數，則對 x_1 和 x_2 的偏微分分別定義如下：

$$\frac{\partial f}{\partial x_1} = f_{x_1} = \lim_{\Delta x \to 0} \frac{f(x_1 + \Delta x\ , x_2) - f(x_1, x_2)}{\Delta x}$$

$$\frac{\partial f}{\partial x_2} = f_{x_2} = \lim_{\Delta x \to 0} \frac{f(x_1, x_2 + \Delta x) - f(x_1, x_2)}{\Delta x}$$

上面二式分別定義了函數在 x_1 及 x_2 方向的偏導函數（partial derivative），這個定義可以推廣到 n 個變數的函數。如前面單變數的章節，求偏導函數的運算過程稱爲「偏微分」。偏微分的技巧在於將不微的變數視爲固定常數。

範例 1. 令$z=f(x,y)=x^2y+xy^2+x+y$，求$\frac{\partial z}{\partial x}$，$\frac{\partial^2 z}{\partial x\partial y}$，$\frac{\partial z}{\partial y}$，$\frac{\partial^2 z}{\partial y\partial x}$，$\frac{\partial^2 z}{\partial x^2}$及$\frac{\partial^2 z}{\partial y^2}$。

解 (1) $f_x=\frac{\partial z}{\partial x}=2xy+y^2+1$

(2) $f_{xy}=\frac{\partial^2 z}{\partial x\partial y}=\frac{\partial(2xy+y^2+1)}{\partial y}=2x+2y$

(3) $\frac{\partial z}{\partial y}=x^2+2xy+1$

(4) $\frac{\partial^2 z}{\partial y\partial x}=\frac{\partial(x^2+2xy+1)}{\partial x}=2x+2y$

(5) $\frac{\partial^2 z}{\partial x^2}=\frac{\partial(2xy+y^2+1)}{\partial x}=2y$

(6) $\frac{\partial^2 z}{\partial y^2}=\frac{\partial(x^2+2xy+1)}{\partial y}=2x$

這一題包含了偏微分的基本型式，我們歸納出三個重點：

1. $\frac{\partial^2 z}{\partial x\partial y}=\frac{\partial^2 z}{\partial y\partial x}$ 交叉偏微分的結果不受先後次序的影響。也就是說，先對 x 偏微再對 y 偏微的結果，和先對 y 偏微再對 x 偏微的結果一樣。只要被偏微的變數數目一樣，次序和結果無關，例如，三階交叉偏微分 $\frac{\partial^3 z}{\partial x^2\partial y}=\frac{\partial^3 z}{\partial y\partial x\partial x}=\frac{\partial^3 z}{\partial x\partial y\partial x}=\frac{\partial^3 z}{\partial x\partial x\partial y}$。
2. 當我們對 x 偏微時，把 y 視爲任何固定實數。因此，偏微分和單變數的概念是一樣的。
3. 在交叉偏微時，雖然只要被偏微的變數數目一樣，次序和結果無關；但是先微 x 再微 y，我們習慣寫成 f_{xy}。

範例 2. 令 $f(x,y)=xy^2$，求 $f_x(1,1)$ 及 $f_y(1,1)$。

解 $f_x = \dfrac{\partial(xy^2)}{\partial x} = y^2 \quad \Rightarrow f_x(1,1) = 1$

$f_y = \dfrac{\partial(xy^2)}{\partial y} = 2xy \quad \Rightarrow f_y\,(1, 1) = 2$

範例 3. 令 $f(x, y) = \sqrt{x^2y + xy^2}$，求 f_x 及 f_y。

解 $f_x = D_x(x^2y + xy^2)^{\frac{1}{2}} = \dfrac{1}{2}(x^2y + xy^2)^{-\frac{1}{2}} D_x(x^2y + xy^2) = \dfrac{2xy + y^2}{2\sqrt{x^2y + xy^2}}$

$f_y = D_y(x^2y + xy^2)^{\frac{1}{2}} = \dfrac{1}{2}(x^2y + xy^2)^{-\frac{1}{2}} D_y(x^2y + xy^2) = \dfrac{x^2 + 2xy}{2\sqrt{x^2y + xy^2}}$

範例 4. 令 $z = (x^2 - y^2)^3$，求 $\dfrac{\partial^2 z}{\partial x \partial y}$，$\dfrac{\partial^2 z}{\partial x^2}$，$\dfrac{\partial^2 z}{\partial y^2}$。

解 先求 $\dfrac{\partial z}{\partial x}$ 及 $\dfrac{\partial z}{\partial y}$：

$\dfrac{\partial z}{\partial x} = D_x\,(x^2 - y^2)^3 = 3(x^2 - y^2)^2 D_x(x^2 - y^2) = 6x(x^2 - y^2)^2$

$\dfrac{\partial z}{\partial y} = D_y(x^2 - y^2)^3 = 3(x^2 - y^2)^2 D_y(x^2 - y^2) = -6y(x^2 - y^2)^2$

(1) $\dfrac{\partial^2 z}{\partial x \partial y} = D_y[6x(x^2 - y^2)^2\,] = 12x(x^2 - y^2)D_y(x^2 - y^2) = 12x(x^2 - y^2)(-2y)$

$= -24xy(x^2 - y^2)$

(2) $\dfrac{\partial^2 z}{\partial x^2} = \dfrac{\partial^2 z}{\partial x \partial x} = D_x[6x(x^2 - y^2)^2] = 6xD_x(x^2 - y^2)^2 + (x^2 - y^2)^2 D_x(6x)$

$= 6x \cdot 2(x^2 - y^2)\,D_x(x^2 - y^2) + 6(x^2 - y^2)^2$

$= 12x(x^2 - y^2)(2x) + 6(x^2 - y^2)^2$

$= 24x^2(x^2 - y^2) + 6(x^2 - y^2)^2$

(3) $\dfrac{\partial^2 z}{\partial y^2} = \dfrac{\partial^2 z}{\partial y \partial y} = D_y[-6y(x^2 - y^2)^2] = -6yD_y(x^2 - y^2)^2 + (x^2 - y^2)^2 D_y(-6y)$

$= -6y \times 2(x^2 - y^2)\,D_y(x^2 - y^2) + (x^2 - y^2)^2(-6)$

$= 24y^2(x^2 - y^2) - 6(x^2 - y^2)^2$

全微分（total differentials）

接下來，我們介紹全微分，以及全微分的相關應用——隱函數定理。偏微分一次只針對一個變數微分，不微的變數則視爲固定。而全微分則是同時對所有變數微分的「增量」，也可以說是全增量。

定義：全微分

令 $z=f(x,y)$，dx 及 dy 爲 x 及 y 的微分變量，則 z 的微分變量定義爲：

$$dz=\frac{\partial z}{\partial x}dx+\frac{\partial z}{\partial y}dy=f_x dx+f_y dy$$

全微分的意義是說明依變數 z 的總變化量 dz 可以由兩個方向的變化量加總。第一項 $f_x dx$ 衡量了 z 在 x 方向的變量；第二項 $f_y dy$ 衡量了 z 在 y 方向的總變量。

範例 5. 已知函數 $z=f(x,\ y)=x^2y+xy^2+xy$，求全微分 dz。

解 依定義，$dz=\frac{\partial z}{\partial x}dx+\frac{\partial z}{\partial y}dy=f_x dx+f_y dy$

又 $f_x=2xy+y^2+y$；$f_y=x^2+2xy+x$

故 $dz=(y^2+2xy+y)dx+(x^2+2xy+x)dy$

以上題而言，數值計算如下：在 $x=1$，$y=1$ 時，x 變動 0.01 單位（dx），y 變動 0.02 單位（dy），z 的總變化量：

$dz=(1+2+1)\,0.01+(1+2+1)\,0.02=0.04+0.08=0.12$ 單位。

隱函數定理

全微分在向量分析上的應用很多。本書介紹以全微分爲基礎的隱函數定理：單變數函數 $y=f(x)$ 可以寫成 $F(x,\ y)=y-f(x)=0$，利用全微，可

求得 $\frac{dy}{dx}$。因此，隱函數定理正式敘述如下：

隱函數定理

$y = f(x) \qquad F(x,y) = y - f(x) = 0$

$dF = 0 = F_x dx + F_y dy \Rightarrow \frac{dy}{dx} = -\frac{F_x}{F_y}$

針對一個有 n 個變數的函數，隱函數定理可以求得任兩個變數的相對變化率（也就是斜率），例如：令 $F(x_1, x_2, x_3, \cdots, x_n) = \bar{F}$，

$$\frac{dx_i}{dx_j} = -\frac{(\frac{\partial F}{\partial x_j})}{(\frac{\partial F}{\partial x_i})}, i \neq j$$

範例 6. 已知函數 $x^2y + y - x^2 + 1 = 0$，利用隱函數定理求 $\frac{dy}{dx}$。

解 $F(x, y) = x^2y + y - x^2 + 1 = 0$

依隱函數定理：$\frac{dy}{dx} = -\frac{F_x}{F_y} = -\frac{2xy - 2x}{x^2 + 1}$

範例 7. 已知函數 $y^2 = x$，利用隱函數定理求 $\frac{dy}{dx}$。

解 $F(x, y) = y^2 - x = 0$

依隱函數定理：$\frac{dy}{dx} = -\frac{F_x}{F_y} = -\frac{-1}{2y} = \frac{1}{2y}$

範例 8. 已知函數 $\sqrt{x^2 + y^2} - x^2 = 5$，利用隱函數定理求 $\frac{dy}{dx}$。

解 $F(x, y) = \sqrt{x^2 + y^2} - x^2 - 5 = 0$

依隱函數定理：$\frac{dy}{dx} = -\frac{F_x}{F_y} = -\frac{D_x(\sqrt{x^2 + y^2} - x^2 - 5)}{D_y(\sqrt{x^2 + y^2} - x^2 - 5)} = -\frac{x - 2x\sqrt{x^2 + y^2}}{y}$

範例 9. 已知函數 $x^2+y^2=4$，求 (1) $\frac{dy}{dx}$，(2) 函數在點 $(1, \sqrt{3})$ 相切的斜率及切線方程式。

解 (1) $F(x, y)=x^2+y^2-4=0$；依隱函數定理，$\frac{dy}{dx}=-\frac{F_x}{F_y}=-\frac{x}{y}, y\neq 0$

(2) 在點 $(1, \sqrt{3})$ 相切的斜率 $=\frac{dy}{dx}=-\frac{x}{y}\Big|_{(1,\sqrt{3})}=-\frac{1}{\sqrt{3}}$

依點斜式，此切線方程式為 $y-\sqrt{3}=-\frac{1}{\sqrt{3}}(x-1)$

$\Rightarrow x+\sqrt{3}y-4=0$

習題

多變數函數基礎

1. 已知函數 $f(x,y,z)=\frac{x^2-yz}{x+y}$，求 $f(1, 3, -1)$。
2. 已知函數 $f(x,y,z)=\frac{xyz-x^2}{y}$，求 $f(-2, 3, 1)$。
3. 已知函數 $f(x,y)=\frac{3x^2-2y}{x-y}$，求定義域。
4. 已知函數 $f(x,y)=\sqrt{4-x^2-y^2}$，求定義域。

偏微分運算

5. 已知函數 $f(x,y)=2x^2y+xy^2-y^3$，求 $f_y(x,y)$。
6. 已知函數 $f(x,y)=\frac{xy}{x^2-y^2}$，求 $f_x(x,y)$。
7. 已知函數 $f(x,y)=3x^2-xy+7y^2$，求 $f_y(3,-1)$。
8. 已知函數 $w=x^2+y\sqrt{z-x^2}$，求 $\frac{\partial w}{\partial x}$。
9. 已知函數 $f(x,y,z)=2x^2y-2yx+xz$，求 $f_x(1,-1,4)$、$f_y(1,-1,4)$ 和 $f_z(1,-1,4)$。
10. 已知函數 $f(x,y)=\frac{4x^2-y^2}{xy}$，求 $\frac{\partial f}{\partial y}$。

11. 已知函數 $f(x,y)=\dfrac{4x^2}{y}+\dfrac{y^2}{2x}$，求 $f_{xy}(x,y)$。

12. 已知函數 $f(x,y)=x^2y+2y^2x^2+4x$，求 $f_{xy}(x,y)$。

偏微分應用型問題

13. 令一 Cobb-Douglas 生產函數 $Q(L,K)=520L^{0.2}K^{0.8}$，L 和 K 分別代表勞動和資本。求 $L=1{,}024$ 單位，$K=243$ 單位時的勞動邊際生產力。

14. 求函數 $z=xy^2$ 由 y 方向過點 $(3,\ -2,\ 12)$ 的斜率。

15. 求函數 $z=xy^2+x^2y$ 由 x 方向過點 $(2,-3,6)$ 的斜率。

16. 求函數 $f(x,y)=\dfrac{xy^2}{1+x^2}$ 由 x 方向過點 $(1,1,\dfrac{1}{2})$ 的斜率。

17. 求函數 $f(x,y)=xy^2$ 由 x 方向過點 $(3,-2,12)$ 的斜率。

全微及偏微

求各函數每個變數的一階偏導函數，及利用隱函數定理求 $\dfrac{dy}{dx}$。

18. $f(x,\ y)=2xy^5+3x^2y+x^2$

19. $f(x,\ y)=(3x+2y)^5$

20. $f(x,\ y)=\dfrac{xy^2}{x^2y^3+1}$

21. $f(x,\ y)=\dfrac{3y}{2x}$

求各函數每個變數在點 $P_0(x_0,\ y_0)$ 的偏導數。

22. $f(x,\ y)=3x^2-7xy+5y^3-3(x+y)-1$；$P_0(-2,1)$

23. $f(x,\ y)=(x-2y)^2+(y-3x)^2+5$；$P_0(0,-1)$

習題解答

1. 1

2. $-\dfrac{10}{3}$

3. $\{(x,y)\,|\,x\neq y\}$

4. $\{(x,y)\,|\,x^2+y^2\leq 4\}$

5. $2x^2+2xy-3y^2$

6. $\dfrac{-y(x^2+y^2)}{(x^2-y^2)^2}$

7. -17

8. $2x-\dfrac{xy}{\sqrt{z-x^2}}$

9. 2, 0, 1

10. $-\dfrac{4x^2+y^2}{xy^2}$

11. $-\dfrac{8x}{y^2}-\dfrac{y}{x^2}$

12. $2x+8xy$

13. 32.90625

14. −12

15. −3

16. 0

17. 4

18. $f_x=2y^5+6xy+2x$；$f_y=10xy^4+3x^2$；$\dfrac{dy}{dx}=-\dfrac{2y^5+6xy+2x}{10xy^4+3x^2}$

19. $f_x=15(3x+2y)^4$；$f_y=10(3x+2y)^4$；$\dfrac{dy}{dx}=-1.5$

20. $f_x=\dfrac{(x^2y^3+1)y^2-2x^2y^5}{(x^2y^3+1)^2}$；$f_y=\dfrac{(x^2y^3+1)2xy-3x^3y^4}{(x^2y^3+1)^2}$

$\dfrac{dy}{dx}=-\dfrac{(x^2y^3+1)y^2-2x^2y^5}{(x^2y^3+1)2xy-3x^3y^4}$

21. $f_x=-\dfrac{6y}{(2x)^2}$；$f_y=\dfrac{3}{2x}$；$\dfrac{dy}{dx}=\dfrac{y}{x}$

22. $f_x(-2,1)=-22$；$f_y(-2,1)=26$

23. $f_x(0,-1)=10$；$f_y(0,-1)=-10$

4.2 指數與對數函數

偏微分

本節和推廣冪函數的做法完全一樣。進行多變數偏微分時，我們將不微的變數視爲固定。以下看幾個例題。

範例 1. 令 $f(x,y,z)=(y^2+z^2)^x$，求 f_{xx} 及 f_{xy}。

解 先求 $f_x=D_x(y^2+z^2)^x=(y^2+z^2)^x\cdot\ln(y^2+z^2)\cdot D_x(x)$

$=(y^2+z^2)^x\cdot\ln(y^2+z^2)$

$$f_{xx}=D_x[(y^2+z^2)^x\cdot\ln(y^2+z^2)]$$
$$=(y^2+z^2)^x\cdot D_x\ln(y^2+z^2)+\ln(y^2+z^2)D_x(y^2+z^2)^x$$
$$=0+\ln(y^2+z^2)[(y^2+z^2)^x\ln(y^2+z^2)]=(y^2+z^2)^x[\ln(y^2+z^2)]^2$$
$$f_{xy}=D_y[(y^2+z^2)^x\cdot\ln(y^2+z^2)]$$
$$=(y^2+z^2)^x\cdot D_y\ln(y^2+z^2)+\ln(y^2+z^2)D_y(y^2+z^2)^x$$
$$=(y^2+z^2)^x\frac{2y}{y^2+z^2}+\ln(y^2+z^2)x(y^2+z^2)^{x-1}2y$$
$$=2y(y^2+z^2)^{x-1}+2xy(y^2+z^2)^{x-1}\ln(y^2+z^2)$$
$$=2y(y^2+z^2)^{x-1}[1+x\ln(y^2+z^2)]$$

範例 2.　令 $f(x, y, z)=x^{\frac{y}{z}}$，求 f_x、f_y 及 f_z。

解 (1) $f_x=D_x(x^{\frac{y}{z}})=\frac{y}{z}x^{\frac{y}{z}-1}$

(2) $f_y=D_y(x^{\frac{y}{z}})=x^{\frac{y}{z}}\cdot\ln x\cdot D_y(\frac{y}{z})=x^{\frac{y}{z}}\cdot\ln x\cdot\frac{1}{z}$

(3) $f_z=D_z(x^{\frac{y}{z}})=x^{\frac{y}{z}}\cdot\ln x\cdot D_z(\frac{y}{z})=x^{\frac{y}{z}}\cdot\ln x\cdot\frac{-y}{z^2}$

範例 3.　令 $f(x,y)=x\ln y+ye^x$，求 $\frac{\partial^3 f}{\partial x^2\partial y}$ 及 $\frac{\partial^3 f}{\partial x\partial y^2}$。

解 先求 $f_x=D_x[x\ln y+ye^x]=\ln y+ye^x$。

(1) $\frac{\partial^3 f}{\partial x^2\partial y}=\frac{\partial^3 f}{\partial x\partial x\partial y}$

先做 x 的二階：$\frac{\partial^2 f}{\partial x^2}=D_x[\ln y+ye^x]=ye^x$

再做 y 的偏微：$\frac{\partial^3 f}{\partial x^2\partial y}=D_y(ye^x)=e^x$

(2) $\frac{\partial^3 f}{\partial x\partial y^2}=\frac{\partial^3 f}{\partial x\partial y\partial y}$

先做 y 的偏微分：$\frac{\partial^2 f}{\partial x\partial y}=D_y(\ln y+ye^x)=\frac{1}{y}+e^x$

再做一次 y 的偏微：$\frac{\partial^3 f}{\partial x\partial y^2}=D_y(\frac{1}{y}+e^x)=\frac{-1}{y^2}$

範例 4. 令 $W = y\ln(x^2+z^2)$，求 $W_{xyz} = ?$

解 $W_{xyz} = \dfrac{\partial^3 W}{\partial x \partial y \partial z}$

先做對 x 的偏微 $\Rightarrow \dfrac{\partial W}{\partial x} = D_x[y\ln(x^2+z^2)] = \dfrac{y}{x^2+z^2} D_x(x^2+z^2) = \dfrac{2xy}{x^2+z^2}$

再做對 y 的偏微 $\Rightarrow \dfrac{\partial^2 W}{\partial x \partial y} = D_y(\dfrac{2xy}{x^2+z^2}) = \dfrac{2x}{x^2+z^2}$

最後，再對 z 偏微 $\Rightarrow \dfrac{\partial^3 W}{\partial x \partial y \partial z} = D_z(\dfrac{2x}{x^2+z^2})$

$$= \frac{(x^2+z^2)D_z(2x) - 2xD_z(x^2+z^2)}{(x^2+z^2)^2}$$

$$= \frac{-4xz}{(x^2+z^2)^2}$$

全微分

和冪函數全微分做法完全一樣。

範例 5. 令 $z = f(x,y) = ye^{-3xy}$，求全微分 dz。

解 $f_x(x,\ y) = D_x(ye^{-3xy}) = -3y^2e^{-3xy}$

$f_y(x,\ y) = D_y(ye^{-3xy}) = yD_ye^{-3xy} + e^{-3xy}D_yy = e^{-3xy}(1-3xy)$

故 $dz = (-3y^2e^{-3xy})\,dx + e^{-3xy}(1-3xy)\,dy$

全微分的做法不因函數有差別，差異只是在於指數函數和對數函數的問題。

習題

求下列函數各變數的一階偏導函數 (f_x, f_y)、$\dfrac{dy}{dx}$ 及全微分

1. $z = f(x,\ y) = xe^{x+2y}$
2. $z = f(x,\ y) = xye^x$
3. $z = f(x,\ y) = \dfrac{e^{2-x}}{y^2}$
4. $z = f(x,\ y) = xe^{xy}$

5. $z=f(x,y)=x\ln xy$

求以下函數在點 (x_0, y_0) 的偏導數 $f_x(x_0, y_0)$ 及 $f_y(x_0, y_0)$

6. $f(x,y)=xe^{-2xy}+ye^{-x}+xy^2$，點 $(x_0, y_0)=(0,0)$

7. $f(x,y)=xy\ln(\frac{y}{x})+\ln(2x-3y)^2$，點 $(x_0, y_0)=(1,1)$

求以下函數的 f_{xx}、f_{xy}、f_{yy} 及全微分 dz

8. $z=f(x,y)=e^{x^2y}$

9. $z=f(x,y)=ln(x^2+y^2)$

10. $z=f(x,y)=x^2ye^x$

習題解答

1. $f_x=xe^{x+2y}+e^{x+2y}$；$f_y=2xe^{x+2y}$；$\frac{dy}{dx}=-\frac{x+1}{2x}$；
$dz=e^{x+2y}(1+x)\,dx+2xe^{x+2y}dy$

2. $f_x=xye^x+e^xy$；$f_y=xe^x$；$\frac{dy}{dx}=-\frac{xy+y}{x}$；$dz=ye^x(1+x)\,dx+xe^xdy$

3. $f_x=-\frac{e^{2-x}}{y^2}$；$f_y=-\frac{2e^{2-x}}{y^3}$；$\frac{dy}{dx}=-\frac{y}{2}$；$dx=-\frac{e^{2-x}}{y^2}-\frac{2e^{2-x}}{y^3}$

4. $f_x=xye^{xy}+e^{xy}$；$f_y=x^2e^{xy}$；$\frac{dy}{dx}=\frac{xy+1}{x^2}$；$dz=e^{xy}(1+xy)\,dx+x^2e^{xy}dy$

5. $f_x=1+\ln xy$；$f_y=\frac{x}{y}$；$\frac{dy}{dx}=-\frac{y(1+\ln xy)}{x}$；$dz=(\ln xy+1)dx+\frac{x}{y}dy$

6. $f_x(0,0)=1$；$f_y(0,0)=1$

7. $f_x(1,1)=-5$；$f_y(1,1)=7$

8. $f_{xx}=e^{x^2y}(2y+4x^2y^2)$；$f_{xy}=2xe^{x^2y}(1+x^2y)$；$f_{yy}=x^4e^{x^2y}$；
$dz=xe^{x^2y}(2ydx+xdy)$

9. $f_{xx}=-\frac{2x^2-2y^2}{(x^2+y^2)^2}$；$f_{xy}=\frac{-4xy}{(x^2+y^2)^2}$；$f_{yy}=\frac{2(x^2-y^2)}{(x^2+y^2)^2}$；
$dz=\frac{2}{x^2+y^2}(xdx+ydy)$

10. $f_{xx}=e^x(2y+4xy+x^2y)$；$f_{xy}=e^x(2x+x^2)$；$f_{yy}=0$；
$dz=xe^x[(2y+xy)dx+xdy]$

第❺堂課

微分的應用與邊際意義

需求的價格彈性

如果廠商改變商品售價，消費者對這項商品的需求數量會隨之改變。在一般正常情況下，高售價會減少消費者的需求量；反之，低售價會增加需求量。而這種需求量對價格變化反應的增加或減少的幅度，我們稱之爲彈性。完整地說，稱爲需求的價格彈性（price elasticity of demand）。定義如下。

> **定義：需求的價格彈性**
>
> 需求的價格彈性是用來衡量當某物品價格發生變化時，該物品需求量改變的程度。當物品的需求量會隨著價格變化出現相當幅度的改變時，我們稱此物品的需求是富有彈性的（elastic）。當物品的需求量只隨著大幅的價格變化而出現輕微改變時，我們稱此物品的需求是缺乏彈性的（inelastic）。

經濟學家利用需求量變動的百分比除以價格變動的百分比來表示需求的價格彈性。令 P 代表價格，Q 代表需求量，則價格彈性估計式如下：

$$\text{需求的價格彈性（}E\text{）} = \frac{\text{需求量變動的百分比}}{\text{價格變動的百分比}} = \frac{\frac{\Delta Q}{Q}}{\frac{\Delta P}{P}} = \frac{\frac{Q_2 - Q_1}{Q}}{\frac{P_2 - P_1}{P}}$$

假設連續函數，我們可以用導數來近似：

$$\frac{\frac{\Delta Q}{Q}}{\frac{\Delta P}{P}} \approx \frac{\frac{dQ}{Q}}{\frac{dP}{P}}$$

一般這個值是負的，故經濟學家根據需求曲線彈性的「絕對值」，依大小將其分類：

1. 富有彈性的（elastic）：當 $|E|$ 大於 1 時，需求曲線爲富有彈性；需求量的變動程度大於價格的變動。

$$\left|\frac{\frac{\Delta Q}{Q}}{\frac{\Delta P}{P}}\right| > 1 \Rightarrow \left|\frac{\Delta Q}{Q}\right| > \left|\frac{\Delta P}{P}\right|$$

2. 缺乏彈性的（inelastic）：當 $|E|$ 小於 1 時，需求曲線爲缺乏彈性；需求量的變動程度小於價格的變動。

$$\left|\frac{\frac{\Delta Q}{Q}}{\frac{\Delta P}{P}}\right| < 1 \Rightarrow \left|\frac{\Delta Q}{Q}\right| < \left|\frac{\Delta P}{P}\right|$$

3. 單一彈性（unit elasticity）：當 $|E|$ 正好等於 1，需求曲線具有單一彈性；需求量與價格變動程度會相等。

$$\left|\frac{\frac{\Delta Q}{Q}}{\frac{\Delta P}{P}}\right| = 1 \Rightarrow \left|\frac{\Delta Q}{Q}\right| = \left|\frac{\Delta P}{P}\right|$$

範例 1. 某商品的需求函數為 $Q = 1{,}000 - 2P^2$，求在 $P = 5$ 和 $P = 12$ 時的需求彈性。

解 依照估計式，$E = \frac{\frac{dQ}{Q}}{\frac{dP}{P}} = \frac{P}{Q}\frac{dQ}{dP}$。從需求函數可知，$\frac{dQ}{dP} = -4P$。

當 $P=5$，$Q=950$，$\frac{dQ}{dP}=-20$；$P=12$，$Q=712$，$\frac{dQ}{dP}=-48$。

故當 $P=5$ 時，需求彈性為 -0.105，當 $P=12$ 時，需求彈性為 -0.809。

範例 2. 某飯店若將房間一晚的價格由新臺幣 3,000 元增加為新臺幣 3,500 元，則每週的住房會由 100 間減至 90 間。請問：(1) 價格為新臺幣 3,000 元時的需求彈性為多少？ (2) 飯店應該調高價格嗎？

解 (1) 需求彈性為 $\dfrac{\frac{\Delta Q}{Q}}{\frac{\Delta P}{P}}=\dfrac{P}{Q}\dfrac{dQ}{dP}=\dfrac{3{,}000}{100}\dfrac{-10}{500}=-0.6$。依照彈性定義的說明，此點為缺乏彈性。

(2) 在房價為新臺幣 3,000 元時，每週的營業收入為新臺幣 300,000 元（$3{,}000\times 100$），調漲至新臺幣 3,500 元之後，每週收入為新臺幣 315,000 元（$3{,}500\times 90$）。價格上升導致收入增加，故可以提高房價。

這一題告訴我們，所謂的缺乏彈性是指當價格增加（減少）1% 時，需求量減少（增加）的幅度會低於 1%；所以，漲價可行，降價不可行。

價格上升不一定會增加收入，範例 2 中，價格上升會增加收入的原因在於需求彈性小於 1（缺乏彈性），故因價格上漲所流失的需求幅度小於上漲幅度。同理，如果需求彈性大於 1，漲價會造成營收損失。

最後，我們來看一個綜合的問題。

範例 3. P 代表價格，Q 代表需求量。數位相機的每週需求函數可表示為 $P=-0.02Q+300\ (0\le Q\le 15{,}000)$，而生產數位相機的成本則為 $C(q)=0.000003Q^3-0.04Q^2+200Q+70{,}000$。試問：(1) 產量 3,000 時的邊際成本、邊際收益和邊際利潤為何？ (2) 解釋上一小題中數值的經濟意義。(3) 當價格分別為 100 和 200 時的彈性是屬於哪一種？

解 (1) 邊際成本函數：$C'(q) = 0.000009Q^2 - 0.02Q + 200 \Rightarrow C'(3{,}000) = 41$

收益函數 $R(q) = PQ = -0.02Q^2 + 300Q$

$\Rightarrow$ 邊際收益函數：$R'(q) = -0.04Q + 300$

$\Rightarrow R'(3{,}000) = 180$

利潤函數 $\pi(q) = R(q) - C(q) = -0.000003Q^3 + 0.02Q^2 + 100Q - 70{,}000$

邊際利潤函數：$\pi'(q) = -0.000009Q^2 + 0.04Q + 100 \Rightarrow \pi(3{,}000) = 139$

(2) $Q = 3{,}000$ 時，邊際成本 41 代表生產第 3,001 台時增加總成本 41 元；邊際收益 180 代表賣出第 3,001 台時增加總收益 180 元；邊際利潤 139 代表賣出第 3,001 台時增加總利潤 139 元。

(3) 已知 $P = -0.02Q + 300$，故 $Q = -50P + 15{,}000 \Rightarrow \dfrac{dQ}{dP} = -50$。

因此，價格彈性為 $E = \dfrac{dQ}{dP}\dfrac{P}{Q} = -50\dfrac{P}{Q}$。

當 $P = 100$ 時，$E = |-0.5| = 0.5 < 1$；故 $P = 100$ 時，需求為缺乏彈性。

當 $P = 200$ 時，$E = |-2| = 2 > 1$；故 $P = 200$ 時，需求為富有彈性。

導數：相對變化率與邊際意義

經濟分析很常使用的邊際測量就是帶入具體數字的「導數」，因此，對於這個測量完整的敘述，必須確實掌握。在描述導數時，我們會用這樣的符號：

$$\left.\frac{dy}{dx}\right|_{x=a} = b$$

邊際解讀就是特定位置的相對變化率：在 $x = a$ 時，x 增加 1 單位，y 相對增加 b 單位。只是把 b 的分母寫出來，如下：

$$\left.\frac{dy}{dx}\right|_{x=a} = \frac{b}{1}$$

上例中的邊際成本 $C'(3{,}000)=41$，就是：

$$\left.\frac{dC}{dQ}\right|_{Q=3,000}=41=\frac{41}{1}$$

意思就是：在生產量水準爲 3,000 單位時，總產量增加 1 單位，總成本增加 41 單位。

經濟學上定義一階偏微分 $Q_L=\frac{\partial Q}{\partial L}$ 爲勞動的邊際生產力，衡量了當 $L=L_0;\ K=K_0$ 時，勞動力增加一單位時，產出（Q）的相對變化量。$Q_K=\frac{\partial Q}{\partial K}$ 爲資本的邊際生產力，衡量了當 $L=L_0,\ K=K_0$ 時，資本增加一單位時，產出（Q）的相對變化量。

所以，綜合來說，邊際分析是協助決策優化的工具：在那個水準，增加投入是最佳的。本質上就只是微分所測量的相對變化率。

範例 4. 已知生產函數 $Q=Q(L,K)=10L^{\frac{1}{2}}K^{\frac{1}{2}}$，$Q$ 為產量，L 和 K 分別表示兩種生產要素勞動力和資本的僱用水準。請計算當 $L=27$ 單位，$K=108$ 單位時，勞動和資本的邊際生產力。

解 依題意：

$$\left.\frac{\partial Q}{\partial L}\right|_{L=27,K=108}=5\,(\frac{K}{L})^{\frac{1}{2}}=5\cdot 4^{\frac{1}{2}}=5\cdot\sqrt{4}=10$$

勞動的邊際生產力 = 10，這個數值的意義是：當勞動生產要素投入水準是 27 單位，資本是 108 單位時，增加 1 單位勞動力，產量會相對增加 10 單位。

$$\left.\frac{\partial Q}{\partial K}\right|_{L=27,\ K=108}=10\,(\frac{L}{K})^{\frac{1}{2}}=10\sqrt{\frac{1}{4}}=5$$

資本的邊際生產力 = 5，這個數值的意義是：當勞動生產要素投入水準是 27 單位，資本是 108 單位時，增加 1 單位的資本，產量會相對增加 5 單位。

再看全微分的應用問題。

範例 5. 某新興市場經濟自由化後，其國家生產函數可表示為 $Q(x,y)=30L^{\frac{1}{3}}K^{\frac{2}{3}}$，$Q$ 代表產出，L 和 K 分別代表勞動力和資本的投入數量單位。如果勞動力由 27 單位增至 29 單位，資本由 125 單位減至 123 單位，求該國經濟產出的近似變化量。

解 當兩個投入要素都變化時，經濟產出的近似變化量求的是全微分：

$$\Delta Q \sim dQ = Q_L dL + Q_k dK$$

依題意：

$$\Delta L = 29-27=2 \sim dL \qquad \Delta K = 123-125=-2 \sim dK$$

$$\left.\frac{\partial Q}{\partial L}\right|_{L=27,K=125} = 10\,(\frac{K}{L})^{\frac{2}{3}} = 10\,(\frac{125}{27})^{\frac{2}{3}} \qquad \left.\frac{\partial Q}{\partial K}\right|_{L=27,\ K=125} = 20\,(\frac{L}{K})^{\frac{1}{3}} = 10\,(\frac{27}{125})^{\frac{1}{3}}$$

帶入 $\Delta Q \sim dQ = Q_L dL + Q_k dK = 31\frac{5}{9}$

此題的結果指出，增加勞動力及減少資本可以增加產出。因此，此新興經濟體自由化的初期，依然是以擴大勞動參與爲主要政策。這個結果相當符合一般開發中國家的經驗。等到經濟發展至一個階段後，勞動邊際生產力被資本邊際生產力追上，經濟發展將會導向資本密集的道路。

導數的 3 個意義

這邊我們學習單變數函數之導函數的一些綜合問題。幾何上，導數是原函數的切線斜率，所以，微分後的分析，有切線方程式和導數數字的意義之解釋。以下題爲例：

範例 6. 已知函數為 $y=f(x)=-x^6-3x^4+5x^2+1$。求 $x=1$ 時的一階、二階導數與 3 個意義。

解　第 1 步：$f(x)$ 的兩階導函數

$$\frac{dy}{dx}=f'(x)=-6x^5-12x^3+10x \qquad \{x|\,x\in R\}$$

$$\frac{d^2y}{dx^2}=f''(x)=-30x^4-36x^2+10 \qquad \{x|\,x\in R\}$$

第 2 步：導數之切線方程式及其 3 個意義

• **一階導數**：

$$f'(1)=\left.\frac{dy}{dx}\right|_{x=1}=-6(1)^5-12(1)^3+10(1)=-8$$

(1) 切線方程式：

因為 $f(1)=2$，故以點斜式表示的切線方程式為

$y-2=-8(x-1)\rightarrow y=10-8x$

(2) 3 個意義：$f'(1)=\left.\frac{dy}{dx}\right|_{x=1}=-8$

① 函數 $f(x)$，在座標 $(1,f(1))$ 處做切線的斜率 $=-8$。

② 函數 $f(x)$，在座標 $(1,f(1))$ 處，x 增加 1 單位，y 減少 8 單位。

③ 函數 $f(x)$，在座標 $(1,f(1))$ 附近，於 x 方向遞減。

一階導數 3 個意義的第 1 個是幾何意義，第 2 個是相對變化率，第 3 個是導數（或斜率）的增減。第 2 個意義說明了以符號 $\frac{dy}{dx}$ 表示之導函數的意義。技術上，解釋相對變化率時，由符號 $\frac{dy}{dx}$ 看較好；我們習慣固定分母為「增加 1 單位」，然後用增加或減少來說明符號的特性。好比此值為 -8，我們就說減少。第 3 個性質說明了函數 $f(x)$ 的遞增或遞減；因為這個意義有區間性質，所以，我們必須用「附近」以區隔不是在整個函數定義域都遞減。這 3 個意義的理解，慢慢熟習應該滿直覺的，對後面的極值檢定大有幫助。

• 二階導數：

$$f''(1)=\left.\frac{d\left(\frac{dy}{dx}\right)}{dx}\right|_{x=1}=\left.\frac{d^2y}{dx^2}\right|_{x=1}=-30(1)^4-36(1)^2+10=-56$$

(1) 切線方程式：$\frac{dy}{dx}-f'(1)=x-1\rightarrow\frac{dy}{dx}=x-57\rightarrow f'(x)=x-57$

二階切線方程式的符號，會較為不習慣。但是，我們可以藉此理解「導函數也是函數」，只是符號不同，寫成 $\frac{dy}{dx}$ 或 $f'(x)$；如果我們將之寫成 $h(x)$，都變成一階的觀念。基本上，不管是幾階導數，我們都是以相鄰的前一階函數為說明對象，好比：$f'(a)$ 說明 $f(x)$，$f''(a)$ 說明 $f'(x)$。

(2) 3 個意義：$f''(1)=\left.\frac{d\left(\frac{dy}{dx}\right)}{dx}\right|_{x=1}=-56$

① 導函數 $\frac{dy}{dx}$ 或 $f'(x)$ 在座標為點 $(1,f'(1))$ 處，做切線的斜率 = −56。

② 導函數 $\frac{dy}{dx}$ 或 $f'(x)$，在座標為點 $(1,f'(1))$ 處，x 增加 1 單位，y 的斜率（或）減少 56 單位。

③ 導函數 $\frac{dy}{dx}$ 或 $f'(x)$，在座標 $(1,f'(1))$ 附近，於 x 方向遞減。

二階導數 3 個意義的第三個性質說明了函數 $f(x)$ 的凹性。

多變數函數偏導數的 7 個綜合問題

上面將單變數函數導數的綜合意義做了說明，且以多項式函數爲實例。

爲免篇幅重複，此處，我們將用指數對數函數來說明多變數函數的導數問題。這裡我們也希望能養成一個好習慣：遇到函數就寫定義域。我們綜合出 7 個問題。以下題爲例。

範例 7. 已知雙變數函數 $z=F(x,y)=\log(\dfrac{2x+3xy}{3y-2xy})$，回答以下問題：

(1) 函數 $F(x, y)$ 定義域。

(2) 2 個偏導函數：$\dfrac{\partial z}{\partial x}$、$\dfrac{\partial z}{\partial y}$；2 個隱函數微分：$\dfrac{dx}{dy}$、$\dfrac{dy}{dx}$。

(3) 上小題 4 個微分函數的定義域。

(4) $x=1$，$y=1$ 時的 4 個導數。

(5) 4 個導數的切線方程式。

(6) 4 個導數的 3 個意義。

(7) 全微分 dz。

解 (1) $z=F(x,y)=\log(\dfrac{2x+3xy}{3y-2xy})=\log(2x+3xy)-\log(3y-2xy)$

定義域內省略 $\in R$ $\{x,y|(2x+3xy)>0$ 且 $(3y-2xy)>0\}$

(2) $$\frac{\partial z}{\partial x}=F_x=D_x\ [\log_{10}(2x+3xy)-\log_{10}(3y-2xy)]$$

$$=\frac{1}{(2x+3xy)}.\frac{1}{\ln 10}.D_x(2x+3xy)-\frac{1}{(3y-2xy)}.\frac{1}{\ln 10}D_x(3y-2xy)$$

$$=\frac{1}{(2x+3xy)}.\frac{1}{\ln 10}.(2+3y)-\frac{1}{(3y-2xy)}.\frac{1}{\ln 10}(-2y)$$

$$=\frac{1}{x(\ln 10)}+\frac{2}{(3-2x)\ln 10}=\frac{3}{x(3-2x)\ln 10}$$

$$\frac{\partial z}{\partial y}=F_y=D_y\ [\log_{10}(2x+3xy)-\log_{10}(3y-2xy)]$$

$$=\frac{1}{(2x+3xy)}.\frac{1}{\ln 10}.D_y(2x+3xy)-\frac{1}{(3y-2xy)}.\frac{1}{\ln 10}D_y(3y-2xy)$$

$$=\frac{1}{(2x+3xy)}.\frac{1}{\ln 10}.(3\text{x})-\frac{1}{(3y-2xy)}.\frac{1}{\ln 10}(3-2x)$$

$$= \frac{3}{(2+3y)\ln 10} - \frac{1}{y(\ln 10)} = \frac{-2}{y(2+3y)(\ln 10)}$$

$$\frac{dx}{dy} = -\frac{F_y}{F_x} = -\frac{\frac{-2}{y(2+3y)\ln 10}}{\frac{3}{x(3-2x)\ln 10}} = -\frac{-2x(3-2x)}{3y(2+3y)} = \frac{2x(3-2x)}{3y(2+3y)}$$

$$\frac{dy}{dx} = -\frac{F_x}{F_y} = -\frac{\frac{3}{x(3-2x)\ln 10}}{\frac{-2}{y(2+3y)\ln 10}} = \frac{3y(2+3y)}{2x(3-2x)}$$

(3) 定義域內省略 $\in R$

$$\frac{\partial z}{\partial x}:\left\{x,y,z \middle| x \neq 0 \text{ 且 } x \neq \frac{3}{2}\right\} \qquad \frac{\partial z}{\partial y}:\left\{x,y,z \middle| y \neq 0 \text{ 且 } y \neq \frac{2}{3}\right\}$$

$$\frac{dx}{dy}:\left\{x,y,z \middle| y \neq 0 \text{ 且 } y \neq \frac{2}{3}\right\} \qquad \frac{dy}{dx}:\left\{x,y,z \middle| x \neq 0 \text{ 且 } x \neq \frac{3}{2}\right\}$$

(4) $\left.\frac{\partial z}{\partial x}\right|_{\substack{x=1\\y=1}} = \frac{3}{1(3-2)\ln 10} = \frac{3}{\ln 10}$ $\qquad \left.\frac{\partial z}{\partial y}\right|_{\substack{x=1\\y=1}} = \frac{-2}{1(2+3)\ln 10} = \frac{-2}{5(\ln 10)}$

$$\left.\frac{dx}{dy}\right|_{\substack{x=1\\y=1}} = \frac{2(3-2)}{3(2+3)} = \frac{2}{15} \qquad \left.\frac{dy}{dx}\right|_{\substack{x=1\\y=1}} = \frac{3(2+3)}{2(3-2)} = \frac{15}{2}$$

(5) 4 個導數的切線方程式

① z 在 x 方向之切線方程式：

$$\left.\frac{\partial z}{\partial x}\right|_{\substack{x=1\\y=1}} = \frac{3}{1(3-2)\ln 10} = \frac{3}{\ln 10}$$

將點 (1,1) 代入 $F(x,y)$，則 $z = F(1,1) = \log(\frac{2+3}{3-2}) = \log 5$

切線方程式：$(z - \log 5) = \frac{3}{\ln 10}(x-1)$

② z 在 y 方向之切線方程式：

$$\left.\frac{\partial z}{\partial y}\right|_{\substack{x=1\\y=1}}=\frac{-2}{1(2+3)\ln 10}=\frac{-2}{5(\ln 10)}$$

將點 (1,1) 代入 $F(x,y)$，則 $z=\log(\frac{2+3}{3-2})=\log 5$

切線方程式：$(z-\log 5)=\frac{-2}{5\ln 10}(y-1)$

③ x 在 y 方向之切線方程式：

$$\left.\frac{dx}{dy}\right|_{\substack{x=1\\y=1}}=\frac{2(3-2)}{3(2+3)}=\frac{2}{15}$$

切線方程式：$(x-1)=\frac{2}{15}(y-1)$

④ y 在 x 方向之切線方程式：

$$\left.\frac{dy}{dx}\right|_{\substack{x=1\\y=1}}=\frac{3(2+3)}{2(3-2)}=\frac{15}{2}$$

切線方程式：$(y-1)=\frac{15}{2}(x-1)$

(6) 4 個導數的 3 個意義

$$\left.\frac{\partial z}{\partial x}\right|_{\substack{x=1\\y=1}}=\frac{3}{\ln 10}$$

① 函數 z 在座標 $(1, 1, F(1,1))$ 處，在 x 的方向做切線斜率為 $\frac{3}{\ln 10}$。

② 函數 z 在座標 $(1, 1, F(1,1))$ 處，x 增加一單位，z 增加 $\frac{3}{\ln 10}$ 單位。

③ 函數 z 在座標 $(1, 1, F(1,1))$ 附近，於 x 方向遞增。

$$\left.\frac{\partial z}{\partial y}\right|_{\substack{x=1\\y=1}}=\frac{-2}{5(\ln 10)}$$

① 函數 z 在座標 $(1, 1, F(1,1))$ 處，在 y 的方向做切線斜率為 $\frac{-2}{5(\ln 10)}$。

② 函數 z 在座標 $(1, 1, F(1,1))$ 處，y 增加一單位，z 減少 $\frac{-2}{5(\ln 10)}$ 單位。

③ 函數 z 在座標 $(1, 1, F(1,1))$ 附近，於 y 方向遞減。

$$\left.\frac{dx}{dy}\right|_{\substack{x=1\\y=1}} = \frac{2}{15}$$

① 隱函數 x 在座標 $(1, 1, F(1,1))$ 處，在 y 的方向做切線斜率為 $\frac{2}{15}$。

② 隱函數 x 在座標 $(1, 1, F(1,1))$ 處，y 增加一單位，x 增加 $\frac{2}{15}$ 單位。

③ 隱函數 x 在座標 $(1, 1, F(1,1))$ 附近，於 y 方向遞增。

$$\left.\frac{dy}{dx}\right|_{\substack{x=1\\y=1}} = \frac{15}{2}$$

① 隱函數 y 在座標 $(1, 1, F(1,1))$ 處，在 x 的方向做切線斜率為 $\frac{15}{2}$。

② 隱函數 y 在座標 $(1, 1, F(1,1))$ 處，x 增加一單位，y 增加 $\frac{15}{2}$ 單位。

③ 隱函數 y 在座標 $(1, 1, F(1,1))$ 附近，於 x 方向遞增。

(7) $dz = F_x\ dx + F_y\ dy$

$$dz = \left(\frac{3}{x(3-2x)\ln 10}\right) dx + \left(\frac{-2}{y(2+3y)\ln 10}\right) dy$$

習題

請計算以下各題的需求彈性

1. $Q=400-P$，$P=125$
2. $Q=500-P$，$P=38$
3. $Q=\frac{400}{P}$，$P=50$
4. $P=400+Q^2$，$P=500$
5. $Q=100e^{-0.05P}$，$P=80$
6. $Q=\frac{100}{(P+3)^2}$，$P=1$
7. 承上範例第6題，試做 $x=-1$ 的狀況。（提示：$f'(-1)=8,\ f''(-1)=-56$）

習題解答

1. $\frac{5}{11}$；缺乏彈性。
2. $\frac{9}{231}$；缺乏彈性。
3. 1；單一彈性。
4. 2.5；富有彈性。
5. 4；富有彈性。
6. 0.5；缺乏彈性。
7. 略

Codes Part 2 Step-by-Step

Python

主題 1　定義函數

現在要學的函數不是把輸入值轉換的計算，而是類似 Python 模組或內建的運算，類似 log()、abs()，隨時呼叫就可以。我們由一個簡單的例子來說明：已知一個指數函數，名稱叫做 myFunc1 的運算，對任何輸入 myFunc1() 括弧的數字，就執行這個指數轉換再輸出。要怎麼做呢？

```
def myFunc1(x):
  import math
  y=x*math.exp(-2*x)
  print(y)
```

def 宣告了函數物件 myFunc1，在 Spyder 內先用滑鼠把這四行框起來執行，然後 myFunc1 就可以任意使用，例如：鍵入 myFunc1(-2.5)、myFunc1(2.5) 和 myFunc1(0) 看看結果是什麼。

如果是多變數函數，例如：

```
def myFunc2(x,y):
  import math
  z=y*math.exp(-2*x*y)
  print(z)
```

執行完畢，嘗試 myFunc2(x=2,y=1) 和 myFunc2(2,1)。簡單幾行就搞定，很簡單吧！

練習

請任選本堂課習題或範例所出現的函數，循此節的方法，練習用 Python 定義其導函數，帶入特定值求取導數。

主題 2. 極限和微分

特定值的極限，有一個威力無窮的模組 sympy，不但可以用來做計算極限，還可以做微分的符號運算。

舉例，我們求第 1 堂課第 3 節範例 1-(1) 的極限：$\lim_{x \to 1}(3x^2 - 2x + 3)$

Python 程式如下：

```
from sympy import *      # 載入模組
x = symbols('x')         # 宣告代數符號的變數，須記得此步驟一定要做

limit(3*x**2-2*x+3, x, 1)
Out[3]: 4
```

求第 1 堂課第 3 節範例 1-(3) 的極限：$\lim_{x \to 0}(\frac{\sqrt{x+1}-1}{x})$

```
limit((sqrt(x+1)-1)/x, x, 0)
Out[4]: 1/2
```

求函數的一階微分：

```
diff(x*exp(-2*x), x)
-2*x*exp(-2*x) + exp(-2*x)
```

Out[5] 結果的方程式是：$-2xe^{-2x} + e^{-2x}$

兩個變數偏微分的做法也很簡潔，例如：雙變數函數，對 x 的偏微分。

```
y = symbols('y')  # 宣告新增符號的變數，此步驟一定要做
diff(x*exp(x*y), x)
Out[6]: x*y*exp(x*y) + exp(x*y)
```

Out[6] 結果的方程式是：$xye^{xy} + e^{xy}$

練習

1. 請授課教師自行指定本範圍內的習題，用上述 Python 語法確認答案。（模組 sympy 應該是我們使用最多的，後面還會介紹。）

R

R 語言的裝置，本書不介紹，以免占據太多篇幅。若有興趣學習 R 的微積分與矩陣代數，可以 Google 一下網上的學習資源。這一部分對照前面的 Python，做一些簡單的範例和資源介紹。建議採用 RStudio 當作主要 IDE 來寫 R 程式，目前 RStudio 已經可以執行 Python code，反之亦然。

求取極限有第 3 方套件 Ryacas，使用如下：

```
library(Ryacas)        #
x <- ysym("x")          # 定義變數
lim((sqrt(x+1)-1)/x, x, 0)    求 x 近似 0 的極限值
```

前述用 Python 寫的函數 myFunc1 和 myFunc2，R 內建寫法更爲簡潔，宣告指數對數運算子，不須要呼叫任何套件，全部都是內建。如下：

```
myFunc1 <- function(x) {return(x*exp(-2*x))}
```

同學可以執行完上述單變數函數 myFunc1 定義，執行這些運算：myFunc1(-2.5)、myFunc1(2.5) 和 myFunc1(0)。

```
myFunc2 <- function(x,y) {return(y*exp(-2*x*y))}
```

同學可以執行完上述雙變數函數 myFunc2 定義，執行這些運算：myFunc2(x=2,y=1) 和 myFunc2(2,1)。

接下來是導函數，有兩個方式，R 內建的指令是 D()，呼應 D_x 型式。D 內部用 expression() 定義函數型式，再宣告對 x 微分，循前例，如下：

```
D(expression(x*exp(-2*x)), "x")
D(expression(x*exp(x*y)), "x")
```

這個內建微分的缺點是計算導數困難，以 D(expression(x*exp(-2*x)),"x") 爲例，D(expression(x*exp(-2*x)),"x") 得出的導函數是：

```
exp(-2 * x) - x * (exp(-2 * x) * 2)
```

要計算 x=1 的導數，必須將之用 makeFun() 轉換成函數，再計算導數，如下：

```
f1=makeFun(exp(-2 * x) - x * (exp(-2 * x) * 2)~ x )
f1(1)
```

套件 mosaicCalc 相當簡潔，把導函數定義成物件，直接計算，不須要 makeFun()，如下：

```
F1=mosaicCalc::D(x*exp(-2*x) ~ x)
F1(1)
```

因爲 mosaicCalc 的微分算子符號和 R 內建相同，所以，我們不須要透過 library(mosaicCalc) 載入，使用套件函數路徑方法 mosaicCalc::D() 就可以。mosaicCalc 有一個 Calculus with R 的網頁，內有很多資源：https://cran.r-project.org/web/packages/mosaicCalc/vignettes/Calculus_with_R.html。

另外，一個數學性更強的套件 calculus 可以處理複雜的微積分問題，有興趣的同學，可以上網至 https://calculus.guidotti.dev/articles/index.html 學習。

第 3 部
積分

第❻堂課

積分原理

6.1 積分：加總的極限原理

本章將說明爲什麼「微分」和「積分」是一體兩面。在進入正題之前，先說明「積分」的意義。回想一下，前面所學的微分是求「變化率」，而積分則是求「面積」。

考慮函數 $f(x)$ 和 x 軸圍起來的面積 A，如圖 6-1 所示。

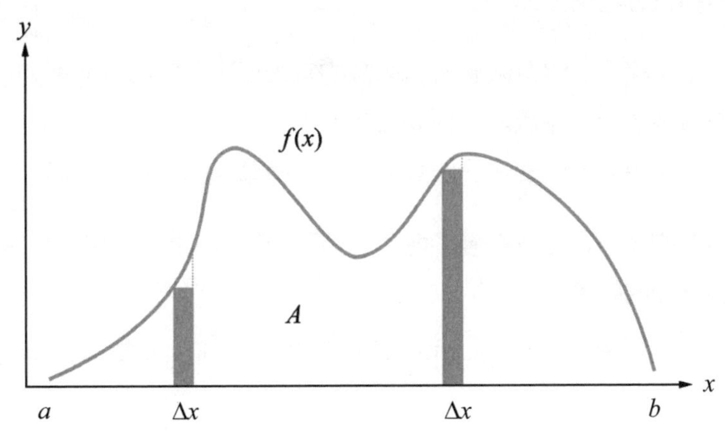

圖 6-1　積分原理示意圖

如圖 6-1，如果我們要求出面積 A，則可以用畫「長方形」的方法。令 $\Delta x = x_j - x_i$，則將所有長方形的面積 $f(x_i)\cdot\Delta x$ 加起來，在一定的誤差範圍之內，我們可以得到面積 A 的近似值。這種做法可以寫成如下函數：

$$A \approx \sum_{i=1}^{n} f(x_i) \cdot \Delta x$$

上式中，x_i 可取自 Δx 區間內任一點，n 則可視爲「平均 n 等分」。因此，當 $\Delta x \to 0$ 時，估計出的面積精確度愈大。Δx 愈小時，也就是 n 愈大，分割愈細。用極限符號表示如下：

$$A \approx \lim_{n \to \infty} \sum_{i=1}^{n} f(x_i) \cdot \Delta x$$

因爲當 $\Delta x \to 0$ 時，我們可以用微分 dx 代表。故這個極限可用積分符號表示成 $\int f(x)dx$，$f(x)$ 則稱爲「被積函數」（integrand），因爲這種積分沒有明確指出被積函數的積分區域，因此稱爲「不定積分」；另外，$\int_a^b f(x)dx$ 明確指出被積函數的積分區域從 a 積到 b，故稱爲「定積分」。

這兩種積分的區分如下：

1. 「不定積分」沒有限制被積函數的定義域；「定積分」則如上述，限制被積函數的定義域，由 a 積到 b。
2. 「不定積分」的解是「函數」；「定積分」的解是「數値」。

這兩者的區別以後會慢慢了解，不須強記。以下的例題說明了極限和積分的定義之間的關係。

進一步，在已知區間 $[a, b]$，$\Delta x = \dfrac{b-a}{n}$，前面的面積可以寫成如下極限：

$$A \approx \lim_{n \to \infty} \frac{b-a}{n} \sum_{i=1}^{n} f\left(a + i\frac{b-a}{n}\right)$$

範例 1. 請將 $\lim_{n\to\infty}\frac{1}{n}[(\frac{1}{n})^4+(\frac{2}{n})^4+\cdots+(\frac{n}{n})^4]$ 寫成定積分型式。

解 如前所述，$A\approx\lim_{n\to\infty}\sum_{i=1}^{n}f(x_i)\cdot\Delta x$，

又原式 $=\lim_{n\to\infty}\frac{1}{n}\sum_{i=1}^{n}(\frac{i}{n})^4=\lim_{n\to\infty}\frac{1}{n}\sum_{i=1}^{n}(i\frac{1}{n})^4$，

因為 $\Delta x=\frac{b-a}{n}=\frac{1}{n}$，上式中的加總符號可以寫成 $\lim_{n\to\infty}\frac{1}{n}\sum_{i=1}^{n}(0+i\frac{1}{n})^4$。

所以 $a=0$，故 $b=1$。

套回原式 $\lim_{n\to\infty}\frac{1}{n}\sum_{i=1}^{n}(\frac{i}{n})^4=\int_0^1 x^4dx$。

微積分基本定理

接下來我們將說明爲什麼「微分」和「積分」是一體兩面。先利用圖 6-2 的兩個圖形解釋微積分基本定理。圖 6-2 的 (A) 是函數 $f(x)=x^2$ 的圖形，圖 6-2 的 (B) 則是 $f(x)=x^2$ 的導函數 $2x$ 的圖形。在微分的說明中，反導函數可以畫成如 (B) 的對應。在 $x=3$ 的導數爲 6。由 (A) 到 (B) 就是我們學過的微分，(B) 稱爲 (A) 的導函數。從 (B) 到 (A) 則是積分：圖 (B) 中 $2x$ 和 x 軸圍成的面積爲 M，以積分符號可表示成：

$$M=\int 2xdx$$

在 $x=3$ 時，$M=9$；又 $x=3$ 在 x^2 的對應值也是 9。因此，從 (B) 到 (A) 的過程，就是積分，且 (A) 的函數稱爲 (B) 的反導函數。也就是說，如果 $2x$ 是導函數，則 x^2 是它的反導函數。因此，求積分，就是求反導函數（Anti-derivative function）；如同求微分，就是求導函數一樣。

圖 6-2 利用了簡單的二次冪函數 x^2 和它的導函數 $2x$ 來說明微積分基本定理：微分和積分是一體兩面。這是因爲我們較能輕鬆地計算出直角三角形的面積。

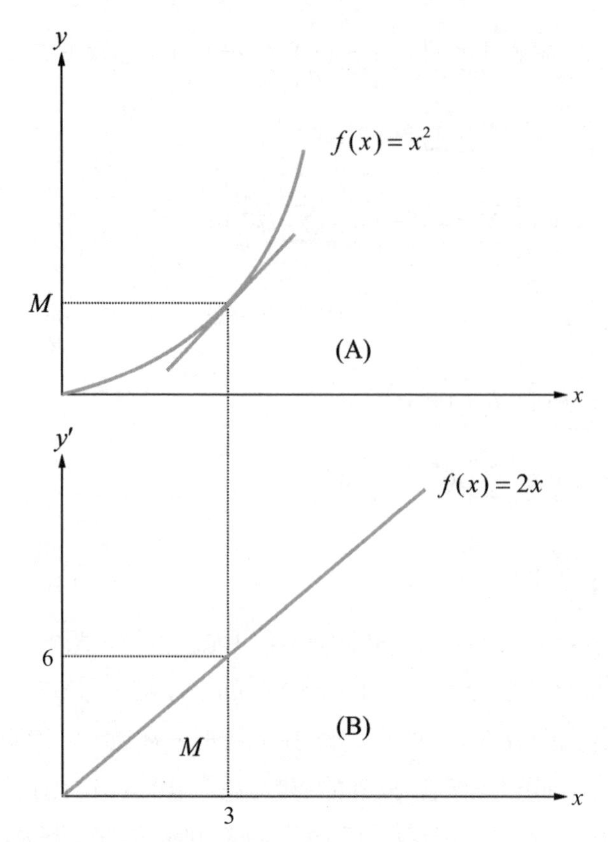

圖 6-2 微積分基本定理的幾何意義

從 (B) 到 (A) 這個積分的概念，並不是一定有一個導函數在運作。此概念如下：導函數還是函數，任一個函數都可以想像成是「被」微分來的，所以如果要計算任意已知可微函數的面積，則反推回到「母」函數就可以知道。所以，類似微分是求取「斜率的函數」，積分就是求取「面積的函數」。表 6-1 可以幫助我們複習並綜合兩者之關係。

完整的例子請看上下對稱圖 6-3。圖 6-3 是一個週期函數，在 x 軸刻度爲 $\frac{\pi}{2}$ 處所圍起來填滿面積的數值，就是下圖面積函數的值，也就是 1。

經由上面的說明，我們已知道「微分」和「積分」的關係，也就是微積分基本定理。我們接下來定義反導函數的性質。

表 6-1　微分與積分的關係

	微分	積分
原理方法	求導函數	求反導函數
函數的代數意義	斜率函數	面積的函數
數值的幾何意義	定點切線之斜率	特定範圍之面積

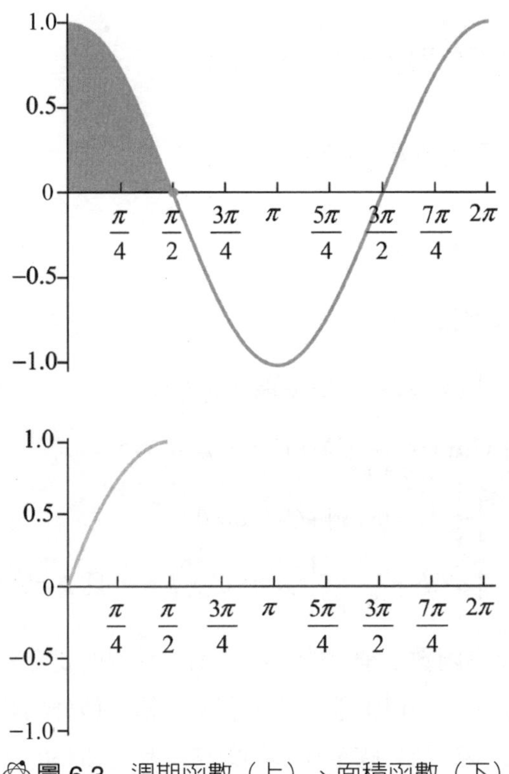

圖 6-3　週期函數（上）、面積函數（下）

反導函數

定義：反導函數（anti-derivative）

若 $F' = f$，則稱函數 F 為 f 的反導函數。

很顯然地，一個函數的反導函數「並不是只有唯一一個」，例如：若 $f(x)=4x^2$，則 $\frac{4}{3}x^3+10$ 或 $\frac{4}{3}x^3+5$ 皆可是它的反導函數。簡而言之，後面可爲一任意常數：$\frac{4}{3}x^3+C$。

因此，以不定積分可表示如下：

$$\int f(x)dx=F(x)+C$$

這就是不定積分的問題，再來看下面的例子。

範例 2. 求不定積分 $\int xdx=?$

解 $\int xdx=\frac{1}{2}x^2+C$

反導函數的基本公式：

1. 常數函數：$\int kdx=kx+C$，k 爲任意常數
2. 冪函數：$\int x^n dx=\frac{1}{n+1}x^{n+1}+C$，$n\neq -1$
3. 對數函數：$\int \frac{1}{x}dx=\ln|x|+C$，$x\neq 0$
4. 指數函數：$\int a^{kx}dx=\frac{1}{\ln a}\cdot\frac{1}{k}\cdot a^{kx}+C$，$k\neq 0$ 且 $k\in R$，$a>0$

這四種基本反導函數是積分的基礎，第 7 堂課所要介紹的積分方法，均建立在這四種方法上。利用上述公式，我們介紹定積分的算法。

定積分其實是不定積分確定範圍的數值：利用積分的「界」求取數值。因此，可以下式表示：

$$\int_a^b f(x)dx=F(x)\Big|_a^b=F(b)-F(a)$$

範例 3.　求定積分 $\int_0^1 e^{2x}dx$ 。

解　第 1 步：求不定積分：$\int e^{2x}dx = \frac{1}{2}e^{2x} + C$，$C$ 為任意常數。

第 2 步：帶入求定積分：$\frac{1}{2}(e^{2x}+C)\Big|_0^1 = \frac{1}{2}(e^{2\cdot1} - e^{2\cdot0} + C - C) = \frac{1}{2}(e^2-1)$

由上面的例題可知，解定積分時，我們可以先去除反導函數的常數項，再代入解出。

範例 4.　求定積分 $\int_1^2 \frac{4}{x}dx$ 。

解　第 1 步：求不定積分：$\int \frac{4}{x}dx = 4\int \frac{1}{x}dx = 4\ln|x| + C$

第 2 步：帶入求定積分：$4\ln x\Big|_1^2 = 4(\ln 2 - \ln 1) = 4\ln 2$

「不定積分」和「定積分」的關係，就如同「導函數」和「導數」。爲求簡便，我們以「不定積分」爲主，介紹積分的性質，如下所述。

積分性質

① $\int [f(x) \pm g(x)]dx = \int f(x)dx \pm \int g(x)dx$

② $\int kf(x)dx = k \cdot \int f(x)dx$, $k \in R$

範例 5.　求不定積分 $\int (x^2+2x^3+3x^4)dx$ 。

解　$\int (x^2+2x^3+3x^4)dx = \int x^2dx + \int 2x^3dx + \int 3x^4dx = \int x^2dx + 2\int x^3dx + 3\int x^4dx$

$= (\frac{1}{3}x^3 + C_1) + (\frac{1}{2}x^4 + C_2) + (\frac{3}{5}x^5 + C_3) = \frac{1}{3}x^3 + \frac{1}{2}x^4 + \frac{3}{5}x^5 + C$

$C = C_1 + C_2 + C_3$

範例 6. 求定積分 $\int_0^1 \frac{3}{2}\sqrt{x}dx$。

解 第 1 步：求不定積分：$\int \frac{3}{2}\sqrt{x}dx = \frac{3}{2}\int \sqrt{x}dx = \frac{3}{2}\frac{2}{3}x^{\frac{3}{2}} + C = x^{\frac{3}{2}} + C$

第 2 步：帶入求定積分：$x^{\frac{3}{2}}\Big|_0^1 = 1$

習題

微積分基本定理：驗證下列 1~8 題

1. $\int (-\frac{9}{x^4})dx = \frac{3}{x^3} + c$
2. $\int \frac{4}{\sqrt{x}}dx = 8\sqrt{x} + c$
3. $\int (4x^3 - \frac{1}{x^2})dx = x^4 + \frac{1}{x} + c$
4. $\int (1 - \frac{1}{\sqrt[3]{x^2}})dx = x + 3\sqrt[3]{x} + c$
5. $\int 2x^3\sqrt{x}dx = \frac{4}{9}x^{\frac{9}{2}} + c$
6. $\int (x-2)(x+2)dx = \frac{x^3}{3} - 4x + c$
7. $\int \frac{x^2-1}{x^{\frac{3}{2}}}dx = \frac{2(x^2+3)}{3\sqrt{x}} + c$
8. $\int \frac{2x-1}{x^{\frac{4}{3}}}dx = \frac{3(x+1)}{\sqrt[3]{x}} + c$

求不定積分

9. $\int (x^2 - 2x + 3)dx$
10. $\int (2x^{\frac{4}{3}} + 3x - 1)dx$
11. $\int (\sqrt{x} + \frac{1}{2\sqrt{x}})dx$
12. $\int (\sqrt[4]{x^3} + 1)dx$
13. $\int \frac{1}{4x^2}dx$
14. $\int (2x + x^{-\frac{1}{2}})dx$
15. $\int \frac{t^2+2}{t^2}dt$
16. $\int \sqrt{x}(x+1)dx$
17. $\int (x-1)(6x-5)dx$
18. $\int (2t^2-1)^2 dt$
19. $\int y^2\sqrt{y}dy$
20. $\int (1+3t)t^2 dt$

求定積分

21. $\int_a^b e^t dt$
22. $\int_a^b 3t^2 dt$

23. $\int_1^e (x-\frac{1}{x})dx$

24. $\int_0^1 \sqrt{x}dx$

25. $\int_2^3 (x^2+x+1)dx$

習題解答

1. $\frac{d}{dx}(\frac{3}{x^3}+c)=\frac{d}{dx}(3x^{-3}+c)=-9x^{-4}=\frac{-9}{x^4}$

2. $\frac{d}{dx}(8\sqrt{x}+c)=8\cdot\frac{1}{2}x^{-\frac{1}{2}}=\frac{4}{\sqrt{x}}$

3. $\frac{d}{dx}(x^4+\frac{1}{x}+c)=4x^3-\frac{1}{x^2}$

4. $\frac{d}{dx}(x-3\sqrt[3]{x}+c)=\frac{d}{dx}(x-3x^{\frac{1}{3}}+c)=1-x^{-\frac{2}{3}}=1-\frac{1}{\sqrt[3]{x^2}}$

5. $\frac{d}{dx}(\frac{4}{9}x^{\frac{9}{2}}+c)=\frac{4}{9}\cdot\frac{9}{2}x^{\frac{7}{2}}=2x^3\sqrt{x}$

6. $\frac{d}{dx}(\frac{x^3}{3}-4x+c)=x^2-4=(x+2)(x-2)$

7. $\frac{d}{dx}(\frac{2(x^2+3)}{3\sqrt{x}}+c)=\frac{d}{dx}(\frac{2}{3}x^{\frac{2}{3}}+2x^{-\frac{1}{2}}+c)=x^{\frac{1}{2}}-x^{-\frac{3}{2}}=\frac{x^2-1}{x^{\frac{3}{2}}}$

8. $\frac{d}{dx}(\frac{3(x+1)}{\sqrt[3]{x}}+c)=\frac{d}{dx}(3x^{\frac{2}{3}}+3x^{-\frac{1}{3}}+c)=2x^{-\frac{1}{3}}-x^{-\frac{4}{3}}=\frac{2x-1}{x^{\frac{4}{3}}}$

9. $\frac{x^3}{3}-x^2+3x+c$

10. $\frac{6}{7}x^{\frac{7}{3}}+\frac{3}{2}x^2-x+c$

11. $\frac{1}{3}\sqrt{x}\,(2x+3)+c$

12. $\frac{4}{7}x^{\frac{7}{4}}+x+c$

13. $\frac{-1}{4x}+c$

14. $x^2+2\sqrt{x}+c$

15. $t-\frac{2}{t}+c$

16. $\frac{2}{15}x^{\frac{3}{2}}\,(3x+5)+c$

17. $2x^3-\frac{11}{2}x^2+5x+c$

18. $\frac{4}{5}t^5-\frac{4}{3}t^3+t+c$

19. $\frac{2}{7}y^{\frac{7}{2}}+c$

20. $\frac{t^3}{12}(4+9t)+c$

21. $e^b - e^a$

22. $b^3 - a^3$

23. $\frac{e^2}{2} - \frac{3}{2}$

24. $\frac{2}{3}$

25. $9\frac{5}{6}$

6.2 定積分性質

這一節將介紹和定積分有關的一些性質。爲免混淆，我們須注意，前面一節所謂的積分性質，通用於不定積分和定積分，因爲它們主要和「被積函數」有關。而這一節的定積分基本性質，則和它積分的「區間」有關。

性質 1： $\int_a^a f(x)dx = 0$

這個性質很直接地表明，若令 $F'(x) = f(x)$，

則 $\int_a^a f(x)dx = F(x)\Big|_a^a = F(a) - F(a) = 0$

性質 2： $\int_a^b f(x)dx = -\int_b^a f(x)dx$

這個性質指出積分的區間若左右交換，將是一個負號。爲理解這個關係，我們只要注意：dx 是兩個極相近的點相減。因此，「從 a 積到 b」和「從 b 積到 a」，受正負號影響的因子只有 dx。簡單證明如下：

同上，令 $F'(x) = f(x)$，則 $\int_a^b f(x)dx = F(x)\Big|_a^b = F(b) - F(a)$

又 $\int_b^a f(x)dx = F(x)\Big|_b^a = F(a) - F(b)$，故 $\int_a^b f(x)dx = -\int_b^a f(x)dx$。

性質 3： $\int_a^b f(x)dx = \int_a^c f(x)dx + \int_c^b f(x)dx$，$a \le c \le b$

這個性質的說明如圖 6-4，在一個連續函數上，函數 $f(x)$ 從 a 到 b 和 x 軸圍起的全面積，可由部分面積加總得到。

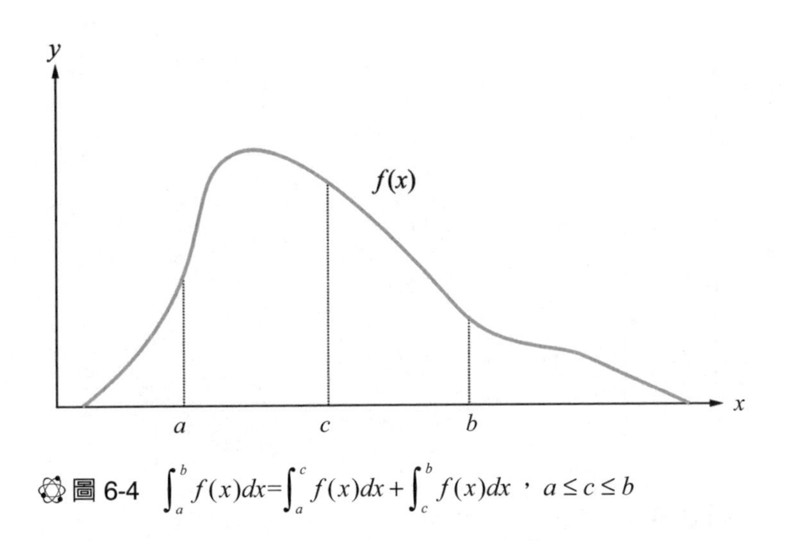

圖 6-4　$\int_a^b f(x)dx = \int_a^c f(x)dx + \int_c^b f(x)dx$，$a \leq c \leq b$

積分均值定理

若函數 f 在 $[a, b]$ 為連續，則存在一數 $c \in [a, b]$，滿足下式：

$$\frac{\int_a^b f(x)dx}{b-a} = f(c)$$

這個定理的理解可輔以圖 6-5，先看左邊的有理式 $\frac{\int_a^b f(x)dx}{b-a}$。

積分均值定理分子 $\int_a^b f(x)dx$，指的就是圖 6-5 虛線圍起來的面積。積分均值定理可用以下方式來理解。假設在 a 點時，站一個身高 $f(a)$ 的人，當 a 向 b 移動，緊鄰 a 又站一個人，到 b 點時，站一個身高 $f(b)$ 的人。他們身高的加總，就是這塊面積 $\int_a^b f(x)dx$。然後，這塊面積除以 $(b - a)$，就得出「平均身高」$f(c)$。這個定理告訴我們，這個平均高度發生的位置 c，必在區間 $[a, b]$ 內。

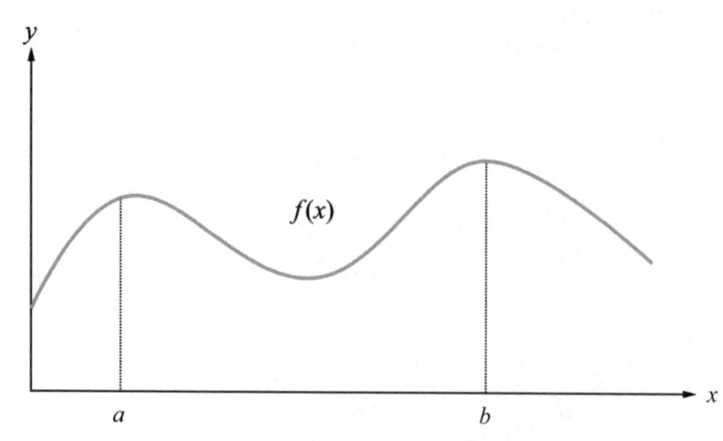

圖 6-5 $\dfrac{\int_a^b f(x)dx}{b-a} = f(c)$

範例 1. 已知 $f(x)=2x^2$，試求一數 c 滿足積分均值定理：$\int_1^2 f(x)\,dx = f(c)(2-1)$。

解 $\int_1^2 2x^2dx = \frac{2}{3}x^3\Big|_1^2 = \frac{2}{3}(8-1) = \frac{14}{3}$

$$\frac{\frac{14}{3}}{2-1} = \frac{14}{3} = 2c^2 \Rightarrow c^2 = \frac{7}{3} \Rightarrow c = \sqrt{\frac{7}{3}}$$ （負不合）

接下來，我們來看一些定積分求取面積的幾何問題。

範例 2. 求函數 $f(x)=x^2+1$ 在區間 [−1, 2] 和 x 軸圍起來的面積；並求取滿足積分均值定理的 c。

解 先將本題做圖如下：

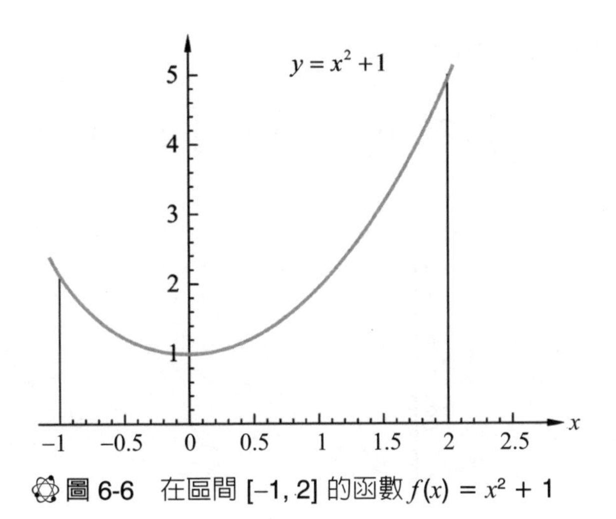

圖 6-6　在區間 [−1, 2] 的函數 $f(x) = x^2 + 1$

由圖 6-6，我們可以知道欲求之面積，定積分如下：

(1) $\int_{-1}^{2} (x^2+1)dx = (\frac{1}{3}x^3 + x)\Big|_{-1}^{2} = (\frac{2^3}{3}+2) - (\frac{(-1)^3}{3}+(-1)) = 6$

(2) $\frac{\int_{-1}^{2} (x^2+1)\,dx}{2-(-1)} = \frac{6}{3} = 2$，故 $c = \pm 1$。

這題告訴我們，滿足積分均值定理的 $c = \pm 1$，發生在端點。

範例 3.　求函數 $f(x) = 2x+1$ 和 $g(x) = x^2+1$ 圍起來的面積。

解　如圖 6-7，這塊面積就是兩條線的交集，可以定積分表示如下：

$$\int_a^b [f(x) - g(x)]\,dx$$

第 1 步：先求取積分的區間 $[a, b]$，區間 $[a, b]$ 是滿足 $f(x) = g(x)$ 的 x。

$2x+1 = x^2+1 \Rightarrow x = 0$ 或 2

第 2 步：因此定積分可表示成：

$$\int_0^2 [(2x+1)-(x^2+1)]\,dx = \int_0^2 (2x-x^2)\,dx = \frac{4}{3}$$

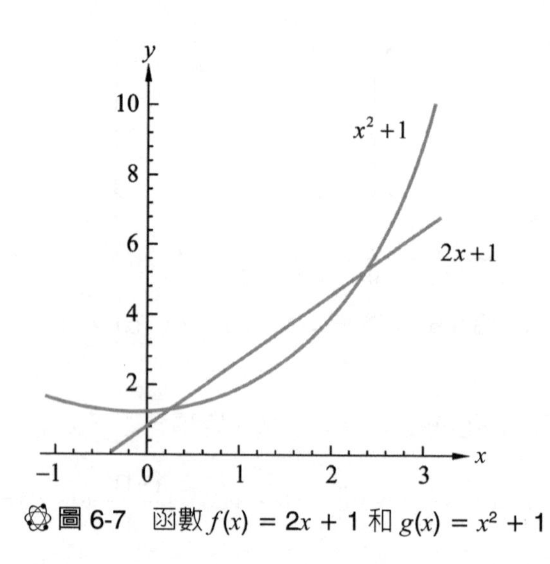

圖 6-7　函數 $f(x) = 2x + 1$ 和 $g(x) = x^2 + 1$

範例 3. 的關鍵在於被積函數是「這個函數減去那個函數」。雖然我們知道要用高的減矮的，但是如果每個問題均需做圖，也太麻煩了。因此，在正式解問題時，我們可以先令兩函數相等，解出 $[a, b]$；然後在其間取一數，分別代入兩函數就可知道。

本節的習題有很多相關問題，同學可以多加練習。下一個例題，我們可觀察另一種問題。

範例 4. 求被函數 $y = x^2 + 2$ 和 $y = x$ 在 $0 \le x \le 1$ 圍起來的面積。

解 先做圖，如圖 6-8。

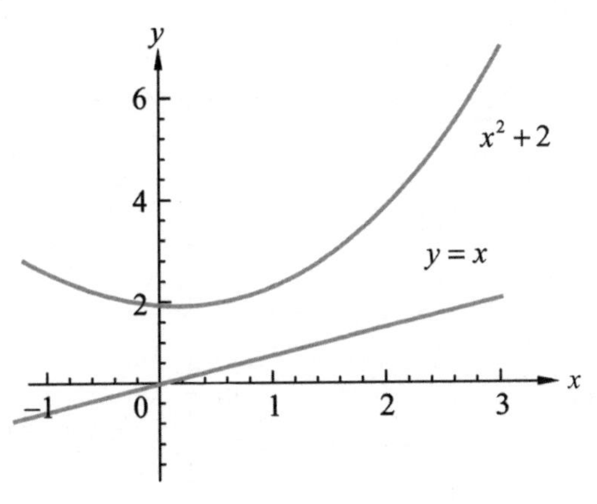

圖 6-8 函數 $y = x^2 + 2$ 和 $y = x$

這塊面積就是兩條線的交集，可以定積分表示成 $\int_a^b [f(x)-g(x)]dx$ 。

故原式 $= \int_0^1 [(x^2+2)-(x)]dx = \int_0^1 (x^2-x+2)dx = \frac{11}{6}$

習題

依題意求所包圍區域的面積

1. $y=x$ ， $y=x^3$ ， $x=0$ ， $x=1$
2. $y=x+2$ ， $y=x^2$
3. $y=x^2-2x$ ， $y=x$
4. $y=x^2-6x$ ， $y=-x$
5. $y=x^2$ ， $y=\sqrt{x}$
6. $y=3$ ， $y=x$ ， $x=0$
7. $y=x^2$ ， $y=x^3$
8. $y=4-x^2$ ， $y=4-4x$

求區間 [−2, 3] 所包圍的面積

9. $f(x)=\begin{cases} x^2, & if \quad x<1 \\ 1, & if \quad x\geq 1 \end{cases}$
10. $f(x)=\begin{cases} 4-x^2, & if \quad x<0 \\ 4, & if \quad x\geq 0 \end{cases}$

依積分均值定理，求函數 y 在特定區間的平均值

11. $y=2x^3$ ； $[-1,1]$
12. $y=e^x$ ； $[0,1]$
13. $y=x^2-x+1$ ； $[0,2]$
14. $y=3x+1$ ； $[2,6]$

15. $y = x^n$ ；[0,1]

習題解答

1. $\frac{1}{4}$
2. $\frac{9}{2}$
3. $\frac{9}{2}$
4. $\frac{125}{6}$
5. $\frac{1}{3}$
6. $\frac{9}{2}$
7. $\frac{1}{12}$
8. $\frac{32}{3}$
9. 5
10. $\frac{52}{3}$
11. 0
12. $e-1$
13. $\frac{4}{3}$
14. 13
15. $\frac{1}{n+1}$

第❼堂課

積分方法：單變數

7.1 變數代換法

和微分一樣，積分的核心是積分方法。以冪函數和指數對數函數爲基礎，積分方法是函數的不同合成型式，需要用到不同的方法。我們先以「變數代換法」來處理「當被積函數是簡單合成函數時」的積分問題。以下以不定積分爲例，說明「變數代換法」的做法，再介紹概念化的定理。

另外，讀者請注意一點：積分的原理是反導函數所定義的四個基本公式（見 6.1），本章所介紹的積分方法是當被積函數不能直接套入基本公式時，將之處理成反導函數基本公式可處理的方法。嚴格來說，可以將之稱爲「被積函數處理方法」。

範例 1. 求 $\int 9(x^2+3x+5)^8(2x+3)dx$。

解 被積函數看似複雜，但是有規律可循。

令 $x^2+3x+5=u$，則 $du=(2x+3)\,dx$。

故原式變化成 u 的函數：

$$\Rightarrow \int 9u^8du = 9\int u^8du = u^9+C \Rightarrow \text{原式} = (x^2+3x+5)^9+C$$

範例 2. 求 $\int x^3e^{x^4+2}dx$。

解 同上題，令 $x^4+2=u$，$4x^3dx=du$。

原式 $=\int\frac{1}{4}e^u du=\frac{1}{4}\int e^u du=\frac{1}{4}e^u+C=\frac{1}{4}e^{x^4+2}+C$

由上述2個例題可以知道，「變數代換」的目的在於簡化「被積函數」的型式。但是，被積函數（integrand）的哪個部分才是正確且有效的被代換項，並沒有數學規則可供檢驗，只能在計算中累積經驗。接下來就介紹「變數代換」。

變數代換法

令 $u=g(x)$，$du=g'(x)dx$，若F為f的反導函數，則

$$\int f(g(x))g'(x)dx=\int f(u)du=F(u)+C=F(g(x))+C$$

範例 3. 求 $\int\sqrt{3x+1}\,dx$。

解 令 $3x+1=u$，則 $3dx=du$。

原式 $\Rightarrow\int\frac{1}{3}\sqrt{u}\,du=\frac{2}{9}(3x+1)^{\frac{3}{2}}+C$

範例 4. 求 $\int e^{-3x}dx$。

解 令 $-3x=u$，則 $-3dx=du$。

原式 $\Rightarrow\int-\frac{1}{3}e^u du=-\frac{1}{3}e^u+C=-\frac{1}{3}e^{-3x}+C$

範例 5. 求 $\int\frac{x}{3x^2+1}dx$。

解 令 $3x^2+1=u$，則 $6xdx=du$。

原式 $\Rightarrow\int\frac{1}{6}\cdot\frac{1}{u}du=\frac{1}{6}\int\frac{1}{u}du=\frac{1}{6}\ln|u|+C=\frac{1}{6}\ln(3x^2+1)+C$

範例 6. 求 $\int\frac{(\ln x)^2}{2x}dx$。

解　令 $\ln x = u$，則 $\frac{1}{x}dx = du$。

原式 $\Rightarrow \int \frac{1}{2}u^2 du = \frac{1}{2}\cdot\frac{1}{3}u^3 + C = \frac{1}{6}u^3 + C = \frac{1}{6}(\ln x)^3 + C$

範例 7.　求 $\int \sqrt[3]{\frac{1-\sqrt[3]{x}}{x^2}}dx$。

解　令 $1-\sqrt[3]{x} = u$，則 $-\frac{1}{3}x^{-\frac{2}{3}}dx = du$。

原式 $\Rightarrow \int \frac{(1-\sqrt[3]{x})^{\frac{1}{3}}}{x^{\frac{2}{3}}}dx = \int (-3)u^{\frac{1}{3}}du = -\frac{9}{4}u^{\frac{4}{3}} + C = -\frac{9}{4}(1-\sqrt[3]{x})^{\frac{4}{3}} + C$

範例 8.　求 $\int \frac{1}{x^4}\sqrt{\frac{x^3+1}{x^3}}dx$。

解　令 $\frac{x^3+1}{x^3} = u \Rightarrow 1+\frac{1}{x^3} = u \Rightarrow -3x^{-4}dx = du \Rightarrow -3\frac{1}{x^4}dx = du$

原式 $\Rightarrow \int -\frac{1}{3}\sqrt{u}du = \int -\frac{1}{3}u^{\frac{1}{2}}du = -\frac{2}{9}u^{\frac{3}{2}} + C = -\frac{2}{9}(\frac{x^3+1}{x^3})^{\frac{3}{2}} + C$

C 為任意常數。

範例 9.　求 $\int \frac{e^{2x}}{e^x+1}dx$。

解　令 $e^x+1 = u$，則 $e^x dx = du$。

原式 $\Rightarrow \int \frac{(e^x)^2}{e^x+1}dx = \int \frac{e^x\cdot e^x}{e^x+1}dx = \int \frac{e^x}{e^x+1}e^x dx = \int \frac{u-1}{u}du = \int du - \int \frac{1}{u}du$

$= u - \ln|u| + C = e^x + 1 - \ln(e^x+1) + C = e^x - \ln(e^x+1) + C'$；$C' = C+1$

範例 10.　求 $\int \frac{1}{x(\ln x)^2}dx$。

解　令 $\ln x = u$，則 $\frac{1}{x}dx = du$。

原式 $\Rightarrow \int \frac{1}{u^2}du = -\frac{1}{u} + C = -\frac{1}{\ln x} + C$

接下來，我們來看一些有關「定積分」的問題。定積分牽涉到被積函數的積分區間，也就是 x 的上界和下界。因此，在「變數代換」時，這個界的值也隨之改變。在不定積分的例子中，我們不須管這些，只要最後將變數還原就好了。但是，在定積分的例子中，我們不還原，而是在換界後直接做出。請看以下例子。

範例 11. 求定積分 $\int_0^4 \frac{x+2}{\sqrt{2x+1}}dx$。

解 令 $u=\sqrt{2x+1}$，則 $u^2=2x+1$，$udu=dx$，且 $x=\frac{1}{2}(u^2-1)$。

（注：令 $u=2x+1$ 也可以，只是演算時較複雜。）

換界，因為 $u=\sqrt{2x+1}$，故 $\begin{cases} x=0 \Rightarrow u=1 \\ x=4 \Rightarrow u=3 \end{cases}$

變數代換：$2\int_1^3 \frac{1}{u}[\frac{1}{2}(u^2-1)+2]udu$

$$=2\int_1^3 (\frac{1}{2}u^2+\frac{3}{2})du=\int_1^3 (u^2+3)du=(\frac{1}{3}u^3+3u)\Big|_1^3=\frac{44}{3}$$

在上面這個例子，我們如果將 u 還原回 x，則不只是「被積函數」須處理，du 也須處理。主要問題來自「定積分」的積分區域是明確定義的，因此爲求簡便，我們往往不還原。

範例 12. 令 Y 代表可支配所得，C 代表消費支出。已知一個四人家庭的邊際消費傾向可用以下函數表示：$\frac{dC}{dY}=\frac{0.96}{(Y-11{,}999)^{0.4}}$，$Y\geq 12{,}000$。求解消費函數 C。

解 $C(Y)=\int \frac{0.96}{(Y-11{,}999)^{0.04}}dY$

令 $u=Y-11{,}999 \Rightarrow du=dY$

原式 $=0.96\int \frac{1}{u^{0.04}}du=0.96\int u^{-0.04}du$

$\therefore u^{0.96} + \overline{Y} = C(Y)$

由 $u = Y - 11,999$，若 $u = 0$，則 $\overline{Y} = 11,999$

故 $C(Y) = (Y - 11,999)^{0.96} + 11,999$

習題

一般函數

1. $\int x^2(x^3+5)^6 dx$
2. $\int x\sqrt{8-4x^2}dx$
3. $\int \frac{1}{\sqrt{2x+1}}dx$
4. $\int (x-\frac{1}{x})^2 dx$
5. $\int \frac{x+1}{\sqrt{x^2+2x+3}}dx$
6. $\int \frac{6x^2+30}{(x^3+15x)^3}dx$
7. $\int (x+1)\sqrt{x^2+2x-7}dx$
8. $\int \sqrt{1-x}dx$
9. $\int \frac{3x^2}{(x^3-1)^4}dx$
10. $\int 5y(2y^2-3)^6 dy$
11. $\int (2t^2+1)^2 dt$
12. $\int 3x^2(x^3-1)^5 dx$
13. $\int \frac{5y}{\sqrt[3]{4-y^2}}dy$
14. $\int \frac{3}{\sqrt{2+3x}}dx$
15. $\int 10y(3y^2+4)^5 dy$
16. $\int \sqrt[3]{2-3x}dx$
17. 令 Y 代表可支配所得，C 代表消費支出。已知一個四人家庭的邊際消費傾向可用以下函數表示：$\frac{dC}{dY} = \frac{0.96}{(Y-12,499)^{0.4}}$，$Y \geq 12,500$。求解消費函數 C。
18. $\int x\sqrt{1-x}dx$
19. $\int \frac{x}{\sqrt{x-1}}dx$
20. $\int \frac{x^3}{(x^4-2)^2}dx$
21. $\int x^2\sqrt{1-x^3}dx$
22. $\int \frac{2x}{\sqrt[3]{5+7x}}dx$
23. $\int 7x\sqrt{5-2x}dx$
24. $\int x^2\sqrt{x+1}dx$
25. $\int \frac{x^2}{\sqrt{x+1}}dx$

指數對數函數的積分

26. $\int \frac{e^{\frac{1}{x+1}}}{(x+1)^2}dx$

27. $\int \frac{e^{\sqrt{x}}}{\sqrt{x}}dx$

28. $\int 19e^{\frac{-t}{5}}dt$

29. $\int \frac{e^x}{\sqrt{e^x+1}}dx$

30. $\int \frac{1}{x^2e^{\frac{2}{x}}}dx$

31. $\int \frac{e^{\sqrt{x+1}}}{\sqrt{x+1}}dx$

32. $\int \frac{2x}{3x^2+4}dx$

33. $\int e^x\sqrt{1+e^x}dx$

解定積分

34. $\int_0^1 x\sqrt{1-x^2}dx$

35. $\int_1^2 x(1-x^2)^2dx$

36. $\int_0^1 \frac{x}{(1+2x^2)^3}dx$

37. $\int_{-1}^1 |x|dx$

38. $\int_0^3 |x-2|dx$

39. $\int_1^{\sqrt{e}} \frac{2x}{x^2}dx$

40. $\int_2^{e+1} \frac{1}{x-1}dx$

習題解答

1. $\frac{1}{21}(x^3+5)^7+C$

2. $-\frac{1}{12}(8-4x^2)^{\frac{3}{2}}+C$

3. $\sqrt{2x+1}+C$

4. $\frac{x^3}{3}-2x-\frac{1}{x}+C$

5. $\sqrt{x^2+2x+3}+C$

6. $\frac{-1}{(x^3+15x)^2}+C$

7. $\frac{1}{3}(x^2+2x-7)^{\frac{3}{2}}+C$

8. $-\frac{2}{3}(1-x)^{\frac{3}{2}}+C$

9. $-\frac{1}{3(x^3-1)^3}+C$

10. $\frac{5}{28}(2y^2-3)^7+C$

11. $\frac{4}{5}t^5+\frac{4}{3}t^3+t+C$

12. $\frac{1}{6}(x^3-1)^6+C$

13. $\frac{-15(4-y^2)^{\frac{2}{3}}}{4}+C$

14. $2\sqrt{2+3x}+C$

15. $\frac{5}{18}(3y^2+4)^6+C$

16. $-\frac{1}{4}(2-3x)^{\frac{4}{3}}+C$

17. $C=(Y-12,499)^{0.96}+12,499$

18. $-\frac{2}{15}(2+3x)(1-x)^{\frac{3}{2}}+C$

19. $\frac{2}{3}\sqrt{x-1}(x+2)+C$

20. $\frac{-1}{4(x^4-2)}+C$

21. $-\frac{2}{9}(1-x^3)^{\frac{3}{2}}+C$

22. $\frac{3}{245}(7x+5)^{\frac{2}{3}}(14x-15)+C$

23. $-\frac{7}{15}(3x+5)(5-2x)^{\frac{3}{2}}+C$

24. $\frac{2}{105}(x+1)^{\frac{3}{2}}(15x^2-12x+8)+C$

25. $\frac{2}{15}\sqrt{x+1}(3x^2-4x+8)+C$

26. $-e^{\frac{1}{x+1}}+C$

27. $2e^{\sqrt{x}}+C$

28. $-95e^{-\frac{t}{5}}+C$

29. $2\sqrt{e^x+1}+C$

30. $\frac{1}{2}e^{\frac{-2}{x}}+C$

31. $2e^{\sqrt{x+1}}+C$

32. $\frac{1}{3}\ln(3x^2+4)+C$

33. $\frac{2}{3}(1+e^x)^{\frac{3}{2}}+C$

34. $\frac{1}{3}$

35. $\frac{9}{2}$

36. $\frac{1}{9}$

37. 1

38. $\frac{5}{2}$

39. 1

40. 1

7.2 分部積分

這節要介紹第二個積分技巧——「分部積分」（integration by parts）。被積函數是兩個函數（或以上）的乘積，且無法利用「代換法」處理時，我們可以嘗試利用「分部積分法」。技巧說明如下：

令兩個函數 u、v 均是 x 的函數（也就是說 $u=u(x)$，$v=v(x)$）。

$$D_x(u\cdot v)=u\cdot\frac{dv}{dx}+v\cdot\frac{du}{dx} \qquad \text{乘積法則}$$

$$\int D_x(u\cdot v)dx=\int u\cdot\frac{dv}{dx}dx+\int v\cdot\frac{du}{dx}dx \qquad \text{對左右式積分}$$

$$uv=\int udv+\int vdu \qquad \text{移項重寫}$$

$$\Rightarrow \int udv=uv-\int vdu$$

這就是「分部積分法」的關鍵：當被積函數可分解成 u 和 dv 兩部分，則求出 u 和 v 就可以求出積分。而且 $\int vdu$ 這個積分會化簡成很方便處理的積分。

分部積分有兩個經驗法則：

(1) 令 dv 是被積函數中最複雜的部分，且能套用基本積分技巧。u 則是剩下的部分。

(2) 令 u 是被積函數中，微分型式最簡潔的部分，dv 則是剩下的部分。

爲了讓此節的學習有較完整的系統性，本節將分部積分的基本題型分爲四種型式：

型一、$\int x^n(a^x)^m\,dx=\int x^n a^{mx}dx$　n 為正整數（Z^+），$m\in R$，a 滿足指數函數定義

這一型的分部方法是：令 $u=x^n$，$dv=a^{mx}dx$。然後做 n 次分部。

範例 1. 求不定積分 $\int xe^x dx$。

解 令 $u=x$，則 $du=dx$。

$dv=e^x dx$，則 $\int dv=\int e^x dx \Rightarrow v=e^x$

原式 $\Rightarrow \int xe^x dx = x \cdot e^x - \int e^x dx = xe^x - e^x + C$

範例 2. 求 $\int x^2 e^x dx$。

解 令 $u = x^2$，$du = 2xdx$。

$dv = e^x dx \Rightarrow \int dv = \int e^x dx \Rightarrow v = e^x$

原式 $\Rightarrow \int x^2 e^x dx = x^2 e^x - \int 2xe^x dx = x^2 e^x - 2\int xe^x dx + C$

要注意 $\int xe^x dx$ 不能用「變數代換法」做，由本節範例 1 可知，必須用分部積分來解。我們直接引用範例 1 的結果。

$$\text{原式} \Rightarrow \int x^2 e^x dx = x^2 e^x - 2(xe^x - e^x) + C$$
$$= e^x (x^2 - 2x + 2) + C$$

注：當問題需要做兩次分部積分時，兩次的分解必須一致。以本範例來說，第一次分部時：$u = x^2$，$dv = e^x dx$；第二次分部時（範例 1）：$u = x$，$dv = e^x dx$，這就是一致。雖然 u 不同，但這是自然的（因爲運算過）。如果我們在第二次分部時將其交換，則會還原到原來題目。同學可自行確認。

範例 3. 求 $\int x^2 e^{2x} dx$。

解 令 $u = x^2$，$du = 2xdx$。

$dv = e^{2x} dx \Leftrightarrow \int dv = \int e^{2x} dx \Rightarrow v = \frac{1}{2} e^{2x}$

原式 $\Rightarrow \int x^2 e^{2x} dx = \frac{1}{2} x^2 e^{2x} - \int \frac{1}{2} \cdot 2xe^{2x} dx = \frac{1}{2} x^2 e^{2x} - \int xe^{2x} dx$

對 $\int xe^{2x} dx$ 再用一次分部積分。

令 $u = x$，$du = dx$。

$dv = e^{2x} dx \Rightarrow v = \frac{1}{2} e^{2x}$

原式 $\Rightarrow \int xe^{2x}dx = \frac{1}{2}xe^{2x} - \frac{1}{2}\int e^{2x}dx = \frac{1}{2}xe^{2x} - \frac{1}{2}\cdot\frac{1}{2}e^{2x} + C$

$$= \frac{1}{2}xe^{2x} - \frac{1}{4}e^{2x} + C$$

合併兩式：

原式 $\Rightarrow \int x^2e^{2x}dx = \frac{1}{2}x^2e^{2x} - \frac{1}{2}xe^{2x} + \frac{1}{4}e^{2x} + C$

分部積分在定積分問題時會有比較多的情形，但我們以原則解題。

型二、$\int x^n(\log_a x)^m dx$ m、n、a 皆為正整數（Z^+）

這一型的分部方法是：令 $u = (\log_a x)^m$ ，$dv = x^n dx$ 。然後進行 m 次分部積分。

範例 4. 求不定積分 $\int \ln x dx$ 。

解 令 $u = \ln x$，則 $du = \frac{1}{x}dx$ 。

$dv = dx \Rightarrow v = x$

原式 $\Rightarrow \int \ln x dx = x\ln x - \int x\cdot\frac{1}{x}dx = x\ln x - \int dx = x\ln x - x + C$

範例 5. 求不定積分 $\int x^2 \ln x dx$ 。

解 令 $u = \ln x$，則 $du = \frac{1}{x}dx$ 。

$dv = x^2dx \Rightarrow \int dv = \int x^2dx \Rightarrow v = \frac{1}{3}x^3$

原式 $\Rightarrow \int x^2\ln x dx = \frac{1}{3}x^3\ln x - \int \frac{1}{3}x^3\cdot\frac{1}{x}dx$

$$= \frac{1}{3}x^3\ln x - \frac{1}{3}\int x^2dx$$

$$= \frac{1}{3}x^3\ln x - \frac{1}{9}x^3 + C$$

範例 6. 求定積分 $\int_2^6 x\ln(2x-3)dx$ 。

解 第 1 步：求不定積分 $\int x\ln(2x-3)dx$ 。

令 $u=\ln(2x-3)$ ， $du=\dfrac{2}{2x-3}dx$

$dv=xdx$ ， $v=\dfrac{1}{2}x^2$

$$\text{原式}\Rightarrow\int x\ln(2x-3)dx=\frac{1}{2}x^2\ln(2x-3)-\int\frac{x^2}{2x-3}dx$$
$$=\frac{1}{2}x^2\ln(2x-3)-\int(\frac{1}{2}x+\frac{3}{4}+\frac{9}{4}\frac{1}{2x-3})dx$$
$$=\frac{1}{2}x^2\ln(2x-3)-(\frac{1}{4}x^2+\frac{3}{4}x+\frac{9}{4}\int\frac{1}{2x-3}dx)$$

用變數代換法求 $\int\dfrac{1}{2x-3}dx$ 。

令 $2x-3=u$，$2xdx=du$

$$\text{故此式}\Rightarrow\int\frac{1}{2x-3}dx=\frac{1}{2}\int\frac{1}{u}du=\frac{1}{2}\ln u+C=\frac{1}{2}\ln(2x-3)+C$$

合併兩式 $\int x\ln(2x-3)dx$

$$=\frac{1}{2}x^2\ln(2x-3)-\frac{1}{4}x^2-\frac{3}{4}x-\frac{9}{8}\ln(2x-3)+C$$

第 2 步：代入定積分求值。

$$(\frac{1}{2}x^2\ln(2x-3)-\frac{1}{4}x^2-\frac{3}{4}x-\frac{9}{8}\ln(2x-3))\Big|_2^6$$
$$=\frac{135}{8}\ln 9-\frac{27}{2}+\frac{5}{2}=\frac{135}{8}\ln 9-11$$

型三、$\int x^n\sqrt[m]{ax+bdx}$　m、n 皆為正整數（Z^+）；$a,\ b\in R$

這一型的分部方法是：令 $u=x^n$ ，$dv=(ax+b)^{1/m}dx$ ，然後再進行 n 次分部和兩次代換。不過這一型也可以用代換法直接解答。我們看下面的例子。

範例 7. 求 $\int x\sqrt{5-x}dx$。

解 這一題我們用「分部積分法」和「變數代換法」來解答，並比較這兩種方法。

分部積分法：

令 $u=x \Rightarrow du=dx$

$$dv=\sqrt{5-x}dx \Rightarrow \int dv=\int \sqrt{5-x}dx \Leftrightarrow v=-\frac{2}{3}(5-x)^{\frac{3}{2}}$$

$$\text{原式} \Rightarrow \int x\sqrt{5-x}dx =-\frac{2}{3}x(5-x)^{\frac{3}{2}}+\int \frac{2}{3}(5-x)^{\frac{3}{2}}dx$$

$$=-\frac{2}{3}x(5-x)^{\frac{3}{2}}-\frac{4}{15}(5-x)^{\frac{5}{2}}+C$$

（用變數代換法求未變）

變數代換法：

令 $u=5-x$，$du=-dx$，且 $x=5-u$

$$\text{原式} \Rightarrow -\int (5-u)\sqrt{u}du=-\int (5u^{\frac{1}{2}}-u^{\frac{3}{2}})du=-\frac{10}{3}u^{\frac{3}{2}}+\frac{2}{5}u^{\frac{5}{2}}+C$$

$$=-\frac{10}{3}(5-x)^{\frac{3}{2}}+\frac{2}{5}(5-x)^{\frac{5}{2}}+C$$

上面兩個方法得出的結果看起來不一樣，但加以處理後，就知道它們其實是一樣的。

$$-\frac{2}{3}x(5-x)^{\frac{3}{2}}-\frac{4}{15}(5-x)^{\frac{5}{2}}=(5-x)^{\frac{3}{2}}[-\frac{2x}{3}-\frac{4}{15}(5-x)]$$

$$=(5-x)^{\frac{3}{2}}(-\frac{4}{3}-\frac{10x}{15}+\frac{4x}{15})=(5-x)^{\frac{3}{2}}(-\frac{4}{3}-\frac{2x}{5})$$

$$=(5-x)^{\frac{3}{2}}[-\frac{10}{3}+\frac{2}{5}(5-x)]=-\frac{10}{3}(5-x)^{\frac{3}{2}}+\frac{2}{5}(5-x)^{\frac{5}{2}}$$

這個例題告訴我們，可以用「變數代換」解出的積分，就不要用「分部積分法」來解。因爲「分部」時，dv 的積分往往較易做錯。但是，如果題目要求要使用分部積分，則代換法可以協助運算以確認答案。

型四、$\int \frac{xe^{ax}}{(1+ax)^2}dx \quad a\in R$

這一型分部法：令 $u=xe^{ax}$，$dv=\frac{1}{(1+ax)^2}dx$。

範例 8. 求不定積分 $\int \frac{xe^{x}}{(1+x)^2}dx$。

解　令 $u=xe^{x}$，則 $du=(e^{x}+xe^{x})dx$。

$$dv=\frac{1}{(1+x)^2}dx \Rightarrow \int dv=\int \frac{1}{(1+x)^2}dx \Rightarrow v=-\frac{1}{1+x}$$

$$\text{原式} \Rightarrow \int \frac{xe^{x}}{(1+x)^2}dx=-\frac{x}{1+x}e^{x}-\int \frac{-1}{1+x}(e^{x}+xe^{x})dx$$

$$=-\frac{x}{1+x}e^{x}+\int e^{x}dx=-\frac{x}{1+x}e^{x}+e^{x}+C=\frac{e^{x}}{1+x}+C$$

範例 9. 求不定積分 $\int \frac{xe^{-2x}}{(1-2x)^2}dx$。

解　令 $u=xe^{-2x}$，則 $du=e^{-2x}+(-2)xe^{-2x}=e^{-2x}(1-2x)dx$。

$$dv=\frac{1}{(1-2x)^2}dx \Rightarrow \int dv=\int \frac{1}{(1-2x)^2}dx \Rightarrow v=\frac{1}{2(1-2x)}$$

$$\text{原式} \Rightarrow \int \frac{xe^{-2x}}{(1-2x)^2}dx=\frac{x}{2(1-2x)}e^{-2x}-\frac{1}{2}\int \frac{1}{1-2x}e^{-2x}(1-2x)dx$$

$$=\frac{x}{2(1-2x)}e^{-2x}-\frac{1}{2}\int e^{-2x}dx=\frac{xe^{-2x}}{2(1-2x)}+\frac{1}{4}e^{-2x}+C$$

最後，我們介紹一些簡單應用。

範例 10. 令某公司的每月收入可表示成函數 $R(t)=4t^2e^{-\frac{t}{2}}+50$，$R$ 代表仟元，t 代表時間。請求第一季的平均月收入 $(0\le t\le 4)$。

解 $R_{ave}=\dfrac{\int_0^4 R(t)dt}{4-0}$

求解分子：$\int_0^4 R(t)dt=\int_0^4(4t^2e^{-\frac{t}{2}}+50)dt=4\int_0^4 t^2e^{-\frac{t}{2}}dt+\int_0^4 50dt$

因為 $\int_0^4 50dt=200$，我們利用分部積分求前項 $4\int_0^4 t^2e^{-\frac{t}{2}}dt$ 。

令 $u=t^2\ \Rightarrow du=2tdt$

$dv=e^{-\frac{1}{2}t}dt\ \Rightarrow v=-2e^{-\frac{1}{2}t}$

$$4\int_0^4 t^2e^{-\frac{t}{2}}dt=-8t^2e^{-\frac{1}{2}t}\Big|_0^4-4\int_0^4-4te^{-\frac{1}{2}t}dt$$

$$=-8t^2e^{-\frac{1}{2}t}\Big|_0^4+16\int_0^4 te^{-\frac{1}{2}t}dt$$

再做一次分部積分於 $\int_0^4 te^{-\frac{1}{2}t}dt$ 。

令 $u=t$，$du=dt$

$dv=e^{-\frac{1}{2}t}dt$，$v=-2e^{-\frac{1}{2}t}dt$

故 $16\int_0^4 te^{-\frac{1}{2}t}dt=-32te^{-\frac{1}{2}t}\Big|_0^4+32\int_0^4 e^{-\frac{1}{2}t}dt=-32te^{-\frac{1}{2}t}\Big|_0^4+32(-2)e^{-\frac{1}{2}t}\Big|_0^4$

合併：$R_{ave}=\dfrac{(-8t^2e^{-\frac{1}{2}t}-32te^{-\frac{1}{2}t}-64e^{-\frac{1}{2}t})\Big|_0^4+200}{4}\approx 55.17$

範例 11. 令某公司的邊際成本函數為 $MC(q)=4q\sqrt{q+3}$，已知當產量為 13 單位時，總成本為 \$1,126.4，求總成本函數。

解 令總成本函數為 $C(q)$，

故 $C(q)=\int 4q\sqrt{q+3}dq$。

令 $u=4q \Rightarrow du=4dq$

$dv=\sqrt{q+3}dq \Rightarrow v=\frac{2}{3}(q+3)^{\frac{3}{2}}$

原式：$\frac{8}{3}q(q+3)^{\frac{3}{2}}-\frac{8}{3}\int(q+3)^{\frac{3}{2}}dq=\frac{8}{3}q(q+3)^{\frac{3}{2}}-\frac{16}{15}(q+3)^{\frac{5}{2}}+C$

已知 $C(13)=1{,}126.4$，利用它求上式常數 C，得之為 $C=0$。

故 $C(q)=\frac{8}{3}q(q+3)^{\frac{3}{2}}-\frac{16}{15}(q+3)^{\frac{5}{2}}$

習題

型一：$\int x^n(a^x)^m dx=\int x^n a^{mx}dx$

1. $\int xe^{2x}dx$
2. $\int xe^{5x}dx$
3. $\int xe^{-2x}dx$
4. $\int xe^{x^2}dx$
5. $\int x^2e^{3x}dx$

型二：$\int x^n(\log_a x)^m dx$

6. $\int \ln 3t dt$
7. $\int (\ln x)^8 dx$
8. $\int x\ln x dx$
9. $\int \sqrt{x}\ln x dx$
10. $\int x^3\ln x dx$
11. $\int_1^e \ln(2x)dx$
12. $\int_0^1 \ln(1+2x)dx$

型三：$\int x^n\sqrt[m]{ax+b}dx$

13. $\int \frac{x}{\sqrt{2+3x}}dx$

型四：$\int \frac{xe^{ax}}{(1+ax)^2}dx$

14. $\int \frac{xe^{2x}}{(1+2x)^2}dx$

15. $\int \frac{x^3e^{x^2}}{(x^2+1)^2}dx$

應用：

16. 令所得函數可表示爲：$Y(t)=1{,}000+60e^{\frac{t}{2}}$，$t$ 代表時間。求當年利率爲 10% 時，8 年所得金額的現值。

17. 令收益函數可表示爲：$R(t)=1{,}000+60e^{\frac{t}{2}}$，$t$ 代表時間。求當年利率爲 10% 時，6 年收益金額的現值。

18. 令支出函數可表示爲：$Z(t)=1{,}000+60e^{\frac{t}{2}}$，$t$ 代表時間。求當年利率爲 10% 時，15 年支出金額的現值。

19. 令函數 $R(t)=90{,}000t$ 代表某超商在未來 10 年的營業收益，t 代表時間且 $0\le t\le 10$。求當年利率爲 9% 時，10 年所得的現值。

習題解答

1. $\frac{e^{2x}}{4}(2x-1)+C$

2. $\frac{1}{25}e^{5x}(5x-1)+C$

3. $-\frac{1}{4}e^{-2x}(2x+1)+C$

4. $\frac{1}{2}e^{x^2}+C$

5. $\frac{e^{3x}}{3}(x^2-\frac{2}{3}x+\frac{2}{9})+C$

6. $t\ln 3t-t+C$

7. $x(\ln x)^8-8\int(\ln x)^7dx$

8. $\frac{x^2}{4}(2\ln x-1)+C$

9. $\frac{2}{3}x^{\frac{3}{2}}\ln x-\frac{4}{9}x^{\frac{3}{2}}+C$

10. $\frac{1}{4}x^4\ln x-\frac{1}{16}x^4+C$

11. $e\ln 2-\ln 2+1$

12. $\frac{3}{2}\ln 3-1\approx 0.648$

13. $\frac{2}{27}\sqrt{2+3x}(3x-4)+C$

14. $\frac{e^{2x}}{4(2x+1)}+C$

15. $\frac{e^{x^2}}{2(x^2+1)}+C$

16. \$9,036.59

17. \$6,015.35

18. \$68,133.02

19. \$252,797

7.3 部分分式

所有的有理函數只要能分解成數個質因式的加總，則稱這個有理函數爲部分分式（partial fractions）。當被積函數是部分分式時，我們則利用「部分分式法」或「配方法」。

型一、基本型：分母為不重複一次因式

範例 1. 求積分 $\int \frac{5x-3}{x^2-2x-3}dx$ 。

解　被積函數為一有理函數，且有如下性質：

$$\frac{5x-3}{x^2-2x-3}=\frac{5x-3}{(x+1)(x-3)}=\frac{A}{x+1}+\frac{B}{x-3}$$

因此，部分分式的關鍵在於求出 A、B，為求簡潔，重寫如下：

$$\frac{5x-3}{(x+1)(x-3)}=\frac{A}{x+1}+\frac{B}{x-3}$$

將右式通分後，和左式分子比較係數：

$$5x-3=A(x-3)+B(x+1)=(A+B)x-3A+B$$

依上式，得聯立方程式：

$$\left.\begin{aligned}A+B=5\\-3A+B=-3\end{aligned}\right\}\Rightarrow A=2,\ B=3$$

原式：$\int \frac{5x-3}{x^2-2x-3}dx=\int (\frac{2}{x+1}+\frac{3}{x-3})dx=\int \frac{2}{x+1}dx+\int \frac{3}{x-3}dx$

（變數代換）$=2\ln|x+1|+3\ln|x-3|+C$

由上可知，可以用部分分式法分解的有理函數，分母一定比分子「高次」。

型二、被積函數的分母為重複的一次因式

範例 2. 求積分 $\int \frac{6x+7}{(x+2)^2}dx$，分母為重複的一次因式。

解 第 1 步：分解

$$\frac{6x+7}{(x+2)^2} = \frac{A}{x+2} + \frac{B}{(x+2)^2}$$

通分後右式分子：$A(x+2)+B = Ax+(2A+B)$

和左式分子比較係數 $\begin{cases} A=6 \\ 2A+B=7 \end{cases} \Rightarrow B=-5$

第 2 步：原式 $\Rightarrow \int \frac{6x+7}{(x+2)^2}dx = \int \frac{6}{x+2}dx - \int \frac{5}{(x+2)^2}dx$

$$= 6\int \frac{1}{x+2}dx - 5\int \frac{1}{(x+2)^2}dx$$

$$= 6\ln|x+2| + 5(x+2)^{-1} + C$$

型三、被積函數需用長除法處理

範例 3. 求積分 $\int \frac{2x^3-4x^2-x-3}{x^2-2x-3}dx$。

解 利用長除法，被積函數可分解成 $2x + \frac{5x-3}{x^2-2x-3}$。

原式：$\int (2x + \frac{5x-3}{x^2-2x-3})dx = \int 2xdx + \int \frac{5x-3}{x^2-2x-3}dx$

由例 1 得知 $x^2 + 2\ln|x+1| + 3\ln|x-3| + C$

型四、混合型

範例 4. 求積分 $\int \frac{3x^3-18x^2+29x-4}{(x+1)(x-2)^3}dx$。

解 被積函數可以分解如下：

$$\frac{3x^3-18x^2+29x-4}{(x+1)(x-2)^3} = \frac{A}{x+1} + \frac{B}{x-2} + \frac{C}{(x-2)^2} + \frac{D}{(x-2)^3}$$

通分後右式分子：

$$A(x-2)^3+B(x+1)(x-2)^2+C(x+1)(x-2)+D(x+1)$$
$$=A(x^3-6x^2+12x-8)+B(x^3-3x^2+4)+C(x^2-x-2)+D(x+1)$$
$$=(A+B)\,x^3+(-6A-3B+C)x^2+(12A-C+D)x+(-8A+4B-2C+D)$$

和左式分子比較係數：

$$\left.\begin{aligned} A+B&=3\\ -6A-3B+C&=-18\\ 12A-C+D&=29\\ -8A+4B-2C+D&=-4\end{aligned}\right\}\Rightarrow A=2,\ B=1,\ C=-3,\ D=2$$

原式：$\int(\frac{2}{x+1}+\frac{1}{x-2}+\frac{-3}{(x-2)^2}+\frac{2}{(x-2)^3})\,dx$

$$=2\int\frac{1}{x+1}dx+\int\frac{1}{x-2}dx-3\int\frac{1}{(x-2)^2}dx+2\int\frac{1}{(x-2)^3}dx$$
$$=2\ln|x+1|+\ln|x-2|+\frac{3}{x-2}+\frac{1}{(x-2)^2}+C$$

型五、分母含不重複之二次質因式

範例 5. 求 $\int\frac{8+9(\ln x)^2}{x(\ln x)^3+x\ln x}dx$ 。

解　第 1 步：以 $\ln x=u$ 應用代換法化簡： $du=\frac{1}{x}dx$

原式： $\int\frac{8+9u^2}{u(u^2+1)}du\Rightarrow\frac{8+9u^2}{u(u^2+1)}=\frac{A}{u}+\frac{Bu+C}{u^2+1}$

$Au^2+A+Bu^2+Cu=(\mathrm{A}+B)\,u^2+Cu+A$ ，

故 $\begin{cases}A+B=9\\ A=8,C=0,B=1\end{cases}$

原式： $\int\frac{8+9u^2}{u(u^2+1)}du=\int\frac{8}{u}du+\int\frac{u}{u^2+1}du$

因 $\int\frac{8}{u}du=8\ln|u|=8\ln|\ln x|$ ，我們處理第二項。

第 2 步：再代換一次求 $\int \frac{u}{u^2+1}du$

令 $w=u^2+1$，$dw=2udu$。

原式 $=\frac{1}{2}\int \frac{1}{u^2+1}2udu=\frac{1}{2}\int \frac{1}{w}dw=\frac{1}{2}\ln|w|=\frac{1}{2}[(\ln x)^2+1]$

合併：$8\ln|\ln x|+\frac{1}{2}[(\ln x)^2+1]$

習題

求部分分式積分

1. $\int \frac{1}{t^2-9}dt$
2. $\int \frac{12}{9-4x^2}dx$
3. $\int \frac{6}{x^2-25}dx$
4. $\int \frac{10}{16-25x^2}dx$
5. $\int \frac{9}{x^2-81}dx$
6. $\int \frac{x+1}{x^2+4x+3}dx$
7. $\int \frac{16}{x^2-16}dx$
8. $\int \frac{2}{(x+2)^2(2-x)}dx$
9. $\int \frac{8+9(\ln x)^2}{x(\ln x)^3+x\ln x}dx$
10. $\int \frac{1}{x\sqrt{x+25}}dx$（提示：$u=\sqrt{x+25}$）
11. $\int \frac{3+10(\ln x)^2}{x(\ln x)^3+x\ln x}dx$
12. $\int \frac{7+11(\ln x)^2}{x(\ln x)^3+x\ln x}dx$

習題解答

1. $\frac{1}{6}\ln\left|\frac{t-3}{t+3}\right|+C$
2. $\ln\left|\frac{3+2x}{3-2x}\right|+C$
3. $\frac{3}{5}\ln\left|\frac{x-5}{x+5}\right|+C$
4. $\frac{1}{4}\ln\left|\frac{4+5x}{4-5x}\right|+C$
5. $\ln\sqrt{\frac{x-9}{x+9}}+C$
6. $\ln|x+3|+C$
7. $2\ln\left|\frac{x-4}{x+4}\right|+C$
8. $\frac{1}{8}\ln\left|\frac{x+2}{2-x}\right|-\frac{1}{2(x+2)}+C$

9. $8\ln|\ln x|+\frac{1}{2}\ln[(\ln x)^2+1]+C$

10. $\frac{1}{5}\ln\left|\frac{\sqrt{x+25}-5}{\sqrt{x+25}+5}\right|+C$（提示：$u=\sqrt{x+25}$）

11. $3\ln|\ln x|+\frac{7}{2}\ln[(\ln x)^2+1]+C$

12. $7\ln|\ln x|+2\ln[(\ln x)^2+1]+C$

第 8 堂課

多變數重積分

偏積分和多重積分

多重積分就如同多變量函數在微分的問題一樣。以二重積分爲例，其型式如下：

$$\int_c^d \int_a^b f(x, y)\, dxdy = \int_a^b \int_c^d f(x, y) dydx$$

多重積分的處理原則是由內向外逐次做積分。每一層積分均只對一個變數，故也稱偏積分。

範例 1. 求二重積分 $\int_3^6 \int_{-1}^2 10xy^2 dxdy$ 。

解 $\int_3^6 \int_{-1}^2 10xy^2 dxdy = \int_3^6 (\int_{-1}^2 10xy^2 dx)dy$

$$= \int_3^6 (5x^2y^2 \Big|_{-1}^{2})dy$$

$$= \int_3^6 15y^2 dy = 5y^3 \Big|_3^6 = 945$$

由例 1 可以知道，多變數函數的積分，基本上就是偏積分的運算。因此，不論是幾重積分，做法都是由內向外積分。

範例 2. 求積分 $\int_0^1\int_{x^2}^{x} xy^2dydx$ 。

解 $\int_0^1 (\int_{x^2}^{x} xy^2dy)\,dx = \int_0^1 (\frac{1}{3}xy^3\Big|_{x^2}^{x})\,dx = \int_0^1 [\frac{1}{3}x\,(x^3 - x^6)\,]\,dx = \int_0^1 \frac{1}{3}(x^4 - x^7)dx$

$$= \frac{1}{3}(\frac{1}{5}x^5 - \frac{1}{8}x^8)\Big|_0^1 = \frac{1}{40}$$

範例 3. 求積分 $\int_0^1\int_0^1 ye^{y^2-x}dydx$ 。

解 $\int_0^1 (\int_0^1 ye^{y^2-x}dy)\,dx$

因為 $\int_0^1 ye^{y^2-x}dy$ 這個積分需要用變數變換，故為求簡潔，我們分開做：

令 $u = y^2 - x$ ，$du = 2ydy$ ，換界 $\begin{cases} y = 0 \Rightarrow u = -x \\ y = 1 \Rightarrow u = 1 - x \end{cases}$

$$\Rightarrow \frac{1}{2}\int_0^1 e^{y^2-x}2ydy = \frac{1}{2}\int_{-x}^{1-x} e^u du = \frac{1}{2}e^u\Big|_{-x}^{1-x} = \frac{1}{2}(e^{1-x} - e^{-x})$$

併入原式：$\frac{1}{2}\int_0^1 (e^{1-x} - e^{-x})dx = \frac{1}{2}(\int_0^1 e^{1-x}dx - \int_0^1 e^{-x}dx) = \frac{1}{2}(-e^{1-x}\Big|_0^1 + e^{-x}\Big|_0^1)$

$$= \frac{1}{2}(e + \frac{1}{e} - 2)$$

範例 4. 求積分 $\int_e^{e^2}\int_0^{\frac{1}{x}} \ln xdydx$ 。

解 $\int_e^{e^2} (\int_0^{\frac{1}{x}} \ln xdy)dx = \int_e^{e^2} (y\ln x\Big|_0^{\frac{1}{x}})dx = \int_e^{e^2} \frac{1}{x}\ln xdx$

令 $\ln x = u$ ，$du = \frac{1}{x}dx$ ，換界 $\begin{cases} x = e \Rightarrow u = 1 \\ x = e^2 \Rightarrow u = 2 \end{cases}$

原式：$\int_e^{e^2} \ln x \cdot \frac{1}{x}dx = \int_1^2 udu = \frac{1}{2}u^2\Big|_1^2 = \frac{1}{2}(2^2 - 1^2) = \frac{3}{2}$

範例 5. 求積分 $\int_1^2\int_0^1 xye^{x^2y}dxdy$ 。

解 $\int_1^2 y\,(\int_0^1 xe^{x^2y}dx)\,dy$

先處理 $\int_0^1 xe^{x^2y}dx$

令 $u=x^2y$ ，$du=2xydx$ ，換界 $\begin{cases} x=0\Rightarrow u=0 \\ x=1\Rightarrow u=y \end{cases}$

故 $\frac{1}{2}\int_0^1 e^{x^2y}2xydx=\frac{1}{2}\int_0^y e^u du=\frac{1}{2}e^u\Big|_0^y=\frac{1}{2}(e^y-1)$

併入原式：$\frac{1}{2}\int_1^2(e^y-1)dy=\frac{1}{2}(\int_1^2 e^y dy-\int_1^2 dy)=\frac{1}{2}(e^2-e-1)$

面積問題

用雙重積分來求取面積時，其中較技術性的是「更換積分次序時，換界的問題」。例如：我們考慮一個平面上的區域 R，被以下條件所包圍：

$$a\le x\le b$$
$$f_1(x)\le y\le f_2(x)$$

由先前單變數積分的技巧可知，面積 R 可表示如下：

$$R=\int_a^b\left[f_2(x)-f_1(x)\right]dx$$

改寫成二重積分時，表示成：$R=\int_a^b\int_{f_1(x)}^{f_2(x)}dydx$ 。

因此，我們歸納出一個重點：以二重積分求面積時，沒有被積函數。

我們利用圖 8-1 來說明兩個方法在幾何上的意義。

以圖 8-1 而言，$R=\int_a^b\int_{f_1(x)}^{f_2(x)}dydx$ 其面積的求法，是將無限多的方形面積，在 $a\le x\le b$ 及 $f_1(x)\le y\le f_2(x)$ 的區域內加總。

就 $\int_a^b[f_2(x)-f_1(x)]dx$ 而言，單重積分是利用將 $[a, b]$ 區間所對應的虛

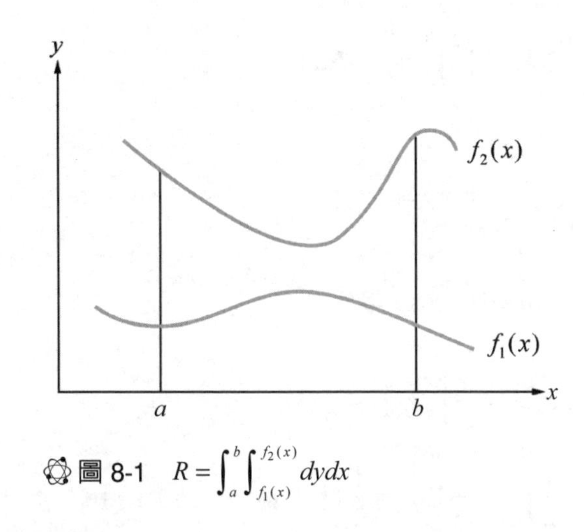

圖 8-1 $R=\int_a^b\int_{f_1(x)}^{f_2(x)}dydx$

線面積一條一條堆積起來，求得面積。但是 $\int_a^b\int_{f_1(x)}^{f_2(x)}dydx$ ，則是在 x, y 兩個座標範圍：$a\le x\le b$ 、 $f_1(x)\le y\le f_2(x)$ ，利用加總 dx 乘 dy 的無限多個小方塊面積而得到的。我們先看一個簡單的例題。

範例 6. 求 $\int_2^3\int_1^4 dydx$ 。

解 $\int_2^3\int_1^4 dydx=\int_2^3 \left(y\Big|_1^4\right)dx=\int_2^3 3dx=3x\Big|_2^3=3(3-2)=3$

故此區塊所圍起之面積為 3 平方單位。

接下來，我們要介紹改變積分次序的技巧。

範例 7. 已知積分 $\int_0^2\int_{y^2}^4 dxdy$ ，請改重積分次序，使 x 是外層積分，並演算確認兩者的結果一致。

解 (1) 改積分次序，可依下列步驟：

第 1 步：寫下原積分的區域

$y^2\le x\le 4$——①

$0 \le y \le 2$——②

第 2 步：因 x 的邊界含變數 y，故我們利用②將之擴充如下：

$0 \le y^2 \le x \le 4$——③

第 3 步：利用③寫出兩個區域的條件

$0 \le x \le 4$——④

$0 \le y \le \sqrt{x}$——⑤

$\because 0 \le y^2 \le x$

由④⑤可得 $\int_0^4 \int_0^{\sqrt{x}} dydx$，交換次序完成。

(2) 演算確認：

① $\int_0^2 \int_{y^2}^4 dxdy = \int_0^2 \left(x \Big|_{y^2}^4 \right) dy = \int_0^2 \left(4 - y^2 \right) dy = \dfrac{16}{3}$

② $\int_0^4 \int_0^{\sqrt{x}} dydx = \int_0^4 \left(y \Big|_0^{\sqrt{x}} \right) dx = \int_0^4 \sqrt{x} dx = \dfrac{16}{3}$

範例 8. $\int_0^1 \int_{x^2}^{\sqrt[3]{x}} dydx$，請交換積分次序，再確認結果是否一樣。

解 (1) $x^2 \le y \le \sqrt[3]{x}$

$0 \le x \le 1$

故 $0 \le x^2 \le y \le \sqrt[3]{x} \le 1$

y 的區間 $\Rightarrow x \le y \le 1$

x 的區間，則由以下兩個聯集組成。

$$\left. \begin{aligned} 0 \le x^2 \le y &\Rightarrow 0 \le x \le \sqrt{y} \\ y \le \sqrt[3]{x} \le 1 &\Rightarrow y^3 \le x \le 1 \end{aligned} \right\} y^3 \le x \le \sqrt{y}$$

故 $\int_0^1 \int_{x^2}^{\sqrt[3]{x}} dydx = \int_0^1 \int_{y^3}^{\sqrt{y}} dxdy$

(2) $\int_0^1 \int_{x^2}^{\sqrt[3]{x}} dydx = \int_0^1 (\sqrt[3]{x} - x^2)\, dx = \int_0^1 (x^{\frac{1}{3}} - x^2)\, dx = (\frac{4}{3} x^{\frac{4}{3}} - \frac{1}{3} x^3) \Big|_0^1 = \frac{3}{4} - \frac{1}{3} = \frac{5}{12}$

又 $\int_0^1 \int_{y^3}^{\sqrt{y}} dxdy = \int_0^1 (\sqrt{y} - y^3)\, dy = (\frac{2}{3} y^{\frac{3}{2}} - \frac{1}{4} y^4) \Big|_0^1 = \frac{2}{3} - \frac{1}{4} = \frac{5}{12}$

故交換積分次序後其結果仍相同。

習題

求偏積分

1. $\int_{x}^{x^2} \frac{y}{x} dy$

2. $\int_{0}^{e^y} y dx$

3. $\int_{x^2}^{\sqrt{x}} (x^2 + y^2) dy$

4. $\int_{-\sqrt{1-y^2}}^{\sqrt{1-y^2}} (x^2 + y^2) dx$

5. $\int_{y}^{3} \frac{xy}{\sqrt{x^2+1}} dx$

求雙重積分

6. $\int_{0}^{2}\int_{0}^{2} (6 - x^2) dydx$

7. $\int_{0}^{1}\int_{0}^{x} \sqrt{1-x^2} dydx$

8. $\int_{0}^{2}\int_{3y^2-6y}^{2y-y^2} 3y dxdy$

9. $\int_{0}^{1}\int_{y}^{2y} (1+2x^2+2y^2) dxdy$

10. $\int_{0}^{4}\int_{0}^{x} \frac{2}{(x+1)(y+1)} dydx$

11. $\int_{0}^{a}\int_{0}^{a-x} (x^2 + y^2) dydx$

先交換積分次序再求解，並確認交換積分次序的結果和原來一樣

12. $\int_{0}^{1}\int_{0}^{2} dydx$

13. $\int_{1}^{2}\int_{2}^{4} dxdy$

14. $\int_{0}^{1}\int_{2y}^{2} dxdy$

15. $\int_{0}^{4}\int_{0}^{\sqrt{x}} dydx$

16. $\int_{0}^{2}\int_{\frac{x}{2}}^{1} dydx$

17. $\int_{0}^{4}\int_{\sqrt{x}}^{2} dydx$

18. $\int_{0}^{1}\int_{y^2}^{\sqrt[3]{y}} dxdy$

19. $\int_{-2}^{2}\int_{0}^{4-y^2} dxdy$

20. $\int_{0}^{1}\int_{x^2}^{x} xy^2 dydx$

21. $\int_{-1}^{1}\int_{x}^{1} xy dydx$

22. $\int_{-1}^{1}\int_{x}^{2} (x + y) dydx$

23. $\int_{0}^{1}\int_{x^2}^{x} (x + y) dydx$

24. $\int_{0}^{1}\int_{-1}^{x} (x^2 + y^2) dydx$

習題解答

1. $\frac{x}{2}(x^2-1)$

2. ye^y

3. $\frac{x^{\frac{3}{2}}}{3}(3x+1-x^{\frac{5}{2}}-x^{\frac{9}{2}})$

4. $\frac{2}{3}\sqrt{1-y^2}(1+2y^2)$

5. $y(\sqrt{10}-\sqrt{y^2+1})$

6. $\frac{56}{3}$

7. $\frac{1}{3}$

8. 16

9. $\frac{13}{6}$

10. $(\ln 5)^2$

11. $\frac{a^4}{6}$

12. 2

13. 2

14. 1

15. $\frac{16}{3}$

16. 1

17. $\frac{8}{3}$

18. $\frac{5}{12}$

19. $\frac{32}{3}$

20. $\frac{1}{40}$

21. 0

22. 3

23. $\frac{3}{20}$

24. 1

第❾堂課

積分應用

9.1 現金流量與年金

在財經數學中，以現金流量和折舊的計算最爲重要。微軟的試算表軟體 Excel 中，有數十個這類型函數。這一節將介紹定積分在「現金流量」問題的應用，全部現金流量通常也稱爲「年金終値」，而年金則指每隔一定期間支付一次的金額。由上述定義可知，在特定時間點，現金流量可以是「流出」或「流入」。如果現金流量可以用函數 $f(t)=500e^{0.06t}$ 表示，則意指現金流量是時間的增函數。全部現金流量可用圖 9-1 表示。

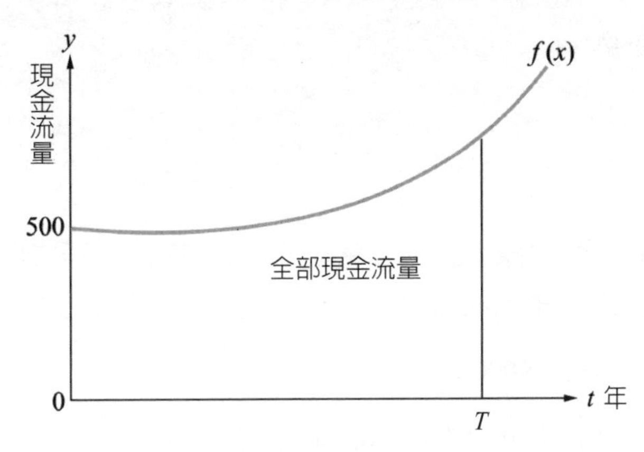

圖 9-1　在現金流量函數表示全部現金流量

現金流量是時間的函數，隨時間有三種變化：遞增、遞減和定額。我們先考慮單純現金流量，也就是流入後沒有複利。以遞增爲例，如果你的起薪是 15,000 元，逐年遞增，增長率是 r，增長因子是指數律，則第 t 年的薪資爲 $15,000 \cdot e^{rt}$。那麼工作十年的總所得爲：

$$\int_0^{10} 15,000 e^{rt} dt$$

所以，現金流量是某時點的金額，如果是要求得期末的「累積總額」，好比總所得、分期付款之期末總額、定額定時存款的期末總額，我們就可使用積分來計算。

無複利時的年金終值

由圖 9-1 可知，現金流量 $f(t)$ 自時間 0 到 T 的終值，可以用定積分定義如下：

定義：年金終值

令 $f(t)$ 代表在時間 t 的現金流量變化，則年金終值可用「現金流量」在時間區間 [0, T] 內的總量。如下：

$$\text{現金流量} = \int_0^T f(t) dt$$

範例 1. 有一定額 5,000 元且每年以 8% 的成長率呈指數成長的連續現金流量，請問 15 年後的終值為多少？

解 依題意，$f(t) = 5,000 e^{0.08t}$

故本利和 $= \int_0^{15} 5,000 e^{0.08t} dt \approx 145,007.3$ 元

範例 2. （考慮連續現金流量）有一筆期初金額 P_0，每年以 8% 的成長率呈指數成長。投資人若要在 20 年後領出 10,000 元，則期初金額 P_0 應

為多少？

解　依題意，$f(t)=P_0e^{0.08t}$

$$10{,}000=\int_0^{20}P_0e^{0.08t}dt \Leftrightarrow P_0=202.38 \text{ 元}$$

現金流量現值

接下來，我們要介紹現金流量的現值（present value）。之前在指數、對數函數的章節，介紹過不具流量的本利和公式：本利和 = (本金) × e^{rt}。而現值也就是將未來的本利和「折現」爲現在的本金：本金 = (本利和) × e^{-rt}。

當問題牽涉到現金流量，我們需要知道下述定義。

定義：現金流量現值

令 $f(t)$ 是依利率 r 在 T 年內的現金流量變化，則現金流量之現值定義爲：

$$PV=\int_0^{T}f(t)e^{-rt}dt$$

範例 3.　王先生以每年支付定額 6,000 元，購買一個為期 40 年的終身壽險。請問在年利率 0.08 之下，這個付款計畫的現值是多少？

解　依題意，現金流量是定額：$f(t)=6{,}000$

$$PV=\int_0^{40}6{,}000e^{-0.08t}dt=6{,}000\left[\frac{-1}{0.08}e^{-0.08t}\right]_0^{40}=71{,}940 \text{ 元}$$

範例 4.　假設某上市公司希望在 3 年內收益之變化率為：

$$f(t)=25{,}000t\text{，}0\le t\le 3$$

若年利率為 6%，則試求此公司在 3 年內收益之現值。

解 依題意，$PV = \int_0^3 25{,}000t \cdot e^{-0.06t} dt$

$$= 25{,}000\int_0^3 te^{-0.06t} dt \text{ (利用分部積分)}$$

$$\approx 99{,}869 \text{ 元}$$

同學應注意 3 年內實際所得為 $\int_0^3 25{,}000t dt = 112{,}500$ 元。故此題的意義為：如果現在投資 99,869 元，依利率 6% 連續複利 3 年，就等於含利息之全部現金流量是 112,500 元。

有複利時現金流量的終值

現金流量尚有利率配息時的終值，所以和本節第一個定義不同。

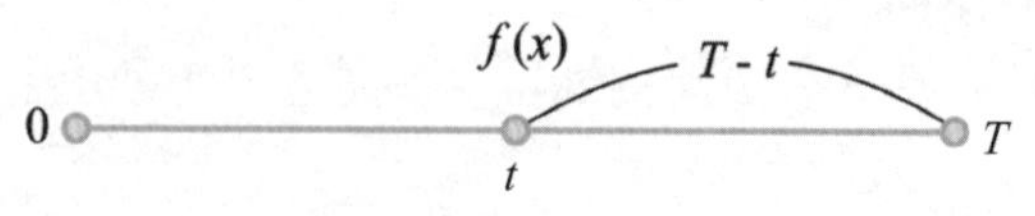

圖 9-2 時間區間為 [0, T] 的示意圖

假設時間區間爲 [0, T]，則如圖 9-2 所示，在任一時點 t 的現金流量變化爲 $f(t)$，則這個金額的可複利期間爲 $T - t$，故其終值可寫成 $f(t)e^{r(T-t)}$。因此，可寫成如下定義式。

定義：現金流量在 T 時的終值

令 $f(t)$ 爲依年利率 r 的現金流量變化率，令時間期間爲 [0, T]，則在時間 T 到達時的年金終值爲：

$$S = \int_0^T f(t)e^{r(T-t)} dt$$

$$= e^{rT}\int_0^T f(t)e^{-rt} dt$$

範例 5. 一連續現金流量以 7,000 元開始，且按每年 3% 呈指數遞增，試求到 6 年末時，依年利率 5% 連續複利之終值。

解　依題意，$f(t)=7{,}000e^{0.03t}$

故 $S=\int_0^6 7{,}000e^{0.03t}\cdot e^{0.05(6-t)}dt\approx 53{,}424.5$ 元

範例 6.　某甲於民國 75 年 1 月 1 日存 3,000 元為個人的儲蓄帳戶開戶，此帳戶為連續複利，年利率為 8%，若某甲每年均存入 3,000 元於此帳戶中，請問民國 92 年 1 月 1 日時，某甲可領出多少錢？

解　依題意，$f(t)=3{,}000$

故 $S=\int_0^{17} 3{,}000e^{0.08(17-t)}dt=108{,}607$ 元

最後，我們來看一個有關「現值」變化的例子。

範例 7.　某小開繼承 556,467.4 美元的家產，若此小開以年利率 9% 存放於一連續複利帳戶，之後，每月提領 5,000 美元花用。請問這筆家產多久會用完？

解　依題意，$PV=556{,}467.4$，故 $556{,}467.4=\int_0^T 60{,}000^{-0.09t}\,dt$，解 T

$$\frac{60{,}000}{0.09}[1-e^{-0.09T}]=556{,}467.4$$

$T=20$，故家產會於 20 年後用完。

習題

*請注意題意有沒有指涉現金流量

1. 在年利率 9% 的連續複利之下，求期初存款 100 元在 3 年後的本利和。
2. 某高中生計畫存一筆錢，在 20 年後能至美國旅遊，請問：
   在無利息之下，如果他期初準備 100 美元，且按每年 9% 呈指數遞增，20 年後他能帶多少錢出國？
3. 一位大一新生自開學當天開始，每年將新臺幣結匯存入 100 美元，請問：

在年利率 10% 的連續複利之下，20 年後的本利和是多少？

4. 一對夫妻在他們的小嬰兒出生時準備了一筆錢，希望在小孩 20 歲生日時，這筆錢能存到 50,000 美元來作爲留學基金。在年利率 9% 連續複利之下，一開始時他們須準備多少美元？
5. （承上題）他們希望在小孩 20 歲生日時，這筆錢能變成 60,000 美元。在年利率 10% 且連續複利之下，一開始時他們須準備多少美元？
6. 在年利率 8.8% 且連續複利之下，8 年後 60,000 元的現值是多少？
7. 在年利率 10% 且連續複利之下，每年現金流量 2,700 元。請問 10 年後的現值是多少？
8. 一位哈佛大學企管碩士在 35 歲時，以年薪 85,000 美元受僱於美國華爾街某公司。假設他 65 歲退休，請計算在年利率 8% 且連續複利之下，他工作所得之現值。

習題解答

1. 131 元
2. 5,610.72 美元
3. 6,389.06 美元
4. 8,264.94 美元
5. 8,120.12 美元
6. 29,676.18 元
7. 17,067.26 元
8. 966,112.13 美元

9.2 消費者及生產者剩餘

定積分在經濟學的應用很廣，包括消費者及生產者剩餘、所得分配等。因爲所得分配的應用在一般大一經濟學課程中較少提及，因此，本節介紹消費者及生產者剩餘。

消費者剩餘

消費者剩餘（consumer surplus, CS）的觀念可由圖 9-3 解釋之。

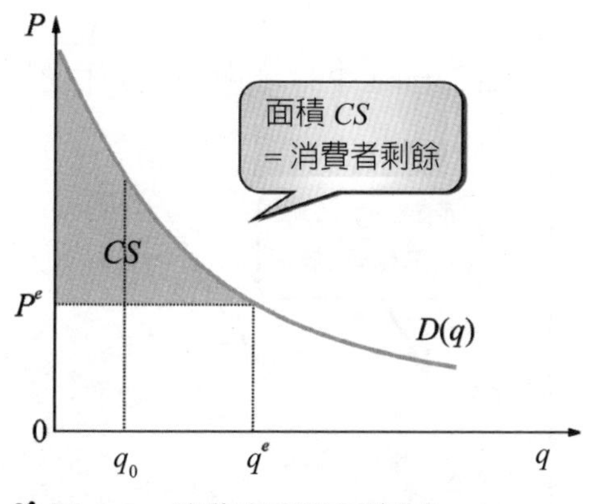

圖 9-3　消費者剩餘示意圖

依照需求函數的定義，對任一需求量 q 而言，$D(q)$ 線上每一點對應的價格爲消費者願意且能夠支付的最大金額。但在競爭市場經濟之下，只面對一個價格（p^e）。在 q_0 時，消費者願意且能夠支付的最大金額是大於 p^e 的。因此，此時消費者有撿到便宜的感覺，這種感覺就是消費者剩餘。經濟學告訴我們，獨占市場的廠商有訂價能力，因此能夠剝削消費者剩餘。所以，大多數獨占是不太好的。

圖 9-3 中的面積 CS 衡量了消費者剩餘。也就是說，我們要計算函數 $D(q)$ 向下和 p^e 處畫出的水平線圍起來的面積。因此，消費者剩餘的積分公式如下：

$$\text{消費者剩餘：}\ CS=\int_0^{q^e}(D(q)-p^e)dq$$

範例 1.　假設某數位相機的需求 q 和價格的關係可以函數 $p=D(q)=\dfrac{4{,}000}{q+5}$ 表示，求在價格為 80 美元時的消費者剩餘。

解　$CS=\int_0^{45}\dfrac{4{,}000}{q+5}dq-45\times 80=5{,}610$

生產者剩餘

生產者剩餘（producer surplus, PS）的觀念可以由圖 9-4 解釋之。

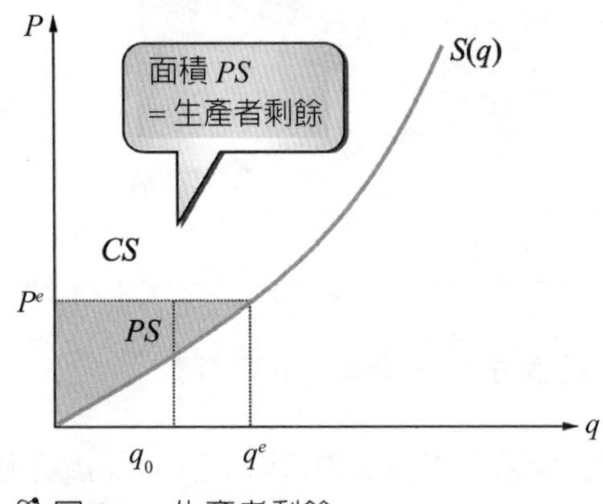

圖 9-4 生產者剩餘

依照供給函數的定義，對任一供給量 q 而言，$S(q)$ 線上每一點對應的價格為生產者願意進行生產活動的最低金額。在競爭市場之下，廠商只面對一個價格（p^e）。在 q_0 時，生產者進行生產活動的代價是小於 p^e 的。因此生產者賺得利潤，這就是生產者剩餘。圖 9-4 的面積 PS 衡量了生產者剩餘，也就是說，我們要計算函數 $S(q)$ 向上和 p^e 處畫出的水平線圍起來的面積。因此，生產者剩餘的定積分公式如下：

$$\text{生產者剩餘：} PS = \int_0^{q^e} (p^e - S(q))dq$$

範例 2. 已知需求曲線為 $D(q) = \dfrac{2{,}500}{q+50}$，供給曲線為 $S(q) = 0.01q^2$。試求消費者剩餘和生產者剩餘。

解 第 1 步：求出均衡價格和數量。因在均衡時，供給 = 需求，故

$$D(q) = S(q) \quad \Rightarrow \frac{2{,}500}{q+50} = 0.01q^2 \quad \Rightarrow q^e = 50$$

將之帶入 $D(q)$ 或 $S(q)$ 均可同樣求出 $p^e = \$25$。

第 2 步：依定義求出消費者和生產者剩餘：

消費者剩餘：$CS=\int_0^{q^e}(D(q)-p^e)dq=\int_0^{50}(\frac{2,500}{q+50}-25)dq=483$

生產者剩餘：$PS=\int_0^{q^e}(p^e-S(q))dq=\int_0^{50}(25-0.01q^2)dq=833$

習題

令 q 代表數量，$D(q)$ 和 $S(q)$ 分別代表需求及供給曲線，試求下列各題的消費者剩餘和生產者剩餘。

1. $D(q)=-\frac{5}{6}q+10$，$S(q)=\frac{1}{2}q+2$
2. $D(q)=(q-4)^2$，$S(q)=q^2+2q+6$
3. $D(q)=8,800-30q+S(q)=7,000+15q$

習題解答

1. \$15，\$9
2. \$3.33，\$1.67
3. \$24,000，\$12,000

9.3 機率密度函數

本節介紹定積分應用在計算「機率密度函數」。瑕積分在這類問題中，扮演了相當重要的角色。

機率密度函數

令 x 為連續隨機變數，且分配於區間 $[a, b]$。函數 f 若滿足以下三個條件，則稱為機率密度函數。

1. 對所有 $x\in[a,b]$，$f(x)\geq 0$。也就是說，在 $[a, b]$ 中，f 不為負。
2. $\int_a^b f(x)dx=1$

因爲 $P[a \le x \le b] = \int_a^b f(x)dx = 1$，我們百分之百確定 x 落在這區間內。

3. 對 $[a, b]$ 內任何子區間 $[c, d]$，其機率密度函數如下：

$$P[c \le x \le d] = \int_c^d f(x)dx$$

上面的定義以閉區間 $[a, b]$ 爲定義域，我們可將 $[a, b]$ 理解爲滿足條件 2. 的完整定義域。在許多情形下，該區間 $(-\infty, \infty)$ 也是常見的定義域。

範例 1. 在閉區間 [2, 5] 定義一機率密度函數 $f(x) = \frac{3}{117}x^2$，請計算機率密度。

解 $\int_2^5 \frac{3}{117}x^2dx = \frac{3}{117}(\frac{1}{3}x^3)\Big|_2^5 = \frac{1}{117}(5^3 - 2^3) = \frac{125-8}{117} = \frac{117}{117} = 1$

範例 2. 假設某款手機電池的耐用期 t 為 3 ～ 6 年，且耐用期的機率密度函數如下：

$$f(t) = \frac{24}{t^3}\text{，}3 \le t \le 6$$

(1) 請驗算上述定義之條件 2.。

(2) 求電池壽命不超過 4 年的機率。

(3) 求電池壽命至少 4 年，最多 5 年的機率。

解 (1) $\int_3^6 \frac{24}{t^3}dt = 24 \cdot (\frac{t^{-2}}{-2})\Big|_3^6 = 1$

(2) $P(3 \le t \le 4) = \int_3^4 \frac{24}{t^3}dt = 24\,(\frac{t^{-2}}{-2})\Big|_3^4 \approx 0.58$

(3) $P(4 \le t \le 5) = \int_4^5 \frac{24}{t^3}dt = 24\,(\frac{t^{-2}}{-2})\Big|_4^5 = 0.27$

範例 3.　令 $f(x)=\begin{cases} kx^2，2\le x\le 5 \\ 0，其他 \end{cases}$，求令 $f(x)$ 為機率密度函數的 $k=$ ？

解　依定義 $\int_2^5 kx^2dx=1\Rightarrow k\cdot\frac{1}{3}x^3\Big|_2^5=\frac{117}{3}k$

故 $k=\frac{3}{117}$

接下來，我們介紹三個常用的機率分配。

均勻分配

若一連續隨機變數 x 的機率密度函數 $f(x)$ 滿足以下條件，則稱 x 爲均勻分配。

$$f(x)=\frac{1}{b-a}，a\le x\le b$$

顧名思義，所謂「均勻分配」就是在任一隨機變數發生的機率均相同。

例如：假設一定義於 $2\le x\le 7$ 的機率密度函數 $y=f(x)$，則其均勻分配的圖形如圖 9-5。

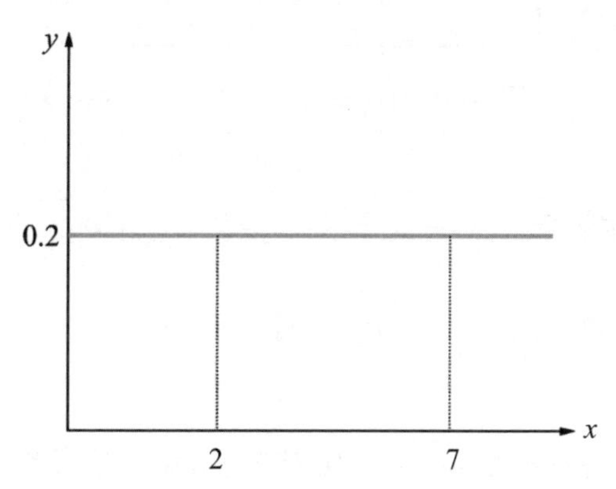

圖 9-5　均勻分配圖形

範例 4. 令 x 為閉區間 [40, 50] 的隨機變數，且機率密度函數為 $f(x)=\frac{1}{10}$，$40 \le x \le 50$ 請計算從區間 [42, 48] 任取一數的機率。

解 $P(42 \le x \le 48)=\int_{42}^{48}\frac{1}{10}dx=\frac{1}{10}x\Big|_{42}^{48}=\frac{6}{10}=0.6$

指數分配

若一連續隨機變數 x 的機率密度函數滿足下式，則稱 x 爲指數分配。

$$f(x)=ke^{-kx}，0 \le x \le \infty$$

圖 9-6 即是上述定義的指數分配圖形。

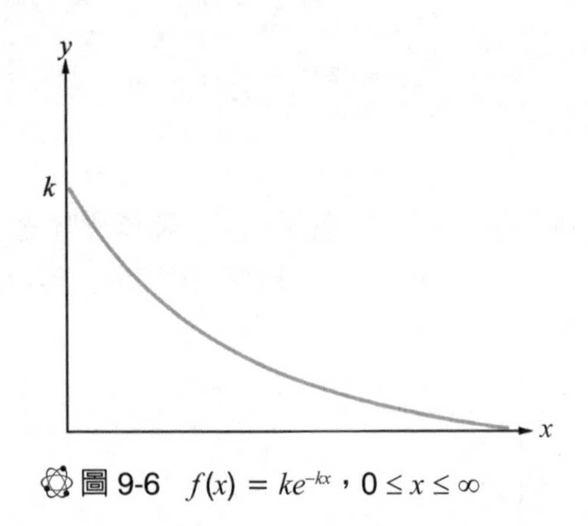

圖 9-6 $f(x) = ke^{-kx}$，$0 \le x \le \infty$

範例 5. 試驗證 $f(x)=2e^{-2x}$ 為一指數分配的機率密度函數。

解 $\int_0^{\infty}2e^{-2x}dx=2(-\frac{1}{2})e^{-2x}\Big|_0^{\infty}=-[e^{-\infty}-1]=-(-1)=1$

範例 6. 令高速公路上車與車之間的距離 x 公尺為一指數分配，且具如下密度函數：

$$f(x)=ke^{-kx}，0 \le x \le \infty$$

其中 $k=\frac{1}{a}$，a 為特定時間內車與車之間的平均距離。若根據資料顯示 $a=166$，請計算兩車最大間距為 50 公尺的機率。

解　$a=166$，故 $k=\frac{1}{166}$　(= 0.006024)

$$f(x)=\frac{1}{166}e^{-\frac{1}{166}x}$$

依題意：$\int_0^{50}\frac{1}{166}e^{-\frac{1}{166}x}dx=\frac{1}{166}(-166)e^{-\frac{1}{166}x}\Big|_0^{50}\approx 0.26$

範例 7.　令某項商品的每週需求量可用如下機率密度函數表示：

$$f(q)=\frac{1}{36}(-q^2+6q)，0\le q\le 6$$

q 代表了千個銷售單位。請計算一週有 2,000～4,000 個銷售量的機率。

解
$$\int_2^4\frac{1}{36}(-q^2+6q)dq=\frac{1}{36}\int_2^4(-q^2+6q)dq$$
$$=\frac{1}{36}(-\frac{1}{3}q^3+3q^2)\Big|_2^4=\frac{13}{27}\approx 0.481$$

常態分配

若一連續隨機變數 x 的機率密度函數滿足下式：

$$f(x)=\frac{1}{\sigma\sqrt{2\pi}}e^{-\frac{(x-\mu)^2}{2\sigma^2}}，-\infty<x<\infty$$

則稱 x 爲常態分配，σ、μ 分別稱爲 x 的標準差及平均數。

常態分配是連續機率分配最重要的分配，大多數的事件均可以透過常態分配加以模擬。

圖 9-7 中，同學可以驗證當 $x=\mu$ 時的 y 值（或 k）爲 $\frac{1}{\sigma\sqrt{2\pi}}$。常態分

配中，標準差可以理解爲圖形 $f(x)$ 和垂線 $x=\mu$ 的平均距離。因爲常態分配的積分較複雜，往往需要計算機或電腦（Excel）輔助，因此以下面這個例題介紹其應用，計算過程則省略。

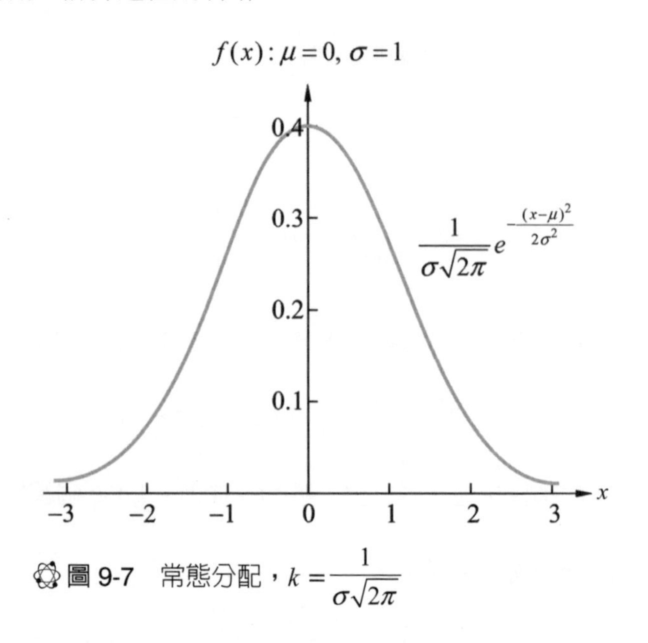

圖 9-7　常態分配，$k=\dfrac{1}{\sigma\sqrt{2\pi}}$

範例 8. 假設民國 89 年時，臺灣地區大學聯考數學科的考試成績可用常態分配表示，且其機率密度函數之 $\mu=40$、$\sigma=20$，如果從當年考生中選擇一人，試計算此人分數介於 60 ～ 70 分之間的機率是多少？

解 $\displaystyle\int_{60}^{70}\frac{1}{20\sqrt{2\pi}}e^{-\frac{(x-40)^2}{2\cdot 20^2}}dx \approx 0.092$

期望值

令 μ 代表一連續隨機變數 x 的期望值，可寫成 $E(x)=\mu$，定義爲：

$$\mu=E(x)=\int_a^b xf(x)dx$$

式中，f 爲 x 的機率密度函數。

期望值的基本性質中，常數的期望值就是它自己，例如：$E(\mu)=\mu$。

變異數和標準差

一連續隨機變數 x 的變異數定義如下：

$$\sigma^2 = E(x-\mu)^2$$

且標準差為變異數的平方根：$\sigma = \sqrt{\sigma^2}$。

變異數的計算可以表示如下：

$$\begin{aligned} E(x-\mu)^2 &= E(x^2-2x\mu+\mu^2) = E(x^2)-2\mu Ex+E\mu^2 \\ &= Ex^2-2\mu^2+\mu^2 = Ex^2-\mu^2 = Ex^2-(Ex)^2 \\ &= \int_a^b x^2 f(x)dx - (\int_a^b xf(x)dx)^2 \end{aligned}$$

範例 9. 令一隨機密度函數 $f(x)=\frac{1}{2}x$，$0\le x\le 2$，請計算此隨機變數的期望值和變異數。

解 $\mu = E(x) = \int_0^2 x\cdot\frac{1}{2}xdx = \frac{1}{2}\cdot\frac{1}{3}x^3\Big|_0^2 = \frac{1}{6}(2^3-0^3) = \frac{8}{6} = \frac{4}{3}$

$\sigma^2 = E(x-\mu)^2 = Ex^2-(Ex)^2$

計算 $Ex^2 = \int_0^2 x^2(\frac{1}{2}x)dx = \frac{1}{2}\int_0^2 x^3dx = \frac{1}{8}x^4\Big|_0^2 = 2$

故 $\sigma^2 = 2-(\frac{4}{3})^2 = 2-\frac{16}{9} = \frac{2}{9}$

範例 10. 請計算例 7 的預期需求量。

解 已知 $f(q)=\frac{1}{36}(-q^2+6q)$，$0\le x\le 6$

依定義：$\mu = E(x) = \int_0^6 q\cdot f(q)dq = \frac{1}{36}\int_0^6 q(-q^2+6q)dq$

$$= \frac{1}{36}\int_0^6 (-q^3+6q^2)\,dq = \frac{1}{36}(\frac{-x^4}{4}+2x^3)\Big|_0^6 = 3$$

範例 11. 令隨機密度函數 $f(x)=2-2x$，$0\le x\le 1$，請計算期望值和變異數。

解 依定義：

$$\mu=E(x)=\int_0^1 xf(x)dx=\int_0^1 x(2-2x)dx=\int_0^1(2x-2x^2)dx=(x^2-\frac{2}{3}x^3)\Big|_0^1=\frac{1}{3}$$

$$\sigma^2=E(x-\mu)^2=Ex^2-(Ex)^2$$

計算：

$$Ex^2=\int_0^1 x^2f(x)dx=\int_0^1 x^2(2-2x)dx=\int_0^1(2x^2-2x^3)dx=(\frac{2}{3}x^3-\frac{1}{2}x^4)\Big|_0^1$$

$$=\frac{2}{3}-\frac{1}{2}=\frac{1}{6}$$

故 $\sigma^2=\frac{1}{6}-(\frac{1}{3})^2=\frac{1}{6}-\frac{1}{9}=\frac{1}{18}$

範例 12. 計算機率密度函數為 $f(t)=0.1e^{-0.1t}$，$0\le t<\infty$ 的期望值。

解 依定義 $\mu=E(x)=\int_0^\infty tf(t)dt=0.1\int_0^\infty te^{-0.1t}dt=10$

習題

驗證下列各題是否滿足機率密度函數定義的第二個條件

1. $f(x)=2x$，[0, 1]
2. $f(x)=\frac{1}{4}x$，[1, 3]
3. $f(x)=\frac{1}{3}$，[4, 7]
4. $f(x)=\frac{1}{4}$，[9, 13]
5. $f(x)=\frac{3}{26}x^2$，[1, 3]
6. $f(x)=\frac{3}{64}x^2$，[0, 4]
7. $f(x)=\frac{1}{x}$，[1, e]
8. $f(x)=\frac{1}{e-1}e^x$，[0,1]
9. $f(x)=3e^{-3x}$，[0, ∞)

求使下列各題 $f(x)$ 為機率密度函數的 k 值

10. $f(x)=kx$，[1, 3]

11. $f(x)=kx^2$，[−1, 1]

12. $f(x)=k$，[2, 7]

習題解答

1. 1
2. 1
3. 1
4. 1
5. 1
6. 1
7. 1
8. 1
9. 1
10. $\frac{1}{4}$；$f(x)=\frac{1}{4}x$
11. $\frac{3}{2}$；$f(x)=\frac{3}{2}x^2$
12. $\frac{1}{5}$；$f(x)=\frac{1}{5}$

Codes Part 3 Step-by-Step

Python

主題 1　不定積分和定積分

Python 的不定積分 $\int f(x)dx$ 函數是：integrate(f(x), x)

範例 1.　求解不定積分 $\int e^{2x}dx$

Python 的模組和語法如下：

```
import math
from sympy import *
x = symbols('x')
integrate(exp(2*x), x)
Out[1]: exp(2*x)/2
```

Python 不定積分不會出現一個任意常數 C，這點讀者必須自行處理。

其次，Python 的定積分 $\int_a^b f(x)dx$ 函數是：integrate(f(x), (x,a,b))

承前題 $\int_0^1 e^{2x}dx$，Python 的模組和語法如下：

```
import math
from sympy import *
x = symbols('x')
integrate(exp(2*x), (x, 0, 1))
Out[2]: -1/2 + exp(2)/2
```

對照課本範例的解，可知都是一樣的。

練習

1. 請修改上述程式，驗證第 3 部的範例與習題。

主題 2　積分方法

2-1　代換型

範例 2.　求解不定積分 $\int x^3 e^{x^4+2} dx$

Python 的模組和語法如下：

```
import math
from sympy import *
x = symbols('x')
integrate(x**3*exp(x**4+2), x)
Out[4]: exp(x**4 + 2)/4
```

範例 3.　求解不定積分 $\int \frac{2x}{x^2-1} dx$

Python 的語法如下：

```
integrate(2*x/(x**2-1), x)
Out[5]: log(x**2 - 1)
```

範例 4.　求解不定積分 $\int \frac{1}{x \cdot \ln(x) \cdot \ln(\ln(x))} dx$

Python 的語法如下：

```
integrate(1/(x*log(x)*log(log(x))), x)
Out[6]: log(log(log(x)))
```

需注意，當解出現對數時，Python 不會自動加上絕對值，我們必須知道這一點。

如前面提及 Python 不定積分不會出現一個任意常數 C，這點讀者可以自行處理。

範例 5. 求解定積分 $\int_0^4 \frac{x+2}{\sqrt{2x+1}}dx$

這個定積分就有一些複雜，直接寫被積函數無法解出來。

例如：

執行 integrate((x+2)/sqrt(2*x+1), (x, 0, 4)) 會出現求解失敗的訊息。如果根據書本解的方式，改用代換過與換界的 u 函數，就會順利。如下：

```
integrate((x**2/2+3/2), (x, 1, 3))     # 符號還是可以用 x 不需要換成 u
Out[8]: 7.33333333333333              # 分式答案 22/3
```

另一個解法是用模組 scipy 內的 scipy.integrate 內的函數 quad()，如下：

```
from scipy.integrate import quad
def f(x):
   return (x+2)/sqrt(2*x+1)


quad(f, 0,4)
Out[9]: (7.333333333333334, 5.321163202449652e-10)
```

Out[9] 內，第一個數字就是 22/3，第 2 個數字是數值積分的誤差。

從此處可以看到，Python 模組各有各自的問題，所以遇到問題時，要嘗試多方的工具。

我們再繼續看範例。

範例 6. 求解定積分 $\int_1^4 \frac{\sqrt{x}}{(9-x\sqrt{x})^2}dx$

這題定積分就很順利。

```
integrate(sqrt(x)/((9-x*sqrt(x))**2), (x, 1, 4))
Out[11]: 7/12
```

2-2 分部積分型

第 7 堂課範例的定積分 $\int_0^7 x^2 e^{-x} dx$

```
integrate((x**2)*exp(-x), (x, 0, 7))
Out[12]: -65*exp(-7) + 2
```

範例 7. 解定積分 $\int_1^2 x^3 (\ln x)^2 dx$

```
integrate((x**3)*(log(x))**2, (x, 1, 2))
Out[13]: -2*log(2) + 15/32 + 4*log(2)**2
```

2-3 部分分式型

7-3 範例 4 的不定積分 $\int \frac{3x^3-18x^2+29x-4}{(x+1)(x-2)^3}dx$

```
integrate((3*x**3-18*x**2+29*x-4)/((x+1)*((x-2)**3)))
Out[14]: (3*x - 7)/(x**2 - 4*x + 4) + log(x - 2) + 2*log(x + 1)
```

2-4 多重積分

再來就是多重積分。二重積分 $\int_3^6\int_{-1}^2 10xy^2dxdy$ 爲例，這個範例的積分邊界都是常數：

```
from sympy import *
x, y = symbols("x y")
f = (10*x*y**2)
integrate(f, (x, -1, 2), (y, 3, 6))
Out[15]: 945
```

二重積分 $\int_0^1\int_{x^2}^x xy^2dydx$ 這個範例的積分邊界一個是變數：

```
from sympy import *
x, y = symbols("x y")
f = x* y ** 2
integrate(f, (y, x**2, x), (x, 0, 1))
Out[16]: 1/40
```

練習

1. 請修改上述程式，驗證積分部分範例與習題。
2. 請修改上述程式，驗證多重積分範例與習題。

R

在 R 的環境中，微分與積分的符號顯示主要是一個串接 Python 的套件 rSymPy，rSymPy 依靠 Jpython(Java Python)；但是，目前的版本不支援 R 最新的 base 系統。因此，我們用數値積分爲例說明定積分，主要的積分套件同前，也是 mosaicCalc，主要的函數是 antiD，也就是反導函數。mosaicCalc::antiD 對於簡易函數的代數顯示沒有問題，但是，對於複雜的被積函數，就只能顯示定積分。下例爲對照於 Python 的定積分範例。

```
mosaicCalc::antiD(exp(2*x)~x)
```
$\int e^{2x}dx$

```
F2=mosaicCalc::antiD(exp(2*x)~x)
F2(1)-F2(0)
```
$\int_0^1 e^{2x}dx$

#Ex.5 $\int_0^4 \frac{2+x}{\sqrt{2x+1}}dx$

```
F2=mosaicCalc::antiD((2+x)/sqrt(2*x+1) ~ x)
F2(4)-F2(0)
```

#Ex.6 $\int_1^4 \frac{\sqrt{x}}{(9-x\sqrt{x})^2}dx$

```
F2=mosaicCalc::antiD(sqrt(x)/(9-x*sqrt(x))^2 ~ x)
F2(4)-F2(1)
```

#Ex.7 $\int_0^7 x^2e^{-x}dx$

```
F2=mosaicCalc::antiD((x^2)*exp(-x) ~ x)
F2(7)-F2(0)
```

```
#Ex.8 ∫_1^2 x^3(ln x)^2 dx
F2=mosaicCalc::antiD((x^3)*(log(x))^2 ~ x)
F2(2)-F2(1)
```

第 4 部

矩陣代數

第⑩堂課

矩陣代數基礎

一般代數的數值處理是個別的，例如：$2x$、$3y$、x 和 y 分別是實線上的特定數字。矩陣代數的值則是集體（collective）處理的，好比，矩陣 **M** 的 2 倍代表矩陣 **M** 內所有元素都乘上 2，下面會完整說明。我們在使用 Excel 資料表時，其實就是在用一個矩陣思考資料。Excel 試算表能運作得這麼好，因爲它是一個以矩陣運算集體處理資料的電腦程式。在管理數學中，矩陣有著不可忽略的重要性。尤其用到統計學和多變量方法時，不借用矩陣，很難掌握一個複雜的數字鏈。在數學規劃中的極值問題，同樣需要使用矩陣，進階微分與差分方程式，也需要利用矩陣的特徵值來判斷性質。基本上，如果未來學習程式設計是一個重要的里程碑，那麼矩陣代數的認識就不可缺席。

本章先介紹基本術語，再介紹基本運算。

10.1 基本術語

矩陣就是如下型式表示出來的實數（real numbers）

$$\mathbf{A}_{2\times3}=\begin{bmatrix} a_{11} & a_{12} & a_{13} \\ a_{21} & a_{22} & a_{23} \end{bmatrix}$$

$\mathbf{A}_{2\times3}$ 稱爲 2×3 矩陣：2 列（rows）和 3 行（columns）。列是橫的，行是直的，中文往往不分，通稱第幾行；數學上就必須清晰表示任何空間差異。

實例如下：

$$\mathbf{A}_{2\times3}=\begin{bmatrix}1&3&5\\-2&8&6\end{bmatrix}，\mathbf{A}_{3\times2}=\begin{bmatrix}1&7\\-2&5\\6&3\end{bmatrix}，\mathbf{A}_{3\times3}=\begin{bmatrix}1&7&-3\\8&5&6\\4&2&-9\end{bmatrix}$$

$\mathbf{A}_{3\times3}$ 行列皆等，稱爲方陣（square matrix）。

廣義型式表示如下：

$$\mathbf{A}_{m\times n}=\begin{bmatrix}a_{11}&a_{12}&\cdots&a_{1n}\\a_{21}&a_{22}&\cdots&a_{2n}\\\vdots&\vdots&\ddots&\vdots\\a_{m1}&a_{m2}&\cdots&a_{mn}\end{bmatrix}$$

廣義的矩陣包括複數（complex number）矩陣，本書不涵蓋複數。

$\mathbf{A}_{m\times n}$ 稱爲 m×n 矩陣：m 列（rows）和 n 行（columns）。m 和 n 則稱爲矩陣的維度（dimension），裡面的 a_{ij} 稱爲位置在「i 列 j 行」交會的元素（elements）。如果 **A**、**B** 兩個矩陣相等，則維度相等且對應元素也完全相等，可寫成 **A=B**；反之，**A≠B**。數學習慣上，用正粗體（不斜體）的大寫英文字母表示矩陣，例如，**A**、**B**、**M**；元素則小寫。

最後，我們介紹一個廣義的觀念，在程式語言常常用到的名稱：陣列（array）。

可以這樣想：如果矩陣是一張二維的紙，陣列就是很多張紙疊起來（或一本書）。所以，廣義上矩陣就是一維的陣列。本書不會涉獵陣列問題，但是，陣列是程式語言中很重要的資料結構。在 Excel 中，我們如果使用一張表單（sheet）儲存資料表，就是矩陣的二維資料結構；如果使用多表單，對軟體而言，就是陣列結構。所以，陣列沒什麼神祕，我們幾乎天天用到。趁這個階段，知道它的意義就可以。

10.2 矩陣基本類別與性質

方陣（Square matrix）

一個 $m \times n$ 矩陣 $\mathbf{A}_{\mathbf{m \times n}}$，如果 $m=n$，則稱 **A** 爲方陣。口語上說，如果一個矩陣的「列數量」和「行數量」都一樣，則稱爲正方矩陣（square matrix），簡稱方陣。如下：

$$\begin{pmatrix} a_{11} & \cdots & a_{1m} \\ \vdots & \ddots & \vdots \\ a_{m1} & \cdots & a_{mm} \end{pmatrix}$$

一個方陣有 3 個基本術語描述其部位：

(1) 主對角線元素（leading diagonal entries）：從 a_{11} 到 a_{mm} 這一條元素。
(2) 離對角線元素（off-diagonal elements）：主對角元素以外的所有部分。
(3) 次對角線元素（the other diagonal entries）：從 a_{1m} 到 a_{m1} 這一條元素。

連乘方陣 **A**，$\mathbf{AAA} = \mathbf{A}^3$，可用次方表示，依序類推。

特例 1：如果一個方陣的離對角線元素均爲 0，我們稱之爲對角矩陣（diagonal matrix），慣用符號是 $\mathbf{D_n}$，例如：

$$對角矩陣：\mathbf{D_n} = \begin{pmatrix} a_1 & & 0 \\ & \ddots & \\ 0 & & a_n \end{pmatrix}$$

特例 2：如果對角矩陣的元素皆爲 1，稱爲單位矩陣（identity matrix），慣用符號是 $\mathbf{I_n}$，如下：

$$單位矩陣：\mathrm{diag}(1) = \mathbf{I_n} = \begin{pmatrix} 1 & & 0 \\ & \ddots & \\ 0 & & 1 \end{pmatrix}$$

一個性質：一個 n 維方陣 **A**，和單位矩陣 **I**，**AI = IA**。

方陣的主對角線加總，稱爲跡（Trace）：

$$\text{Trace} = a_{11} + a_{22} + \cdots + a_{mm}$$

以 $\begin{bmatrix} 7 & 1 & -3 \\ 1 & -1 & 2 \\ 3 & 6 & 9 \end{bmatrix}$ 爲例，它的 Trace = 7 + (–1) + 9 = 15

計算「跡」這個值，對於矩陣的對角化和特徵值有其意義。後面再續談。

對稱矩陣（Symmetric matrix）

如果一個矩陣 **A**，具有性質 $\mathbf{A}^T = \mathbf{A}$，則 **A** 爲對稱矩陣，且爲方陣。例如：

$$\begin{bmatrix} 0 & 1 & -3 \\ 1 & 5 & 6 \\ -3 & 6 & 9 \end{bmatrix}$$

全 1 矩陣（Matrix of ones）

矩陣代數常用 $\mathbf{J}_{m\times n}$ 表示元素全是 1 的非方陣矩陣，如下：

$$\mathbf{J}_{m\times n} = \begin{bmatrix} 1 & \cdots & 1 \\ \vdots & \ddots & \vdots \\ 1 & \cdots & 1 \end{bmatrix}$$

另外，和全 1 矩陣類似，還有全 0 矩陣（null matrix），顧名思義，就是元素皆爲 0 的矩陣。

$$\mathbf{O}_{m\times n}=\begin{bmatrix}0 & \dots & 0\\ \vdots & \ddots & \vdots\\ 0 & \cdots & 0\end{bmatrix}$$

三角矩陣（Triangular matrix）

一個方陣稱爲三角矩陣，只要主對角線其分割的上下兩邊，一邊是 0 就稱爲三角矩陣。如下：

上三角矩陣：$\begin{bmatrix}a_{11} & a_{12} & \cdots & a_{1n}\\ 0 & a_{22} & \cdots & a_{2n}\\ \vdots & 0 & \ddots & \vdots\\ 0 & 0 & \cdots & a_{nn}\end{bmatrix}$

下三角矩陣：$\begin{bmatrix}a_{11} & 0 & \cdots & 0\\ a_{21} & a_{22} & \cdots & 0\\ \vdots & 0 & \ddots & \vdots\\ a_{n1} & a_{n2} & \cdots & a_{nn}\end{bmatrix}$

三角矩陣在計量經濟學和多變量統計學有很重要的角色，主要在正交分割的處理。這個內容有很多好用的定理，幫助簡化計算。因內容超過本書，我們只簡單介紹一下。

列向量（Row vector）與行向量（Column vector）

一個矩陣只有一行，就稱爲行向量 (column vector)，例如：

$$\begin{bmatrix}a_1\\ a_2\\ \vdots\\ a_m\end{bmatrix}$$

同理，一個矩陣只有一列，就稱為列向量（row vector），例如：

$$\begin{bmatrix} a_1 & a_2 & \cdots & a_n \end{bmatrix}$$

向量的慣用符號是小寫正粗體，例如：**a**、**b**。

兩個向量可以定義內積和正交：

向量內積（inner product）

已知兩向量 $\mathbf{a}=\begin{bmatrix} a_1 \\ a_2 \\ \vdots \\ a_m \end{bmatrix}$ 和 $\mathbf{b}=\begin{bmatrix} b_1 \\ b_2 \\ \vdots \\ b_m \end{bmatrix}$，內積符號 $\mathbf{a}\cdot\mathbf{b}$，定義為以下運算

所得之值：$\mathbf{a}\cdot\mathbf{b}=a_1b_1+a_2b_2+\cdots+a_mb_m$

正交向量（orthogonal vectors）

已知兩向量 $\mathbf{a}=\begin{bmatrix} a_1 \\ a_2 \\ \vdots \\ a_m \end{bmatrix}$ 和 $\mathbf{b}=\begin{bmatrix} b_1 \\ b_2 \\ \vdots \\ b_m \end{bmatrix}$，如果 $\mathbf{a}\cdot\mathbf{b}=0$，則兩向量正交。

正交是基底（basis）向量的性質，基底向量的幾何意義是兩兩垂直，例如 X 軸和 Y 軸。所以，兩個座標 X 軸的 $\begin{bmatrix} 1 \\ 0 \end{bmatrix}$ 和 Y 軸上的 $\begin{bmatrix} 0 \\ 1 \end{bmatrix}$ 就是基底向量，這兩個向量的線性組合（也稱為展開，span）：

$$a\begin{bmatrix} 1 \\ 0 \end{bmatrix}+b\begin{bmatrix} 0 \\ 1 \end{bmatrix}$$

可以表示所有 X-Y 座標系上的點。一個主對角線矩陣的所有向量就是正交。

內積空間是線性代數很核心的議題，尤其是向量空間的幾何討論。內容很多，有興趣的讀者必須去涉獵正規的線性代數課程，此處掌握與後面有關的概念即可。

範例 1. 已知兩向量 $\mathbf{u}=\begin{bmatrix}-3\\1\\7\end{bmatrix}$ 和 $\mathbf{v}=\begin{bmatrix}9\\2\\-4\end{bmatrix}$，求內積 $\mathbf{u}\cdot\mathbf{v}$。

解 $\mathbf{u}\cdot\mathbf{v}=\begin{bmatrix}-3\\1\\7\end{bmatrix}\cdot\begin{bmatrix}9\\2\\-4\end{bmatrix}=-3\times 9+1\times 2+7\times(-4)=-53$

基本矩陣（Elementary matrix）

基本矩陣也稱爲基本列運算矩陣，慣用符號是 $\mathbf{E}$。我們先解釋什麼叫做列運算（row operation），已知一個矩陣 $\mathbf{A}$：

$$\begin{bmatrix}a_{11} & a_{12} & a_{13}\\a_{21} & a_{22} & a_{23}\\a_{31} & a_{32} & a_{33}\end{bmatrix}$$

添加列索引符號 R_1、R_2、R_3：

$$\begin{matrix}R_1\\R_2\\R_3\end{matrix}\begin{bmatrix}a_{11} & a_{12} & a_{13}\\a_{21} & a_{22} & a_{23}\\a_{31} & a_{32} & a_{33}\end{bmatrix}$$

列運算有幾種情況：

(1) 第 i 列乘上一個特定實數後，成爲新的第 i 列。
(2) 上述與第 j 列相加，成爲新的第 j 列。
(3) 兩列互換。

這樣任何一種情況做一次，稱爲一次列運算。例如：

$$\begin{matrix} R_1 \\ R_2 \\ -R_3 \end{matrix}\begin{bmatrix} a_{11} & a_{12} & a_{13} \\ a_{21} & a_{22} & a_{23} \\ -a_{31} & -a_{32} & -a_{33} \end{bmatrix}$$

第 3 列乘上 –1 成為新的第 3 列，是為一次列運算。

$$\begin{matrix} R_1-2R_2 \\ R_2 \\ R_3 \end{matrix}\begin{bmatrix} a_{11}-2a_{21} & a_{12}-2a_{22} & a_{13}-2a_{23} \\ a_{21} & a_{22} & a_{23} \\ a_{31} & a_{32} & a_{33} \end{bmatrix}$$

第 2 列乘上 –2，往上與第 1 列相加成為新的第 1 列，是為一次列運算。

基本矩陣 E

一個單位矩陣 **I** 經過一次列運算而成為的新矩陣，就稱為基本矩陣 **E**。

範例 2. 以下矩陣，何者為基本矩陣？

$$\mathbf{A}=\begin{bmatrix} 1 & 0 & 0 \\ 0 & 5 & 0 \\ 0 & 0 & 1 \end{bmatrix},\mathbf{B}=\begin{bmatrix} 1 & 0 & -3 & 0 \\ 0 & 1 & 0 & 0 \\ 0 & 0 & 1 & 0 \\ 0 & 0 & 0 & 1 \end{bmatrix},\mathbf{C}=\begin{bmatrix} 1 & 0 & 5 \\ 0 & 4 & 0 \\ 0 & 0 & 1 \end{bmatrix},\mathbf{D}=\begin{bmatrix} 0 & 1 \\ 1 & 0 \end{bmatrix}$$

解 A, B, D 皆是基本矩陣。

A 是單位矩陣 $\mathbf{I}_3$ 第 2 列乘上 5。

B 是單位矩陣 $\mathbf{I}_4$ 第 3 列乘上 –3，上加第 1 列。

D 是單位矩陣 $\mathbf{I}_2$ 第 1 列和第 2 列互換。

C 不是基本矩陣，因為執行 2 次列運算。

必須記住：基本矩陣的定義是「1 次」列運算。這個觀念對於次章學習求逆矩陣有關鍵地位，也是用高斯消去法解聯立方程組的核心。

10.3 矩陣基本運算

純量乘法（Scalar multiplication）

所謂純量，就是單單 1 個實數，一般代數稱爲常數（constant）。矩陣的純量乘法，就是任一純量 k 和矩陣 $\mathbf{A}$ 的乘積：$k\mathbf{A}$。例如：

$$3\cdot\begin{bmatrix}1 & 3 & 5\\ -2 & 8 & 6\end{bmatrix}=\begin{bmatrix}3 & 9 & 15\\ -6 & 24 & 18\end{bmatrix}$$

矩陣加減法（Matrix addition and subtraction）

矩陣彼此間只要維度相等，就可以進行同位置 (i, j) 元素的加減運算，

$$\mathbf{A}=\begin{bmatrix}a_{11} & a_{12} & a_{13}\\ a_{21} & a_{22} & a_{23}\end{bmatrix},\qquad \mathbf{B}=\begin{bmatrix}b_{11} & b_{12} & b_{13}\\ b_{21} & b_{22} & b_{23}\end{bmatrix}$$

$$\mathbf{A}\pm\mathbf{B}=\begin{bmatrix}a_{11}\pm b_{11} & a_{12}\pm b_{12} & a_{13}\pm b_{13}\\ a_{21}\pm b_{21} & a_{22}\pm b_{22} & a_{23}\pm b_{23}\end{bmatrix}$$

範例 1. 計算 $\begin{bmatrix}1 & 3 & 5\\ -2 & 8 & 6\end{bmatrix}+\begin{bmatrix}2 & 1 & 5\\ -6 & 10 & 8\end{bmatrix}$ 和 $\begin{bmatrix}6 & 4 & -2\\ -1 & 7 & 3\end{bmatrix}-\begin{bmatrix}-8 & 1 & -5\\ -4 & 0 & 2\end{bmatrix}$

解

$$\begin{bmatrix}1 & 3 & 5\\ -2 & 8 & 6\end{bmatrix}+\begin{bmatrix}2 & 1 & 5\\ -6 & 10 & 8\end{bmatrix}=\begin{bmatrix}3 & 4 & 10\\ -8 & 18 & 14\end{bmatrix}$$

$$\begin{bmatrix}6 & 4 & -2\\ -1 & 7 & 3\end{bmatrix}-\begin{bmatrix}-8 & 1 & -5\\ -4 & 0 & 2\end{bmatrix}=\begin{bmatrix}14 & 3 & 3\\ 3 & 7 & 1\end{bmatrix}$$

加減法的交換律（commutative）和結合律（associative），到了矩陣依然保有：

交換律：$\mathbf{A}\pm\mathbf{B}=\mathbf{B}\pm\mathbf{A}$

結合律：$(\mathbf{A}\pm\mathbf{B})\pm\mathbf{C}=\mathbf{A}\pm(\mathbf{B}\pm\mathbf{C})$

另外，

$$k(\mathbf{A} \pm \mathbf{B}) = k\mathbf{A} \pm k\mathbf{B}$$

$$(h \pm k)\,\mathbf{A} = h\mathbf{A} \pm k\mathbf{A}$$

矩陣乘法（Matrix multiplication）

矩陣 **A** 和矩陣 **B** 相乘，表示成 **AB**，我們的讀法必須依照數學語言：矩陣 **A** 後乘矩陣 **B**（post-multiplication of **A** by **B**, 或 **A** pre-multiplies **B**），或矩陣 **B** 前乘矩陣 **A**（pre-multiplication of B by **A**, 或 **B** post-multiplies **A**）。

矩陣的加減限列行數目一樣，運算後的新矩陣，列行數也都不會改變。乘法就不需兩個相乘的矩陣列行數相同，只需要前矩陣「行」和後矩陣「列」的數量一樣就可以，也就是說，若 **A** 和 **B** 兩個矩陣可以相乘，則 **A** 的行數量和 **B** 的列數量也要一樣。例如，若已知兩個矩陣：

$$\mathbf{A} = \begin{bmatrix} a_{11} & a_{12} & a_{13} \\ a_{21} & a_{22} & a_{23} \end{bmatrix}, \qquad \mathbf{B} = \begin{bmatrix} b_{11} & b_{12} \\ b_{21} & b_{22} \\ b_{31} & b_{32} \end{bmatrix}$$

AB 可以，**BA** 就不行。原因在於矩陣乘法是「列乘行，再加總」，如下：

$$\begin{bmatrix} a_{11} & a_{12} & a_{13} \\ a_{21} & a_{22} & a_{23} \end{bmatrix} \times \begin{bmatrix} b_{11} & b_{12} \\ b_{21} & b_{22} \\ b_{31} & b_{32} \end{bmatrix}$$
$$= \begin{bmatrix} a_{11} \cdot b_{11} + a_{12} \cdot b_{21} + a_{13} \cdot b_{31} & a_{11} \cdot b_{12} + a_{12} \cdot b_{22} + a_{13} \cdot b_{32} \\ a_{21} \cdot b_{11} + a_{22} \cdot b_{21} + a_{23} \cdot b_{31} & a_{21} \cdot b_{12} + a_{22} \cdot b_{22} + a_{23} \cdot b_{32} \end{bmatrix}$$

所以，一個 2×3 矩陣和一個 3×2 矩陣相乘，會變成 2×2 矩陣。實際範例如下：

範例 2. 已知 $\mathbf{A}=\begin{bmatrix}1 & 3 & 5\\ -2 & 8 & 6\end{bmatrix}$，$\mathbf{B}=\begin{bmatrix}1 & 7\\ 2 & 0\\ 0 & 3\end{bmatrix}$，請計算 **AB**。

解

$$\begin{bmatrix}1 & 3 & 5\\ -2 & 8 & 6\end{bmatrix}\begin{bmatrix}1 & 7\\ 2 & 0\\ 0 & 3\end{bmatrix}=\begin{bmatrix}7 & 22\\ 14 & 4\end{bmatrix}$$

$$\begin{bmatrix}1 & 3 & 5\end{bmatrix}\begin{bmatrix}1\\ 2\\ 0\end{bmatrix}=1\times 1+3\times 2+5\times 0=7$$

$$\begin{bmatrix}1 & 3 & 5\end{bmatrix}\begin{bmatrix}7\\ 0\\ 3\end{bmatrix}=1\times 7+3\times 0+5\times 3=22$$

$$\begin{bmatrix}-2 & 8 & 6\end{bmatrix}\begin{bmatrix}1\\ 2\\ 0\end{bmatrix}=-2\times 1+8\times 2+6\times 0=14$$

$$\begin{bmatrix}-2 & 8 & 6\end{bmatrix}\begin{bmatrix}7\\ 0\\ 3\end{bmatrix}=-2\times 7+8\times 0+6\times 3=4$$

乘法的結合律，在矩陣依然保留。

結合律：**A(BC) = (AB)C**

矩陣乘法的分配律（distributive law），對加減法有效。

$$\mathbf{A(B\pm C)=AB\pm AC}$$

$$\mathbf{(A\pm B)C=AC\pm BC}$$

範例 3. 已知兩方陣，$\mathbf{A}=\begin{bmatrix}1 & 7 & -3\\ 8 & 5 & 6\\ 4 & 2 & -9\end{bmatrix}$ 和 $\mathbf{B}=\begin{bmatrix}0 & 7 & 3\\ 1 & 5 & 1\\ 2 & -6 & 9\end{bmatrix}$，求 **AB** 和 **BA**。

解 $\mathbf{AB}=\begin{bmatrix}1&7&-3\\8&5&6\\4&2&-9\end{bmatrix}\begin{bmatrix}0&7&3\\1&5&1\\2&-6&9\end{bmatrix}=\begin{bmatrix}1&60&-17\\17&45&83\\-16&92&-67\end{bmatrix}$

$$\mathbf{BA}=\begin{bmatrix}0&7&3\\1&5&1\\2&-6&9\end{bmatrix}\begin{bmatrix}1&7&-3\\8&5&6\\4&2&-9\end{bmatrix}=\begin{bmatrix}68&41&15\\45&34&18\\-10&2&123\end{bmatrix}$$

由此例可知，兩個方陣相乘，交換次序結果是不一樣的，故矩陣乘法沒有交換律（commutative）。一般來說，**AB** 和 **BA** 不會相等。如果相等，則此類矩陣，別有關係，後面會再介紹。

矩陣轉置（Matrix transpose）

矩陣轉置意味一個 $m \times n$ 矩陣 **A**，轉置後 $\mathbf{A}^{\mathrm{T}}$ 變成 $n \times m$ 矩陣：列變成行，行變成列。也就是：

$$\mathbf{A}=\begin{bmatrix}a_{11}&a_{12}&a_{13}\\a_{21}&a_{22}&a_{23}\end{bmatrix},\ \mathbf{A}^{\mathrm{T}}=\begin{bmatrix}a_{11}&a_{21}\\a_{12}&a_{22}\\a_{13}&a_{23}\end{bmatrix}$$

$$\mathbf{B}=\begin{bmatrix}b_{11}&b_{12}\\b_{21}&b_{22}\\b_{31}&b_{32}\end{bmatrix},\ \mathbf{B}^{\mathrm{T}}=\begin{bmatrix}b_{11}&b_{21}&b_{31}\\b_{12}&b_{22}&b_{32}\end{bmatrix}$$

轉置的符號，通用的還有 **A′**。

範例 4. 已知 $\mathbf{A}=\begin{bmatrix}1&3&5\\-2&8&6\end{bmatrix},\mathbf{B}=\begin{bmatrix}1&7\\2&0\\0&3\end{bmatrix}$，請寫出轉置矩陣 $\mathbf{A}^{\mathrm{T}}$ 和 $\mathbf{B}^{\mathrm{T}}$。

解 $\mathbf{A}^{\mathrm{T}}=\begin{bmatrix}1&-2\\3&8\\5&6\end{bmatrix}$

$$\mathbf{B}^{\mathrm{T}}=\begin{bmatrix}1 & 2 & 0\\ 7 & 0 & 3\end{bmatrix}$$

矩陣轉置的性質

1. $(\mathbf{A}^{\mathrm{T}})^{\mathrm{T}}=\mathbf{A}$
2. $(\mathbf{A}\pm\mathbf{B})^{\mathrm{T}}=\mathbf{A}^{\mathrm{T}}\pm\mathbf{B}^{\mathrm{T}}$
3. $(\mathbf{AB})^{\mathrm{T}}=\mathbf{B}^{\mathrm{T}}\mathbf{A}^{\mathrm{T}}$

逆矩陣（Inverse）

逆矩陣一稱反矩陣，如果兩個方陣相乘等於單位矩陣，則這兩個矩陣互爲逆矩陣。逆矩陣也稱爲乘法反元素，數學上規定只有方陣才有乘法反元素。正式定義如下：

逆矩陣

令 $\mathbf{A},\mathbf{B}\in\mathbf{M}_{\mathbf{n}\times\mathbf{n}}$

若且唯若 $\mathbf{AB}=\mathbf{BA}=\mathbf{I}_{\mathbf{n}}$，則 $\mathbf{A},\mathbf{B}$ 互爲逆矩陣，寫成 $\mathbf{A}=\mathbf{B}^{-1}$ 或 $\mathbf{B}=\mathbf{A}^{-1}$

上述定義的口語表達，是說，假設 **A**、**B** 是兩個皆是維度爲 n 的方陣，如果 **AB** 相乘等於單位矩陣，則 **A**、**B** 彼此互爲逆矩陣。反之亦然。

範例 5.　已知，$\mathbf{A}=\begin{bmatrix}3 & -7\\ 2 & -5\end{bmatrix},\mathbf{B}=\begin{bmatrix}5 & -7\\ 2 & -3\end{bmatrix}$，驗證兩者互為逆矩陣。

解　因為 $\begin{bmatrix}3 & -7\\ 2 & -5\end{bmatrix}\begin{bmatrix}5 & -7\\ 2 & -3\end{bmatrix}=\begin{bmatrix}1 & 0\\ 0 & 1\end{bmatrix}$

且 $\begin{bmatrix}5 & -7\\ 2 & -3\end{bmatrix}\begin{bmatrix}3 & -7\\ 2 & -5\end{bmatrix}=\begin{bmatrix}1 & 0\\ 0 & 1\end{bmatrix}$

故 $\mathbf{B}^{-1}=\begin{bmatrix}3 & -7\\ 2 & -5\end{bmatrix},\mathbf{A}^{-1}=\begin{bmatrix}5 & -7\\ 2 & -3\end{bmatrix}$

我們必須注意一點：方陣 **A** 的逆矩陣是 $\mathbf{A}^{-1}$，不是 1/**A**。

$$\mathbf{A}^{-1} \neq \frac{1}{\mathbf{A}}$$

雖然很多軟體用 1/A 表示矩陣內所有元素的倒數，但是，1/**A** 不被矩陣 **A** 定義。矩陣代數的數學定義是清晰的：**AB = I**，則我們說 **B** 是 **A** 的右逆矩陣（right inverse matrix），或 **A** 是 **B** 的左逆矩陣（left inverse matrix）。差之毫釐、失之千里，方向一定要標示清楚。

另外，一個方陣 **A** 定義被稱為沒有逆矩陣（non-invertible），或奇異（singular），如果 **A** 不存在逆矩陣 **B**，滿足 **AB=BA=I**。

範例 6. 已知矩陣 $\mathbf{A}=\begin{bmatrix} 3 & 2 \\ 6 & 4 \end{bmatrix}$，請證明 A 不存在逆矩陣。

解 如果學過向量空間，這個問題就可以由線性獨立（linear independence）得證。此處，我們這樣證明：

令 **A** 的逆矩陣為 $\mathbf{B}=\begin{bmatrix} a & b \\ c & d \end{bmatrix}$，則

$$\mathbf{AB} =$$

$$\begin{bmatrix} 3 & 2 \\ 6 & 4 \end{bmatrix}\begin{bmatrix} a & b \\ c & d \end{bmatrix}=\begin{bmatrix} 1 & 0 \\ 0 & 1 \end{bmatrix}$$

$$\begin{bmatrix} 3a+2c & 3b+2d \\ 6a+4c & 6b+4d \end{bmatrix}=\begin{bmatrix} 1 & 0 \\ 0 & 1 \end{bmatrix}$$

利用對應，以第 2 行為例

$$3b+2d=0 \qquad (1)$$
$$6b+4d=1 \qquad (2)$$

等號左邊：第 1 式 ×2 = 第 2 式

等號右邊：$0\times 2\neq 1$

矛盾，故 **A** 無可逆矩陣。

關於逆矩陣的求法，可以使用列運算、高斯消去法和行列式等方法，次章會講這些方法。實務計算上，我們用 Python 就一指搞定。

矩陣除法

由上面可知，因爲矩陣乘法沒有交換律（commutative），所以，矩陣的除法是不能直接用 **A/B** 表示，因爲如果 **A/B**，那要寫成 $\mathbf{B}^{-1}\mathbf{A}$ 還是 $\mathbf{AB}^{-1}$？兩者不一樣。因此，就必須定義。我們來解釋這個問題：

如果 **AB = C**，那 **B** 要如何計算？不能用 **B = C/A**：

$\mathbf{AB=C}$	
$\mathbf{A^{-1}AB=A^{-1}C}$	等號兩端皆左乘 $\mathbf{A}^{-1}$
$\mathbf{B=A^{-1}C}$	$\mathbf{A^{-1}A=I}$

另一方面：

$\mathbf{ABB^{-1}= CB^{-1}}$	等號兩端皆右乘 $\mathbf{B}^{-1}$
$\mathbf{A= CB^{-1}}$	$\mathbf{BB^{-1}=I}$

習題

1. 已知，$\mathbf{A}=\begin{bmatrix}1&2&0\\2&5&-1\\4&10&-1\end{bmatrix},\mathbf{B}=\begin{bmatrix}5&2&-2\\-2&-1&1\\0&-2&1\end{bmatrix}$，驗證兩者互爲逆矩陣。

2. 已知 $\mathbf{A}=\begin{bmatrix}-6&3&1\\8&9&-2\\6&-1&5\end{bmatrix},\mathbf{B}=\begin{bmatrix}-1&4&8\\-9&1&2\end{bmatrix},\mathbf{C}=\begin{bmatrix}5&8\\0&-6\\5&6\end{bmatrix},\mathbf{D}=\begin{bmatrix}-4&1\\6&5\end{bmatrix}$，計算以下問題。

（可用 Python 確認答案）

(1) $\mathbf{(BC)^T}$　　(2) $\mathbf{(CD)^T}$　　(3) $\mathbf{D-D^T}$

(4) $\mathbf{A-A^T}$　　(5) $\mathbf{(A^T)^T}$　　(6) $\mathbf{(2D)^T}$

(7) $\mathbf{B}^T + \mathbf{C}$　(8) $\mathbf{B} + \mathbf{C}^T$　(9) $(\mathbf{B}^T + \mathbf{C})^T$

(10) $(2\mathbf{B}^T - 5\mathbf{C})^T$　(11) $(-\mathbf{A})^T$　(12) $-(\mathbf{A})^T$

(13) $(\mathbf{D}^2)^T$　(14) $(\mathbf{D}^T)^2$

習題解答

1. 略

2. (1) $\begin{bmatrix} 35 & -35 \\ 16 & -66 \end{bmatrix}$　(2) $\begin{bmatrix} 28 & -36 & 16 \\ 45 & -30 & 35 \end{bmatrix}$　(3) $\begin{bmatrix} 0 & -5 \\ 5 & 0 \end{bmatrix}$

(4) $\begin{bmatrix} 0 & -5 & -5 \\ 5 & 0 & -1 \\ 5 & 1 & 0 \end{bmatrix}$　(5) $\begin{bmatrix} -6 & 3 & 1 \\ 8 & 9 & -2 \\ 6 & -1 & 5 \end{bmatrix}$　(6) $\begin{bmatrix} -8 & 12 \\ 2 & 10 \end{bmatrix}$

(7) $\begin{bmatrix} 4 & -1 \\ 4 & -5 \\ 13 & 8 \end{bmatrix}$　(8) $\begin{bmatrix} 4 & 4 & 13 \\ -1 & -5 & 8 \end{bmatrix}$　(9) $\begin{bmatrix} 4 & 4 & 13 \\ -1 & -5 & 8 \end{bmatrix}$

(10) $\begin{bmatrix} -27 & 8 & -9 \\ -58 & 32 & -26 \end{bmatrix}$　(11) $\begin{bmatrix} 6 & -8 & -6 \\ -3 & -9 & 1 \\ -1 & 2 & -5 \end{bmatrix}$　(12) $\begin{bmatrix} 6 & -8 & -6 \\ -3 & -9 & 1 \\ -1 & 2 & -5 \end{bmatrix}$

(13) $\begin{bmatrix} 22 & 6 \\ 1 & 31 \end{bmatrix}$　(14) $\begin{bmatrix} 22 & 6 \\ 1 & 31 \end{bmatrix}$

第⓫堂課

矩陣的基本運算與應用

11.1 基本列運算

解線性方程組——高斯消去法（Gauss elimination）

高斯消去法是指一連串的基本列運算（elementary row operation），把方陣變成單位矩陣，也就是消去離對角線的元素（轉換成 0）。

已知一個聯立方程組如下：

$$\begin{aligned} x-3y+5z&=-9\\ 2x-y-3z&=19\\ 3x+y+4z&=-13 \end{aligned}$$

此方程組用矩陣表示如下：

$$\begin{bmatrix} 1 & -3 & 5 \\ 2 & -1 & -3 \\ 3 & 1 & 4 \end{bmatrix}\begin{bmatrix} x \\ y \\ z \end{bmatrix}=\begin{bmatrix} -9 \\ 19 \\ -13 \end{bmatrix}$$

在此矩陣中，

$\begin{bmatrix} 1 & -3 & 5 \\ 2 & -1 & -3 \\ 3 & 1 & 4 \end{bmatrix}$ 稱爲係數矩陣（coefficient matrix）；

$\begin{bmatrix} x \\ y \\ z \end{bmatrix}$ 稱爲未知數向量（unknown vector）；

$\begin{bmatrix} -9 \\ 19 \\ -13 \end{bmatrix}$ 稱常數向量（constant vector）。若此爲 0，稱此系統爲齊次系統（homogeneous system of equations），是用來描述零空間（null space）的函數。

解這個方程組的第 1 步，是寫下係數和常數行合併（column bind）的擴增矩陣（augmented matrix）：

$$\left[\begin{array}{ccc|c} 1 & -3 & 5 & -9 \\ 2 & -1 & -3 & 19 \\ 3 & 1 & 4 & -13 \end{array}\right]$$

高斯消去法就是用「列運算」將上式轉換成下式：

$$\left[\begin{array}{ccc|c} 1 & 0 & 0 & a \\ 0 & 1 & 0 & b \\ 0 & 0 & 1 & c \end{array}\right]$$

a、b、c 3 個數字，就是聯立方程式三個未知數的解。列運算的原則：

第 1 步：先製造上三角矩陣，也就是透過列運算把左下方的 (1, 2, 3) 三個元素變成 0。這步完成後的矩陣，稱爲矩陣梯形（echelon form）。

第 2 步：同法，再把上三角的數字歸 0。

第 3 步：主對角線變成 1。

整個演算過程，擴增的最右行，就會逐次運算出 3 個未知數最後的解。

範例 1. 以基本列運算完成 $\left[\begin{array}{ccc|c} 1 & -3 & 5 & -9 \\ 2 & -1 & -3 & 19 \\ 3 & 1 & 4 & -13 \end{array}\right]$ 的解。

解

$$\Rightarrow \begin{matrix} R_1 \\ R_2 \\ -3R_1+R_3 \end{matrix}\left[\begin{array}{ccc|c} 1 & -3 & 5 & -9 \\ 2 & -1 & -3 & 19 \\ -3+3 & 9+1 & -15+4 & 27-13 \end{array}\right] = \begin{matrix} R_1 \\ R_2 \\ R_3 \end{matrix}\left[\begin{array}{ccc|c} 1 & -3 & 5 & -9 \\ 2 & -1 & -3 & 19 \\ 0 & 10 & -11 & 14 \end{array}\right]$$

$$\Rightarrow \begin{matrix} R_1 \\ -2R_1+R_2 \\ R_3 \end{matrix}\left[\begin{array}{ccc|c} 1 & -3 & 5 & -9 \\ -2+2 & 6-1 & -10-3 & 18+19 \\ 0 & 10 & -11 & 14 \end{array}\right] = \begin{matrix} R_1 \\ R_2 \\ R_3 \end{matrix}\left[\begin{array}{ccc|c} 1 & -3 & 5 & -9 \\ 0 & 5 & -13 & 37 \\ 0 & 10 & -11 & 14 \end{array}\right]$$

$$\Rightarrow \begin{matrix} R_1 \\ R_2 \\ -2R_2+R_3 \end{matrix}\left[\begin{array}{ccc|c} 1 & -3 & 5 & -9 \\ 0 & 5 & -13 & 37 \\ 0 & -10+10 & 26-11 & -74+14 \end{array}\right] = \begin{matrix} R_1 \\ R_2 \\ R_3 \end{matrix}\left[\begin{array}{ccc|c} 1 & -3 & 5 & -9 \\ 0 & 5 & -13 & 27 \\ 0 & 0 & 15 & -60 \end{array}\right]$$

$$\Rightarrow \begin{matrix} R_1 \\ R_2 \\ R_3/15 \end{matrix}\left[\begin{array}{ccc|c} 1 & -3 & 5 & -9 \\ 0 & 5 & -13 & 27 \\ 0 & 0 & 15/15 & -60/15 \end{array}\right]$$

$$= \begin{matrix} R_1 \\ R_2 \\ R_3 \end{matrix}\left[\begin{array}{ccc|c} 1 & -3 & 5 & -9 \\ 0 & 5 & -13 & 27 \\ 0 & 0 & 1 & -4 \end{array}\right]$$

上式最後一個結果，因爲下三角歸 0，因此整個擴增矩陣稱爲梯形矩陣（echelon form）。當梯形出現後，要歸 0 上三角就輕而易舉了：由最底列往上運算即可。

由第 3 列可以知道 $z=-4$，此時可以逐次帶入第 2 和第 1 列，把 x 和 y 逐次解出來。或者也可以繼續進行列運算，最後的結果如下：

$$\left[\begin{array}{ccc|c} 1 & 0 & 0 & 2 \\ 0 & 1 & 0 & -3 \\ 0 & 0 & 1 & -4 \end{array}\right]$$

將這個結果，寫回聯立方程組：

$$\begin{bmatrix} 1 & 0 & 0 \\ 0 & 1 & 0 \\ 0 & 0 & 1 \end{bmatrix} \begin{bmatrix} x \\ y \\ z \end{bmatrix} = \begin{bmatrix} 2 \\ -3 \\ -4 \end{bmatrix}$$

故 $x = 2, y = -3, z = -4$

矩陣的秩（Rank）

令 **A** 爲一個 $m \times n$ 階矩陣。矩陣秩或簡稱秩，記爲 rank(**A**)，是矩陣的重要資訊。線性代數的書本大多建議以高斯消去法計算 rank(**A**)，即運用基本列運算化簡 **A** 直到得出梯形矩陣爲止。

由上述解釋，經過一連串把下三角部位歸 0 的基本列運算，可以得到一個梯形矩陣（echelon form），例如：假設一個 5×6 矩陣如下：

$$\mathbf{A} = \begin{bmatrix} 5 & 4 & 1 & -8 & 9 & 22 \\ 0 & 4 & -2 & 1 & 11 & -1 \\ 0 & 0 & 3 & 4 & 5 & 4 \\ 0 & 0 & 0 & 2 & 6 & 3 \\ 0 & 0 & 0 & 0 & 1 & -2 \end{bmatrix}$$

演算程序於得到梯形矩陣後終止，從列來看，非 0 的對角元素有 5 個：[5, 4, 3, 2, 1]。得知 **A** 有 5 個軸元，故 rank(**A**) = 5。

爲什麼只有 5 個？最後 1 行呢？最後一行是多餘的，因爲，只要出現梯形矩陣，只要持續進行基本列運算，另一塊三角形也將歸 0，變成如下型式：

$$\begin{bmatrix} 1 & 0 & 0 & 0 & 0 & a \\ 0 & 1 & 0 & 0 & 0 & b \\ 0 & 0 & 1 & 0 & 0 & c \\ 0 & 0 & 0 & 1 & 0 & d \\ 0 & 0 & 0 & 0 & 1 & e \end{bmatrix}$$

最右邊的行向量 $[a, b, c, d, e]$ 是多餘的，因爲可以由 5×5 的單位矩陣線性組合得到：

$$a\begin{bmatrix}1\\0\\0\\0\\0\end{bmatrix}+b\begin{bmatrix}0\\1\\0\\0\\0\end{bmatrix}+c\begin{bmatrix}0\\0\\1\\0\\0\end{bmatrix}+d\begin{bmatrix}0\\0\\0\\1\\0\end{bmatrix}+e\begin{bmatrix}0\\0\\0\\0\\1\end{bmatrix}=\begin{bmatrix}a\\b\\c\\d\\e\end{bmatrix}$$

所以，行向量 $[a, b, c, d, e]$ 不是獨立的，5×5 的單位矩陣在座標系上，彼此垂直（正交）且獨立，所以，這 5×5 的單位矩陣也稱爲矩陣 **A** 的基底（basis vectors）。任何的空間座標，都可以由 5×5 的單位矩陣進行如上述的線性組合（純量運算）得到。

因爲這個結果是基本列運算得到的，所以，我們看列的非 0 數。但是，從列運算或行運算計算的秩都是一樣的，只是歸 0 的部位不同而已。這個矩陣的秩就是 5：$\text{rank}(\mathbf{A}) = 5$。

範例 2.　已知矩陣 $\mathbf{A}=\begin{bmatrix}1&2&3&4&5&6\\27&28&29&30&31&32\\15&16&17&18&19&20\\31&32&33&34&35&36\\45&46&47&48&49&50\end{bmatrix}$，請問 $\text{rank}(\mathbf{A})=$ ？

解　經過多次基本列運算化約，得到如下梯形矩陣：

$$\begin{bmatrix}1&0&-1&-2&-3&-4\\0&1&2&3&4&5\\0&0&0&0&0&0\\0&0&0&0&0&0\\0&0&0&0&0&0\end{bmatrix}$$

非 0 列數為 2，故 $\text{rank}(\mathbf{A}) = 2$

最後，一個常常混淆的觀念，就是秩（rank）與維度（dimension）的差異何在？雖然秩和維度的數字一樣，但是，嚴格地說，秩是矩陣的性質，維度是向量空間（vector space）的性質。當我們把矩陣列向量以座標方式呈現時，此空間即是以維度表示的向量空間。例如：當我們說一個 $\mathbf{A}_{3\times3}$ 矩陣爲可逆時，rank(**A**) = 3，而不說 dim(**A**) = 3；下面第 3 節介紹行列式的幾何意義時，會更了解這個問題。

習題

1. 以高斯消去法求以下線性方程組的解：

(1) $\begin{aligned} x+2y-3z&=3 \\ 2x-y-z&=11 \\ 3x+2y+z&=-5 \end{aligned}$

(2) $\begin{aligned} 2x+2y+z&=10 \\ x-3y+4z&=0 \\ 3x-y+6z&=12 \end{aligned}$

(3) $\begin{aligned} x+2y+z&=1 \\ 2x+2y+3z&=2 \\ 5x+8y+2z&=4 \end{aligned}$

(4) $\begin{aligned} 10x+y-5z&=18 \\ -20x+3y+20z&=14 \\ 5x+3y+5z&=9 \end{aligned}$

2. 求以下矩陣的秩（rank）：

(1) $\mathbf{A}=\begin{bmatrix} 1 & 2 & 3 \\ 4 & 5 & 6 \end{bmatrix}$

(2) $\mathbf{A}=\begin{bmatrix} 1 & 3 \\ 2 & 4 \end{bmatrix}$

(3) $\mathbf{A}=\begin{bmatrix} 1 & 2 & 3 & 4 \\ 5 & 6 & 7 & 8 \\ 9 & 10 & 11 & 12 \end{bmatrix}$

(4) $\mathbf{A}=\begin{bmatrix} -5 & 2 & 3 \\ 7 & 1 & 0 \\ -7 & 6 & 1 \\ -2 & 5 & 2 \end{bmatrix}$

習題解答

1. (1) $x=2, y=-4, z=-3$

   (2) $x=1, y=3, z=2$

   (3) $x=1/2, y=1/8, z=1/4$

   (4) $x=-6.2, y=30, z=-10$

2. (1) rank(**A**) = 2；(2) rank(**A**) = 2；(3) rank(**A**) = 2；(4) rank(**A**) = 3

11.2 求取逆矩陣

基本列運算求取逆矩陣

範例 1. 已知矩陣 $\mathbf{A}=\begin{bmatrix}1 & 3\\ 2 & 4\end{bmatrix}$，用基本列運算求逆矩陣。

解　先寫一個擴張矩陣：

$$\begin{matrix}R_1\\R_2\end{matrix}\left[\begin{array}{cc|cc}1 & 3 & 1 & 0\\ 2 & 4 & 0 & 1\end{array}\right]$$

$$\mathbf{E_1}\Rightarrow\begin{matrix}R_1\\-2R_1+R_2\end{matrix}\left[\begin{array}{cc|cc}1 & 3 & 1 & 0\\ -2+2 & -6+4 & -2+0 & 1\end{array}\right]$$

$$=\begin{matrix}R_1\\R_2\end{matrix}\left[\begin{array}{cc|cc}1 & 3 & 1 & 0\\ 0 & -2 & -2 & 1\end{array}\right]$$

$$\mathbf{E}_2\Rightarrow\begin{matrix}\frac{3}{2}R_2+R_1\\R_2\end{matrix}\left[\begin{array}{cc|cc}1 & -3+3 & -3+1 & \frac{3}{2}+0\\ 0 & -2 & -2 & 1\end{array}\right]$$

$$=\begin{matrix}R_1\\R_2\end{matrix}\left[\begin{array}{cc|cc}1 & 0 & -2 & \frac{3}{2}\\ 0 & -2 & -2 & 1\end{array}\right]$$

$$\mathbf{E}_3\Rightarrow\begin{matrix}R_1\\-\frac{1}{2}R_2\end{matrix}\left[\begin{array}{cc|cc}1 & 0 & -2 & \frac{3}{2}\\ 0 & 1 & 1 & -\frac{1}{2}\end{array}\right]$$

故，$\mathbf{A}$ 的逆矩陣：$\mathbf{A}^{-1}=\begin{bmatrix}-2 & \frac{3}{2}\\ 1 & -\frac{1}{2}\end{bmatrix}$。

上面的基本列運算共 3 次，令其為 $\mathbf{E}_1$、$\mathbf{E}_2$、$\mathbf{E}_3$，所以 $\mathbf{E}_1\mathbf{E}_2\mathbf{E}_3\mathbf{A}=\mathbf{I}$，故 $\mathbf{E}_1\mathbf{E}_2\mathbf{E}_3=\mathbf{A}^{-1}$，而 $\mathbf{E}_1\mathbf{E}_2\mathbf{E}_3$ 就是被擴增矩陣右邊那一塊收集起來。

逆矩陣法解線性方程組

如上一節的例子，$\begin{bmatrix} 1 & -3 & 5 \\ 2 & -1 & -3 \\ 3 & 1 & 4 \end{bmatrix}\begin{bmatrix} x \\ y \\ z \end{bmatrix} = \begin{bmatrix} -9 \\ 19 \\ -13 \end{bmatrix}$ 可以對應寫成 $\mathbf{AX} = \mathbf{b}$，$\mathbf{A}$ 就是係數矩陣，$\mathbf{X}$ 是未知數向量，$\mathbf{b}$ 是常數向量，透過簡單運算，可知：

$$\mathbf{X} = \mathbf{A}^{-1}\mathbf{b}$$

因此，逆矩陣的重要性可見一斑。承此，

$$\mathbf{A}^{-1} = \begin{bmatrix} -1/75 & 17/75 & 14/75 \\ -17/75 & -11/75 & 13/75 \\ 1/15 & -2/75 & 1/15 \end{bmatrix}$$

$$\mathbf{X} = \mathbf{A}^{-1}\mathbf{b} = \begin{bmatrix} -1/75 & 17/75 & 14/75 \\ -17/75 & -11/75 & 13/75 \\ 1/15 & -2/75 & 1/15 \end{bmatrix}\begin{bmatrix} -9 \\ 19 \\ -13 \end{bmatrix} = \begin{bmatrix} 2 \\ -3 \\ -4 \end{bmatrix}$$

習題

1. 以基本列運算，求以下矩陣的逆矩陣。

(1) $\begin{bmatrix} 7 & 9 \\ 5 & 7 \end{bmatrix}$　(2) $\begin{bmatrix} 9 & 2 \\ 13 & 3 \end{bmatrix}$

(3) $\begin{bmatrix} 17 & 7 \\ 12 & 5 \end{bmatrix}$　(4) $\begin{bmatrix} 7 & 1 \\ 14 & 2 \end{bmatrix}$

2. 以逆矩陣方法，求以下聯立方程式的解。

(1) $\begin{aligned} x - 5y &= -8 \\ x + 8y &= 5 \end{aligned}$　(2) $\begin{aligned} x + 2y + z &= 10 \\ 2x + 5y + z &= -8 \\ x - 2y + 8z &= 5 \end{aligned}$

習題解答

1. (1) $\begin{bmatrix} 7/4 & -9/4 \\ -5/4 & 7/4 \end{bmatrix}$　(2) $\begin{bmatrix} 3 & -2 \\ -13 & 9 \end{bmatrix}$

   (3) $\begin{bmatrix} 5 & -7 \\ -12 & 17 \end{bmatrix}$　(4) 無解

2. (1) $x=-3, y=1$

   (2) $x=183, y=-67, z=-39$

11.3 行列式與它的幾何意義

行列式（determinant）是一個很奇特的觀念，它是定義於一個矩陣（或更正確地說：方陣）的實數值函數。也就是說，行列式是一個函數，定義域爲所有方陣所成的集合，值域爲實數。若矩陣爲 $\mathbf{A}$，則其行列式標註爲 $\det(\mathbf{A})$ 或 $|\mathbf{A}|$。我們分三部分解說。

2 × 2 矩陣的行列式

已知 $\mathbf{A}=\begin{bmatrix} a & b \\ c & d \end{bmatrix}$，高中數學學過 $\mathbf{A}$ 的行列式：

$$\det(\mathbf{A}) = ad - bc$$

也就是「主對角線元素乘積」減「次對角線元素乘積」。

範例 1. 請計算矩陣 $\mathbf{A}=\begin{bmatrix} 2 & 0 \\ 3 & 4 \end{bmatrix}$ 的行列式。

解　$\det(\mathbf{A}) = 2\times4-3\times0=8$

再說一次，行列式是一個數值，不是矩陣。問題就是 8 這個數字意義何在？我們先回想一下，矩陣代數整體學習的範疇是什麼？是向量，向量空間。也就是說，矩陣運算的本質具有幾何意義。我們藉由這個例子，來說明行列式的意義。

如圖 11-1 的三個座標 P(0, 0)、Q(2, 0) 和 R(0, 3) 圍起來的 PQR 是直角三角形，面積是 $3(=\frac{3\cdot 2}{2})$。

這三個座標可以行向量寫成一個 2×3 矩陣 B，如下：

$$\mathbf{B}=\begin{bmatrix}0 & 2 & 0\\ 0 & 0 & 3\end{bmatrix}$$

那麼把 **B** 前乘上面範例 1 的矩陣 **A**，得到：

$$\mathbf{AB}=\begin{bmatrix}2 & 0\\ 3 & 4\end{bmatrix}\begin{bmatrix}0 & 2 & 0\\ 0 & 0 & 3\end{bmatrix}=\begin{bmatrix}0 & 4 & 0\\ 0 & 6 & 12\end{bmatrix}$$

矩陣 $\begin{bmatrix}0 & 4 & 0\\ 0 & 6 & 12\end{bmatrix}$ 就是 3 個座標 P*(0, 0)、Q*(4, 6) 和 R*(0, 12)，在圖 11-1 上，就是用虛線連結起來的三角形的端點。很明顯地，P*Q* R* 是等腰三角形，面積是 $24(=\frac{4\cdot 12}{2})$。

所以，我們有三個資訊：矩陣 A 的行列式 = 8，PQR 三個座標圍起來的第 1 個三角形面積 = 3，P*Q* R* 三個座標圍起來的第 2 個三角形面積 = 24。所以，很清楚地，行列式的幾何意義是：座標轉換後的新面積，是原座標面積的倍數。所以，PQR 被矩陣 A 轉換（前乘）後，座標被移至 P*Q* R*，被轉換的座標所圍起來的面積，是原座標圍起來面積的「倍數」，就是行列式的「值」。所以，行列式也稱爲面積量尺因子（area scale factor）。

矩陣運算都是一連串列運算疊乘起來，而它的意義就是轉換（transformation）。如果是四邊形，不管是正四邊形，任意四邊形，還是長方形，就是四個座標構成 2×4 矩陣。所以，在很多應用上，如果要製作一個面積大 k 倍的圖形，座標轉置只需要找到一個行列式 = k 的轉換矩陣，再

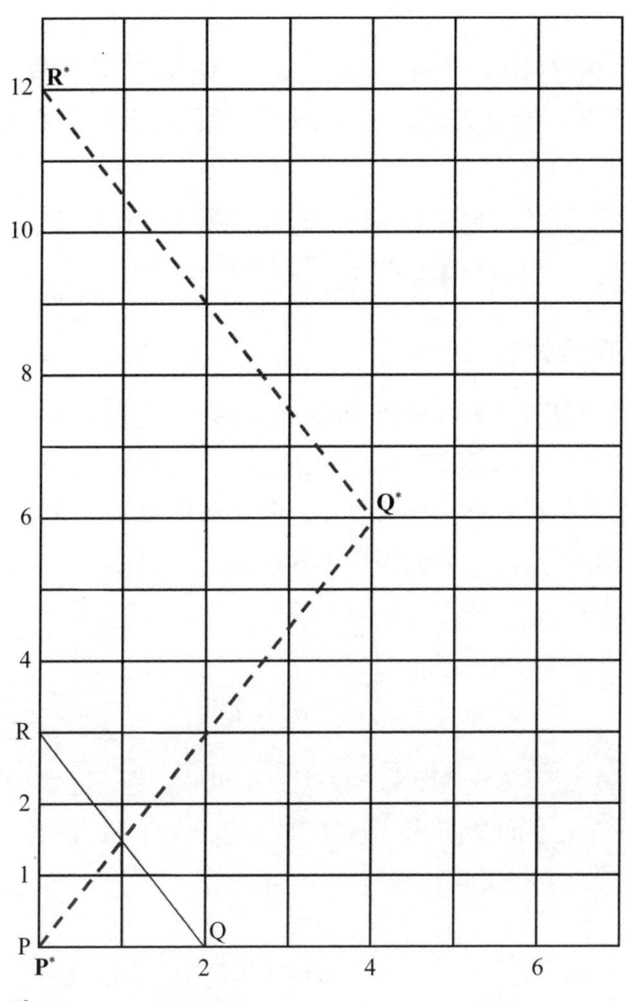

圖 11-1　座標轉換

乘上原座標，就可以將原座標移至新地方，同時放大面積 k 倍。

矩陣代數的重要，就在於其幾何空間的運算，代表了函數的轉換，在演算法問題極其重要，學得好自然心領神會，對爾後很多數學問題手到擒來。

讀者可以自行做圖，練習以下問題：以下 4 點座標圍起來的正方形：P(0, 0)、Q(1, 0)、R(0, 1) 和 S(1, 1)，被 $\mathbf{A}=\begin{bmatrix}2 & 1\\1 & 3\end{bmatrix}$ 轉換後的面積是不是原來

的 5 倍？

另外，如果行列式是負的，好比 –10，面積沒有負的倍數。–10 依然是 10 倍，負號只是行向量交換而已：矩陣行向量從右開始算 X 軸，向左讀是 Y 軸。

2 × 2 矩陣代表在二維空間（2D）的幾何轉換，同理，3 × 3 矩陣代表在三維空間（3D）的幾何轉換，我們接著往下看。

3 × 3 矩陣的行列式

承上，3 × 3 矩陣代表在三維空間的幾何轉換，也就是 3D 的幾何轉換。幾何圖形同理類推，此處就不再談幾何意義，只介紹行列式的計算方法。

3 × 3 矩陣的行列式，不像 2 × 2 矩陣那樣直覺。先定義餘行列式（minor，又譯子行列式）和餘因子（co-factor）。已知：

$$\mathbf{A}=\begin{bmatrix} a_{11} & a_{12} & a_{13} \\ a_{21} & a_{22} & a_{23} \\ a_{31} & a_{32} & a_{33} \end{bmatrix}$$

「餘」的意義是依元素而來，故以 a_{ij} 說明：a_{ij} 是一個第 i 列，第 j 行的元素（entry），a_{11} 的餘矩陣 $\tilde{\mathbf{A}}_{11}$ 就是矩陣 **A** 刪除第 1 列（$i=1$）和第 1 行（$j=1$）後，剩餘的 2 × 2 矩陣，寫成：

$$\tilde{\mathbf{A}}_{11}=\begin{bmatrix} a_{22} & a_{23} \\ a_{32} & a_{33} \end{bmatrix}\text{，餘行列式就是 } \mathbf{M}_{11}=\det(\tilde{\mathbf{A}}_{11})$$

a_{23} 的餘矩陣 $\tilde{\mathbf{A}}_{23}$ 就是矩陣 **A** 刪除第 2 列（$i=2$）和第 3 行（$j=3$）後，剩餘的 2 × 2 矩陣，寫成：

$$\tilde{\mathbf{A}}_{23}=\begin{bmatrix} a_{11} & a_{12} \\ a_{31} & a_{32} \end{bmatrix}\text{，餘行列式就是 } \mathbf{M}_{23}=\det(\tilde{\mathbf{A}}_{23})$$

元素 a_{ij} 的餘因子 C_{ij} 則定義爲餘行列式前置係數 $(-1)^{i+j}$ ：

$$C_{ij} = (-1)^{i+j} M_{ij}$$

矩陣 **A** 的行列式只要任選一列或一行，然後逐元素做餘因子展開，例如，依第一列做餘因子展開：

$$\begin{aligned}\det(\mathbf{A}) &= a_{11}C_{11} + a_{12}C_{12} + a_{13}C_{13} \\ &= a_{11}(-1)^{1+1}M_{11} + a_{12}(-1)^{1+2}M_{12} + a_{13}(-1)^{1+3}M_{13} \\ &= a_{11}M_{11} - a_{12}M_{12} + a_{13}M_{13}\end{aligned}$$

前置係數 $(-1)^{i+j}$ 有其規律，方陣主對角線左上角第 1 個爲正（+），其餘則間格正負交錯塡滿，事實上主對角線一定是正的。處理這些問題，就是要小心謹愼。

$$\begin{bmatrix} + & - & + & \cdots \\ - & + & - & \cdots \\ + & - & + & \cdots \\ \vdots & \vdots & \vdots & + \end{bmatrix}$$

範例 2.　已知 $\mathbf{A} = \begin{bmatrix} -2 & -1 & 5 \\ 0 & -6 & 6 \\ 1 & 3 & -7 \end{bmatrix}$，請求取行列式 $\det(\mathbf{A})$。

解　我們可以依第 1 列做餘因子展開：

$$\det(\mathbf{A}) = (-2)(-1)^{1+1}\begin{vmatrix} -6 & 6 \\ 3 & -7 \end{vmatrix} + (-1)(-1)^{1+2}\begin{vmatrix} 0 & 6 \\ 1 & -7 \end{vmatrix} + (5)(-1)^{1+3}\begin{vmatrix} 0 & -6 \\ 1 & 3 \end{vmatrix}$$

也可以依第 3 列做餘因子展開：

$$\det(\mathbf{A}) = (1)(-1)^{1+3}\begin{vmatrix} -1 & 5 \\ -6 & 6 \end{vmatrix} + (3)(-1)^{2+3}\begin{vmatrix} -2 & 5 \\ 0 & 6 \end{vmatrix} + (-7)(-1)^{3+3}\begin{vmatrix} -2 & -1 \\ 0 & -6 \end{vmatrix}$$

也可以依第 1 行做餘因子展開：

$$\det(\mathbf{A}) = (-2)(-1)^{1+1}\begin{vmatrix}-6 & 6\\ 3 & -7\end{vmatrix} + (0)(-1)^{2+1}\begin{vmatrix}-1 & 5\\ 3 & -7\end{vmatrix} + (1)(-1)^{3+1}\begin{vmatrix}-1 & 5\\ 6 & 6\end{vmatrix}$$

一般原則是取簡單的做，也就是有 0 的。讀者可以驗證一下，是不是都是 –24 ？

最後就是 –24 的幾何意義。在一個三維空間運算 F，令 F：$R3 \rightarrow R3$ 被定義成一個矩陣轉換 $F(x) = \mathbf{A}x$，矩陣 **A** 就是 $\begin{bmatrix}-2 & -1 & 5\\ 0 & -6 & 6\\ 1 & 3 & -7\end{bmatrix}$，這個轉換的幾何意義是什麼？回答這個問題前，我們先看三維空間單位正方體（cubic）的基底向量就是單位矩陣 $\begin{bmatrix}1 & 0 & 0\\ 0 & 1 & 0\\ 0 & 0 & 1\end{bmatrix}$ 的行向量：$\mathbf{e}_1 = [1, 0, 0]$, $\mathbf{e}_2 = [0, 1, 0]$, $\mathbf{e}_3 = [0, 0, 1]$。此正方體的體積為 1。

又矩陣 **A** 由 3 個行向量構成：$\mathbf{v}_1 = [-2, 0, 1]$, $\mathbf{v}_2 = [-1, -6, 3]$, $\mathbf{v}_3 = [5, 6, -7]$。

因此，循前面 2×2 的邏輯，這個運算定義了這樣的轉換：

$$F(\mathbf{e}_1) = [-2, 0, 1]$$
$$F(\mathbf{e}_2) = [-1, -6, 3]$$
$$F(\mathbf{e}_3) = [5, 6, -7]$$

–24 的負，代表矩陣的行向量由右向左依序是 x→y→z，–24 代表了 3 維向量 $\mathbf{v}_3$、$\mathbf{v}_2$、$\mathbf{v}_1$ 依序落在 X、Y、Z 三個座標軸，所圍起來的平行四方體面積，是單位正方體的 24 倍。

3×3 矩陣的餘因子展開法，可以推廣到 $n \times n$ 矩陣的行列式。

行列式法解線性方程組—— Cramer's rule

第 11 堂課範例 1 的聯立方程組：

$$\begin{aligned} x-3y+5z&=-9 \\ 2x-y-3z&=19 \\ 3x+y+4z&=-13 \end{aligned}$$

此方程組用矩陣表示如下：

$$\begin{bmatrix} 1 & -3 & 5 \\ 2 & -1 & -3 \\ 3 & 1 & 4 \end{bmatrix}\begin{bmatrix} x \\ y \\ z \end{bmatrix}=\begin{bmatrix} -9 \\ 19 \\ -13 \end{bmatrix}$$

Cramer's rule 為經過證明的定理，使用法如下：

$$x=\frac{\begin{vmatrix} -9 & -3 & 5 \\ 19 & -1 & -3 \\ -13 & 1 & 4 \end{vmatrix}}{\begin{vmatrix} 1 & -3 & 5 \\ 2 & -1 & -3 \\ 3 & 1 & 4 \end{vmatrix}},\ y=\frac{\begin{vmatrix} 1 & -9 & 5 \\ 2 & 19 & -3 \\ 3 & -13 & 4 \end{vmatrix}}{\begin{vmatrix} 1 & -3 & 5 \\ 2 & -1 & -3 \\ 3 & 1 & 4 \end{vmatrix}},\ z=\frac{\begin{vmatrix} 1 & -3 & -9 \\ 2 & -1 & 19 \\ 3 & 1 & -13 \end{vmatrix}}{\begin{vmatrix} 1 & -3 & 5 \\ 2 & -1 & -3 \\ 3 & 1 & 4 \end{vmatrix}}$$

可以知道，分母是係數矩陣的行列式，分子基礎也是係數矩陣的行列式，但是：

求第 1 個未知數，則將常數向量置換第 1 行。

求第 2 個未知數，則將常數向量置換第 2 行。

求第 3 個未知數，則將常數向量置換第 3 行。

有關 Cramer's rule 我們就不另外設計習題，請學習者以 Cramer's rule 驗證前一節的習題即可。

習題

1. 求下述矩陣的行列式

(1) $\begin{bmatrix} 7 & 9 \\ 5 & 7 \end{bmatrix}$ (2) $\begin{bmatrix} 9 & 2 \\ 13 & 3 \end{bmatrix}$

(3) $\begin{bmatrix} 17 & 7 \\ 12 & 5 \end{bmatrix}$ (4) $\begin{bmatrix} 7 & 1 \\ 14 & 2 \end{bmatrix}$

2. 求下述矩陣的行列式

(1) $\begin{bmatrix} 2 & 3 & 5 \\ 0 & 0 & 6 \\ 1 & 5 & 3 \end{bmatrix}$ (2) $\begin{bmatrix} 6 & 7 & 1 \\ 1 & 3 & 2 \\ 0 & 1 & 5 \end{bmatrix}$

(3) $\begin{bmatrix} 1 & 5 & 1 \\ 0 & 3 & 7 \\ 0 & 2 & 9 \end{bmatrix}$ (4) $\begin{bmatrix} 9 & 5 & 1 \\ 13 & 0 & 2 \\ 11 & 0 & 3 \end{bmatrix}$

3. 已知一矩陣 $\begin{bmatrix} 1 & 0 & -3 \\ 5 & x & -7 \\ 3 & 9 & x-1 \end{bmatrix}$，求令其行列式 $=0$ 的 x。

習題解答

1. (1) 4; (2) 1; (3) 1; (4) 0
2. (1) −42; (2) 44; (3) 13; (4) −85
3. −13.38 和 5.38

11.4 再談逆矩陣求法

前一節提到餘因子是行列式，也就是一個實數。那將矩陣 **A** 所有餘因子依照 *ij* 填入的矩陣，稱爲餘因子矩陣（cofactor matrix）**C**：

$$\mathbf{C} = \begin{bmatrix} C_{11} & C_{12} & C_{13} \\ C_{21} & C_{22} & C_{23} \\ C_{31} & C_{32} & C_{33} \end{bmatrix}$$

C 的轉置稱為 **A** 的伴隨矩陣（adjoint matrix）：

$$adj(\mathbf{A}) = \mathbf{C}^{\mathrm{T}}$$

高於 2×2 方陣之逆矩陣，必須由這個方法求取。2×2 當然也可以用現在介紹的方法。這是一個經證明的定理，我們會用就好。

已知 $\mathbf{A}_{\mathbf{n \times n}}$，逆矩陣如下：

$$\mathbf{A}^{-1} = \frac{1}{\det(\mathbf{A})} adj(\mathbf{A}) = \frac{1}{\det(\mathbf{A})} \mathbf{C}^{\mathrm{T}}$$

範例 1.　已知矩陣 $\mathbf{A} = \begin{bmatrix} 1 & -6 & 5 \\ 3 & 8 & 9 \\ -2 & 7 & -1 \end{bmatrix}$，求伴隨矩陣 $adj(\mathbf{A})$。

解　因為 $adj(\mathbf{A}) = \mathbf{C}^{\mathrm{T}}$，故求餘因子矩陣 **C** 就求出伴隨矩陣，先求餘因子 C_{ij}。

第 1 步：依列向量求「餘行列式 $\boldsymbol{M}_{ij}$」($|\tilde{\mathbf{A}}_{\mathbf{ij}}|$)。

第 1 列：

第 1 個元素 1 的餘行列式：

$$\boldsymbol{M}_{11} = \det\left(\begin{bmatrix} 8 & 9 \\ 7 & -1 \end{bmatrix}\right) = \begin{vmatrix} 8 & 9 \\ 7 & -1 \end{vmatrix} = -8 - 63 = -71$$

第 2 個元素 –6 的餘行列式：

$$\boldsymbol{M}_{12} = \det\left(\begin{bmatrix} 3 & 9 \\ -2 & -1 \end{bmatrix}\right) = \begin{vmatrix} 3 & 9 \\ -2 & -1 \end{vmatrix} = -3 + 18 = 15$$

第 3 個元素 5 的餘行列式：

$$M_{13}=\det\left(\begin{bmatrix}3 & 8\\ -2 & 7\end{bmatrix}\right)=\begin{vmatrix}3 & 8\\ -2 & 7\end{vmatrix}=21+16=37$$

第 2 列：

第 1 個元素 3 的餘行列式：

$$M_{21}=\det\left(\begin{bmatrix}-6 & 5\\ 7 & -1\end{bmatrix}\right)=\begin{vmatrix}-6 & 5\\ 7 & -1\end{vmatrix}=6-35=-29$$

第 2 個元素 8 的餘行列式：

$$M_{22}=\det\left(\begin{bmatrix}1 & 5\\ -2 & -1\end{bmatrix}\right)=\begin{vmatrix}1 & 5\\ -2 & -1\end{vmatrix}=-1+10=9$$

第 3 個元素 9 的餘行列式：

$$M_{23}=\det\left(\begin{bmatrix}1 & -6\\ -2 & 7\end{bmatrix}\right)=\begin{vmatrix}1 & -6\\ -2 & 7\end{vmatrix}=7-12=-5$$

第 3 列：

第 1 個元素 –2 的餘行列式：

$$M_{31}=\det\left(\begin{bmatrix}-6 & 5\\ 8 & 9\end{bmatrix}\right)=\begin{vmatrix}-6 & 5\\ 8 & 9\end{vmatrix}=-54-40=-94$$

第 2 個元素 7 的餘行列式：

$$M_{32}=\det\left(\begin{bmatrix}1 & 5\\ 3 & 9\end{bmatrix}\right)=\begin{vmatrix}1 & 5\\ 3 & 9\end{vmatrix}=9-15=-6$$

第 3 個元素 –1 的餘行列式：

$$M_{33}=\det\left(\begin{bmatrix}1 & -6\\ 3 & 8\end{bmatrix}\right)=\begin{vmatrix}1 & -6\\ 3 & 8\end{vmatrix}=8+18=26$$

第 2 步：依 $C_{ij}=(-1)^{i+j}M_{ij}$ 求餘因子 C_{ij} 再產成餘因子矩陣 C。此處要小心前置係數正負號。

$$\mathbf{C}=\begin{bmatrix}-71 & -15 & 37\\ 29 & 9 & 5\\ -94 & 6 & 26\end{bmatrix}$$

最後，矩陣 **A** 的伴隨矩陣如下：

$$adj(\mathbf{A})=\mathbf{C}^{\mathrm{T}}=\begin{bmatrix}-71 & 29 & -94\\ -15 & 9 & 6\\ 37 & 5 & 26\end{bmatrix}$$

範例 2.　承上，求矩陣 **A** 的逆矩陣 $\mathbf{A}^{-1}$。

解　利用 $\mathbf{A}^{-1}=\dfrac{1}{\det(\mathbf{A})}adj(\mathbf{A})=\dfrac{1}{\det(\mathbf{A})}\mathbf{C}^{\mathrm{T}}$

先求 $\mathbf{A}=\begin{bmatrix}1 & -6 & 5\\ 3 & 8 & 9\\ -2 & 7 & -1\end{bmatrix}$ 的行列式 $\det(\mathbf{A})$

我們可以依第 1 列做餘因子展開：

$$\begin{aligned}\det(\mathbf{A}) &= (1)(-1)^{1+1}\begin{vmatrix}8 & 9\\ 7 & -1\end{vmatrix}+(-6)(-1)^{1+2}\begin{vmatrix}3 & 9\\ -2 & -1\end{vmatrix}+(5)(-1)^{1+3}\begin{vmatrix}3 & 8\\ -2 & 7\end{vmatrix}\\ &= -71+(-6)\times(-1)\times(15)+5\times 37\\ &= 204\end{aligned}$$

$$\mathbf{A}^{-1}=\frac{1}{\det(\mathbf{A})}adj(\mathbf{A})=\frac{1}{204}\begin{bmatrix}-71 & 29 & -94\\ -15 & 9 & 6\\ 37 & 5 & 26\end{bmatrix}$$

習題

1. 已知矩陣 $\mathbf{A}=\begin{bmatrix}2 & 4\\ 1 & 3\end{bmatrix}$

   (1) 求行列式 $\det(\mathbf{A})$

(2) 求伴隨矩陣 $adj(\mathbf{A})$

(3) 求 $\mathbf{A}^{-1}$

2. 已知矩陣 $\mathbf{A}=\begin{bmatrix}1 & -1 & 5\\ 3 & 9 & 7\\ -2 & 1 & 0\end{bmatrix}$

(1) 求行列式 $\det(\mathbf{A})$

(2) 求伴隨矩陣 $adj(\mathbf{A})$

(3) 求 $\mathbf{A}^{-1}$

3. 已知矩陣 $\mathbf{A}=\begin{bmatrix}25 & 15 & -5\\ 15 & 18 & 0\\ -5 & 0 & 11\end{bmatrix}$

(1) 求行列式 $\det(\mathbf{A})$

(2) 求 $\mathbf{A}$ 的餘因子矩陣（cofactor matrix）

(3) 求 $\mathbf{A}^{-1}$

4. 已知 $\mathbf{A}^{-1}=\dfrac{1}{\det(\mathbf{A})}\mathbf{C}^{\mathrm{T}}$，故要一個方陣爲可逆的（invertible，逆矩陣存在）必要條件就是行列式不爲 0。求令矩陣 $\begin{bmatrix}k & 1 & 2\\ 0 & k & 0\\ 5 & 0 & k\end{bmatrix}$ 可逆的 k。

5. 數學上有一個稱爲 Vandermonde 行列式，如下：

$$\det\begin{bmatrix}1 & 1 & 1\\ x & y & z\\ x^2 & y^2 & z^2\end{bmatrix}=(x-y)(y-z)(z-x)$$

請證明這個等式。

習題解答

1. (1) 2

(2) $adj(\mathbf{A})=\begin{bmatrix}3 & -4\\ -1 & 2\end{bmatrix}$

(3) $\mathbf{A}^{-1} = \begin{bmatrix} 3/2 & -2 \\ -1/2 & 1 \end{bmatrix}$

2. (1) 112

(2) $adj(\mathbf{A}) = \begin{bmatrix} -7 & 5 & -52 \\ -14 & 10 & 8 \\ 21 & 1 & 12 \end{bmatrix}$

(3) $\mathbf{A}^{-1} = \begin{bmatrix} -1/16 & 5/112 & -13/28 \\ -1/8 & 5/56 & 1/14 \\ 3/16 & 1/112 & 3/28 \end{bmatrix}$

3. (1) 2,025

(2) $\text{cofactor}(\mathbf{A}) = \begin{bmatrix} 198 & -165 & 90 \\ -165 & 250 & -75 \\ 90 & -75 & 225 \end{bmatrix}$

(3) $\mathbf{A}^{-1} = \begin{bmatrix} 22/225 & -11/135 & 2/45 \\ -11/135 & 10/81 & -1/27 \\ 2/45 & -1/27 & 1/9 \end{bmatrix}$

4. $\left\{k \mid \forall k \in R, k \neq \pm\sqrt{10}\ \text{或}\ k \neq 0\right\}$

5. 略

第 12 堂課

矩陣進一步性質與應用

12.1 方陣的特殊性質

特徵向量（Eigenvector）與特徵值（Eigenvalue）

特徵向量（值）英文也作 characteristic vector（value），很常見於工程計算和多變量統計學，因爲一旦知道矩陣的特徵值（向量），則這個矩陣的行列式、逆矩陣等等，就可以更容易取得。Google 最著名的 PageRank 搜尋演算法，就是利用了特徵值和特徵向量去爲查詢的網頁排序（ranking）。欲解釋何謂特徵值和特徵向量，我們先看一個簡單範例。

範例 1. 令矩陣 $\mathbf{A}=\begin{bmatrix}4 & -2\\ 1 & 1\end{bmatrix}$，$\mathbf{u}=\begin{bmatrix}2\\ 1\end{bmatrix}$，計算 $\mathbf{Au}$。

解 $\mathbf{Au}=\begin{bmatrix}4 & -2\\ 1 & 1\end{bmatrix}\begin{bmatrix}2\\ 1\end{bmatrix}=\begin{bmatrix}6\\ 3\end{bmatrix}=3\begin{bmatrix}2\\ 1\end{bmatrix}$

上例，我們發現：$\mathbf{Au}=\lambda\mathbf{u}$

上面這個關係中，λ 稱爲特徵值，$\mathbf{u}$ 稱爲特徵向量。特徵值是由德文 Eigenwert 而來，英文意爲恰當（proper value）。也就是說，一個矩陣和其特徵向量相乘，恰恰等於放大特徵向量一個倍數（特徵值）。法國數學家 Jean d'Alembert 發現，特徵值在解微分方程式上有極大用處。

上面關係一般化可以寫成：$\mathbf{Au}=\lambda\mathbf{u}$

$\mathbf{A}$ 是方陣，$\mathbf{u}$ 是向量，λ 是純量：

$\lambda\mathbf{u}$ 可以寫成 $\lambda\begin{bmatrix}2\\1\end{bmatrix}=\begin{bmatrix}\lambda & 0\\0 & \lambda\end{bmatrix}\begin{bmatrix}2\\1\end{bmatrix}=\begin{bmatrix}2\lambda\\\lambda\end{bmatrix}=\lambda\begin{bmatrix}2\\1\end{bmatrix}$

$$\mathbf{Au}=\begin{bmatrix}\lambda & 0\\0 & \lambda\end{bmatrix}\mathbf{u}$$

$$\Rightarrow(\mathbf{A}-\lambda\mathbf{I})\mathbf{u}=0$$

以 2×2 方陣爲例：

$$\begin{bmatrix}a_{11}-\lambda & a_{12}\\a_{21} & a_{22}-\lambda\end{bmatrix}\mathbf{u}=\mathbf{0}$$

對於非 0 向量 $\mathbf{u}$，上式成立的條件是前乘之矩陣 $\begin{bmatrix}a_{11}-\lambda & a_{12}\\a_{21} & a_{22}-\lambda\end{bmatrix}$ 的行列式爲 0，故：

$$\begin{bmatrix}a_{11}-\lambda & a_{12}\\a_{21} & a_{22}-\lambda\end{bmatrix}\mathbf{u}=0$$

$$\Leftrightarrow \det\begin{bmatrix}a_{11}-\lambda & a_{12}\\a_{21} & a_{22}-\lambda\end{bmatrix}=0$$

成爲求特徵值的公式。上面是 2×2 方陣，但通用一般方陣。

$$\det[\mathbf{A}-\lambda\mathbf{I}]=0$$

我們必須記得，特徵值和特徵向量如銅板的兩面，且：特徵值生成特徵向量。

範例 2. 已知 $\mathbf{A}=\begin{bmatrix}5 & -2\\4 & -1\end{bmatrix}$，求特徵值和特徵向量。

解 (1) 解特徵值：

$$\det\begin{bmatrix}5-\lambda & -2\\ 4 & -1-\lambda\end{bmatrix}=0$$

$$(5-\lambda)(-1-\lambda)+8=0$$

$$\Rightarrow \lambda_1=1,\lambda_2=3$$

(2) 解特徵向量：

特徵值由行列式求得，特徵向量則帶入矩陣式：

$$\begin{bmatrix}a_{11}-\lambda & a_{12}\\ a_{21} & a_{22}-\lambda\end{bmatrix}\mathbf{u}=0$$

$\lambda_1=1$，$\begin{bmatrix}5-1 & -2\\ 4 & -1-1\end{bmatrix}\begin{bmatrix}x\\ y\end{bmatrix}=\begin{bmatrix}0\\ 0\end{bmatrix}\Rightarrow\begin{bmatrix}4 & -2\\ 4 & -2\end{bmatrix}\begin{bmatrix}x\\ y\end{bmatrix}=\begin{bmatrix}0\\ 0\end{bmatrix}\Rightarrow\begin{cases}2x-y=0\\ 2x-y=0\end{cases}$

這兩條聯立方程式指出在座標軸上，y 是 x 的 2 倍的所有實數，皆是特徵向量。故特徵值 $\lambda=1$ 產生之特徵向量為 $s\begin{bmatrix}1\\ 2\end{bmatrix},s\in R$。

$\lambda=3$，$\begin{bmatrix}5-3 & -2\\ 4 & -1-3\end{bmatrix}\begin{bmatrix}x\\ y\end{bmatrix}=\begin{bmatrix}0\\ 0\end{bmatrix}\Rightarrow\begin{bmatrix}2 & -2\\ 4 & -4\end{bmatrix}\begin{bmatrix}x\\ y\end{bmatrix}=\begin{bmatrix}0\\ 0\end{bmatrix}\Rightarrow\begin{cases}x-y=0\\ x-y=0\end{cases}$

這兩條聯立方程式指出在座標軸上，y 與 x 相等的所有實數，皆是特徵向量。故特徵值 $\lambda=3$ 產生之特徵向量為 $s\begin{bmatrix}1\\ 1\end{bmatrix},s\in R$。

一個矩陣的特徵向量，彼此是線性獨立的（linearly independent），以上例來說，也就是 $\begin{bmatrix}1\\ 2\end{bmatrix}$ 和 $\begin{bmatrix}1\\ 1\end{bmatrix}$ 是矩陣 **A** 的特徵向量，它們彼此之間不能透過純量運算互相產生。向量空間中，最基本線性獨立單位，就是單位向量，以三維爲例：就是 $\begin{bmatrix}1\\ 0\\ 0\end{bmatrix},\begin{bmatrix}0\\ 1\\ 0\end{bmatrix},\begin{bmatrix}0\\ 0\\ 1\end{bmatrix}$ 這三組基底向量。任一個都不能由另兩個的線性組合得出。

對於特徵值有幾個重要的性質，因為經過偉大數學家們的證明，我們可以直接使用。

性質 1：若一個方陣不可逆，則它的特徵值至少 1 個是 0。也就是說，如果 0 是一個特徵值，則此矩陣不可逆。

性質 2：若一方陣為對角，上三角或下三角矩陣，其特徵值就是主對角線的數值。例如：

$$\begin{bmatrix} a_{11} & 0 & \cdots & 0 \\ 0 & a_{22} & \cdots & 0 \\ \vdots & 0 & \ddots & \vdots \\ 0 & 0 & \cdots & a_{nn} \end{bmatrix}、\begin{bmatrix} a_{11} & a_{12} & \cdots & a_{1n} \\ 0 & a_{22} & \cdots & a_{2n} \\ \vdots & 0 & \ddots & \vdots \\ 0 & 0 & \cdots & a_{nn} \end{bmatrix} 或 \begin{bmatrix} a_{11} & 0 & \cdots & 0 \\ a_{21} & a_{22} & \cdots & 0 \\ \vdots & 0 & \ddots & \vdots \\ a_{n1} & a_{n2} & \cdots & a_{nn} \end{bmatrix}$$

這三種矩陣的特徵值皆是 $a_{11}, a_{22}, \cdots, a_{nn}$。

性質 3：如下表 12-1：

表 12-1 特徵值性質 3

矩陣	特徵向量	特徵值
A	**u**	λ
$\mathbf{A}^m$（m 次方）	**u**	λ^m（m 次方）
$\mathbf{A}^{-1}$（逆）	**u**	λ^{-1}（倒數）

可知在這三種運算之下，特徵向量是不動的。這些性質對於求解一些模型很有幫助。

對角化（Diagonalization）

把特定矩陣對角化會很有幫助，有一些重要的結果，對簡化運算也很有用。例如，關於 3 × 3 方陣 **A**，3 個相異（distinct）特徵值對應三個特徵向量所排成的矩陣為 **P**，則我們有這個性質：

$$\mathbf{P}^{-1}\mathbf{A}\mathbf{P} = \mathbf{D}$$

D 爲由特徵值構成的對角矩陣。

這個性質也稱爲對角化（diagonalization）。

範例 3. 令 $\mathbf{A}=\begin{bmatrix}1 & 2\\ 4 & 3\end{bmatrix}$，已知兩特徵值為 –1 和 5，對應的特徵向量為 $\mathbf{u}=\begin{bmatrix}1\\ -1\end{bmatrix},\mathbf{v}=\begin{bmatrix}1\\ 2\end{bmatrix}$，請驗證特徵向量可以對角化矩陣 **A**。

解

$$\mathbf{P}=(\mathbf{u},\mathbf{v})=\begin{bmatrix}1 & 1\\ -1 & 2\end{bmatrix}$$

$$\mathbf{D}=\begin{bmatrix}-1 & 0\\ 0 & 5\end{bmatrix}$$

因為：$\mathbf{P}^{-1}\mathbf{A}\mathbf{P}=\mathbf{D}\Leftrightarrow \mathbf{A}\mathbf{P}=\mathbf{P}\mathbf{D}$

$$\mathbf{AP}=\begin{bmatrix}1 & 2\\ 4 & 3\end{bmatrix}\begin{bmatrix}1 & 1\\ -1 & 2\end{bmatrix}=\begin{bmatrix}-1 & 5\\ 1 & 10\end{bmatrix}$$

$$\mathbf{PD}=\begin{bmatrix}1 & 1\\ -1 & 2\end{bmatrix}\begin{bmatrix}-1 & 0\\ 0 & 5\end{bmatrix}=\begin{bmatrix}-1 & 5\\ 1 & 10\end{bmatrix}$$

驗證成功。

對角化的關鍵在於特徵值沒有重複的，完全相異（distinct），這樣才可以產生完全獨立的 **P** 矩陣是可逆的。

對角化的重要，在於一個很重要的應用，設想如果我們要對一個方陣連乘 100 次，$\mathbf{P}^{-1}\mathbf{A}\mathbf{P}=\mathbf{D}$ 這個性質，確認了 $\mathbf{A}=\mathbf{P}\mathbf{D}\mathbf{P}^{-1}$，且：

$$\mathbf{A}^{m}=\mathbf{P}\mathbf{D}^{m}\mathbf{P}^{-1}$$

D 是特徵值構成的對角矩陣，$\mathbf{D}^{m}$ 就是每個數值的 m 次方。這樣求取連乘方陣就簡單很多。這個性質在多變量統計上用得很多，只要學到主成分（principal component），因子模型，這個線性獨立性質有助於化簡繁瑣的計算。

範例 4. 請說明矩陣 $\mathbf{A}=\begin{bmatrix}1 & -3 & 4\\ 0 & 2 & 5\\ 0 & 0 & 2\end{bmatrix}$ 不能對角化。

解 矩陣 **A** 是上三角，所以，特徵值為主對角線的 1、2、2，因為 2 重複，故這三個數字非相異（distinct），也就是解出兩個一樣的特徵向量。因此 $\mathbf{P}^{-1}\mathbf{AP}=\mathbf{D}$ 的 **P** 不存在，故不可對角化。

最後，一個重要的觀念：向量間的線性獨立，和正交並不一樣。正交是向量間彼此垂直，所以，向量內積爲 0。然而線性獨立不需要向量間彼此垂直。正交向量，必定獨立，反之不然。所以，正交條件是一個嚴格的條件，在很多地方都會放寬要求線性獨立即可。

例如：$\begin{bmatrix}a\\ b\end{bmatrix}$ 和 $\begin{bmatrix}c\\ d\end{bmatrix}$ 彼此正交，則內積 $ac+bd=0$。基底向量 $\begin{bmatrix}1\\ 0\end{bmatrix}$ 和 $\begin{bmatrix}0\\ 1\end{bmatrix}$ 就是一例，分別是兩個垂直軸上的座標，明顯地，它們也彼此獨立。上面的特徵向量，讀者可以驗證一下它們的內積是否爲 0。

正交矩陣有什麼好的性質可以用？

若矩陣 **A** 爲正交，則：

$$\mathbf{A}^{-1}=\mathbf{A}^{T}$$

如果正交矩陣，逆矩陣只要轉置就可以，這個性質眞的太棒了。但是，正交很容易嗎？數學家有幫助找出一些本質上就是正交的矩陣，那麼是什麼樣的？就是第 10 堂課介紹過的對稱矩陣，對稱矩陣有一個重要的性質：

若矩陣 **A** 是對稱的，則其特徵向量不但獨立，且爲正交。所以，求 $\mathbf{A}^{m}=\mathbf{PD}^{m}\mathbf{P}^{-1}$ 就更簡單了。

範例 5. 令 $\mathbf{A}=\begin{bmatrix}-3 & 4\\ 4 & 3\end{bmatrix}$，請將 **A** 對角化，並驗證正交矩陣的性質。

解 依 $\det(\begin{bmatrix}-3-\lambda & 4\\ 4 & 3-\lambda\end{bmatrix})=0$，解出特徵值為 -5 和 5，對應的特徵向量分

別為 $\mathbf{u}=\begin{bmatrix}2\\-1\end{bmatrix}$，$\mathbf{v}=\begin{bmatrix}1\\2\end{bmatrix}$，故 $\mathbf{P}=\begin{bmatrix}2&1\\-1&2\end{bmatrix}$ 且 $\mathbf{P}^{-1}=\begin{bmatrix}0.4&-0.2\\0.2&0.4\end{bmatrix}$

因此，對角化矩陣為 $\mathbf{D}=\mathbf{P}^{-1}\mathbf{AP}=\begin{bmatrix}-5&0\\0&5\end{bmatrix}$

因為內積 $\mathbf{u}\cdot\mathbf{v}=\begin{bmatrix}2\\-1\end{bmatrix}\cdot\begin{bmatrix}1\\2\end{bmatrix}=2-2=0$，所以 $\mathbf{P}$ 是正交，那為何此例中 $\mathbf{P}^{-1}$ 和 $\mathbf{P}^{T}$ 不一樣？差 5 倍，那這個數 5，是不是在何處？當特徵值的絕對值相同時，那個公倍數就是原因所在。

習題

1. 請求取以下矩陣的特徵值和特徵向量矩陣 $\mathbf{P}$ 與 $\mathbf{P}^{-1}$。

(1) $\mathbf{A}=\begin{bmatrix}1&-6&2\\0&4&25\\0&0&9\end{bmatrix}$

(2) $\mathbf{A}=\begin{bmatrix}1&-2&3\\0&2&5\\0&0&3\end{bmatrix}$

2. 計算上題的 $\mathbf{A}^3$。請利用 $\mathbf{A}^m=\mathbf{PD}^m\mathbf{P}^{-1}$ 結果，驗證直接算 3 次，和 $\mathbf{PD}^3\mathbf{P}^{-1}$ 結果一樣。

3. 請驗證 $\mathbf{A}=\begin{bmatrix}1&2&1\\2&1&1\\1&1&2\end{bmatrix}$ 的特徵向量彼此正交。

習題解答

1. (1) 特徵值：1, 4, 9；$\mathbf{P}=\begin{bmatrix}1&-2&-7\\0&1&10\\0&0&2\end{bmatrix}, \mathbf{P}^{-1}=\frac{1}{2}\begin{bmatrix}2&4&-13\\0&2&-10\\0&0&1\end{bmatrix}$

(2) 特徵值：1, 2, 3；$\mathbf{P}=\begin{bmatrix}1&-2&-7\\0&1&10\\0&0&2\end{bmatrix}, \mathbf{P}^{-1}=\frac{1}{2}\begin{bmatrix}2&4&-13\\0&2&-10\\0&0&1\end{bmatrix}$

2. 驗證，略。

3. 矩陣 **A** 的 3 個特徵向量爲：$\begin{bmatrix}1\\-1\\0\end{bmatrix},\begin{bmatrix}1\\1\\-2\end{bmatrix},\begin{bmatrix}1\\1\\1\end{bmatrix}$，驗證略。

12.2 應用

最後我們簡介一些應用，課堂上可以挑選同學比較會學到的項目。還有一些應用，放在第 14 堂課數學規劃中的多變數極值問題。

最小平方法

統計上的複迴歸如下：

$$y_i = b_0 + b_1x_{1i} + b_2x_{2i} + \cdots + b_kx_{ki} + u_i$$

y 爲被解釋變數，b 是係數，x 是資料，u 是殘差項。估計這個線性迴歸的通用方法是最小平方法，也就是求：令殘差平方和（$\sum_{i=1}^{m} u_i^2$）最小的係數。寫成如下式子：

$$\min_{b_0,\cdots b_k}\sum_{i=1}^{m} u_i^2 = \sum_{i=1}^{m}(y_i - b_0 - b_1x_{1i} - b_2x_{2i} - \cdots - b_kx_{ki})^2$$

用偏微分處理繁瑣許多，利用矩陣處理就很簡單，先成一個矩陣：

$$\mathbf{y} = \mathbf{X\beta} + \mathbf{u}$$

對應的矩陣內容如下：

$$\underset{\mathbf{y}}{\begin{bmatrix}y_1\\y_2\\\vdots\\y_m\end{bmatrix}} = \underset{\mathbf{X}}{\begin{bmatrix}1 & x_{21} & \cdots & x_{k1}\\1 & x_{22} & \cdots & x_{k1}\\\cdots & \cdots & \cdots & \cdots\\1 & x_{2m} & \cdots & x_{km}\end{bmatrix}}\underset{\mathbf{\beta}}{\begin{bmatrix}b_0\\b_1\\\vdots\\b_k\end{bmatrix}} + \underset{\mathbf{u}}{\begin{bmatrix}u_1\\u_2\\\vdots\\u_m\end{bmatrix}}$$

$$\min_{\mathbf{b}} \mathbf{u}^{\mathrm{T}}\mathbf{u}$$

轉置矩陣符號上標 T，也常常寫成：$\mathbf{u}^{\mathrm{T}} = \mathbf{u}'$，故：

$$\mathbf{u}'\mathbf{u} = (\mathbf{y} - \mathbf{X\beta})'(\mathbf{y} - \mathbf{X\beta}) = \mathbf{y}'\mathbf{y} - 2\mathbf{\beta}'\mathbf{X}'\mathbf{y} + \mathbf{\beta}'\mathbf{X}'\mathbf{X\beta}$$

利用兩個轉置性質：

(1) $(\mathbf{X\beta})' = \mathbf{\beta}'\mathbf{X}'$

(2) $\mathbf{\beta}'\mathbf{X}'\mathbf{y} = \mathbf{y}'\mathbf{X\beta}$，因爲是純量。

然後我們對 $\mathbf{y}'\mathbf{y} - 2\mathbf{\beta}'\mathbf{X}'\mathbf{y} + \mathbf{\beta}'\mathbf{X}'\mathbf{X\beta}$ 的 β 做偏微分，令一階爲 0。如下：

$$\frac{\partial(\mathbf{y}'\mathbf{y} - 2\mathbf{\beta}'\mathbf{X}'\mathbf{y} + \mathbf{\beta}'\mathbf{X}'\mathbf{X\beta})}{\partial\mathbf{\beta}} = 0$$
$$-2\mathbf{X}'\mathbf{y} + 2\mathbf{X}'\mathbf{X\beta} = 0 \Leftrightarrow \mathbf{X}'\mathbf{X\beta} = \mathbf{X}'\mathbf{y}$$
$$\Leftrightarrow \mathbf{\beta} = (\mathbf{X}'\mathbf{X})^{-1}\mathbf{X}'\mathbf{y}$$

矩陣運算就可以很簡單明瞭，在多變量複迴歸、計量經濟學等領域，這個式子會很常出現。包括用來證明 Gauss-Markov 定理和最小平方法的不偏性質等等。

有限馬可夫鏈（Finite Markov chain）

前面介紹的性質 $\mathbf{A}^m = \mathbf{PD}^m\mathbf{P}^{-1}$，應用到解馬可夫過程（Markov processes）時，相當有幫助。馬可夫過程測量一個狀態變化的時間過程，利用一個馬可夫鏈（Markov chain）的狀態移轉方陣，元素是機率。例如一個在兩都市 A、B 之間遷移的人數：

$$\mathbf{T} = \begin{bmatrix} P_{AA} & P_{AB} \\ P_{BA} & P_{BB} \end{bmatrix}$$

P_{AA}：T_0 時是居住在都市 A，T_1 時依然是居住在都市 A 的機率。

P_{AB}：T_0 時居住在都市 A，T_1 時居住在都市 B 的機率。
P_{BA}：T_0 時居住在都市 B，T_1 時居住在都市 A 的機率。
P_{BB}：T_0 時居住在都市 B，T_1 時依然居住在都市 B 的機率。

列相加：$P_{AA} + P_{AB} = 1$
列相加：$P_{BA} + P_{BB} = 1$

$\mathbf{X}_0 = \begin{bmatrix} A_0 \\ B_0 \end{bmatrix}$ 測量了在 T_0 時兩個都市的居住人數。

有限馬可夫鏈，可以測量未來 n 期時兩個都市的居住人數 X_n。

$$\mathbf{X}_n = \mathbf{X}_0'\mathbf{T} = \begin{bmatrix} A_0 & B_0 \end{bmatrix} \begin{bmatrix} P_{AA} & P_{AB} \\ P_{BA} & P_{BB} \end{bmatrix}$$

$$\begin{aligned} & \begin{bmatrix} A_t & B_t \end{bmatrix} \begin{bmatrix} P_{AA} & P_{AB} \\ P_{BA} & P_{BB} \end{bmatrix} \\ &= \begin{bmatrix} A_t P_{AA} + B_t P_{BA}, A_t P_{AB} + B_t P_{BB} \end{bmatrix} \\ &= \begin{bmatrix} A_{t+1} & B_{t+1} \end{bmatrix} \end{aligned}$$

這可以知道，馬可夫鏈的跨期計算，是計算期望值。

有些計算會使用轉置：$\mathbf{T}'\mathbf{X}_0 = \begin{bmatrix} P_{AA} & P_{BA} \\ P_{AB} & P_{BB} \end{bmatrix} \begin{bmatrix} A_0 \\ B_0 \end{bmatrix}$

再舉一個應用例使用轉置，以下是某餐廳的到店消費滿意度矩陣 T：右緣 Y = 滿意；N = 不滿意，代表服務滿意度。

$$\begin{array}{c} \quad\quad\quad\quad \text{Yes} \quad \text{No} \\ \mathbf{M} = \mathbf{T}' = \begin{bmatrix} 0.6 & 0.5 \\ 0.4 & 0.5 \end{bmatrix} \begin{matrix} \text{Yes} \\ \text{No} \end{matrix} \end{array}$$

$$\mathbf{X}_0 = \begin{bmatrix} 90 \\ 10 \end{bmatrix}$$

和前例略異，行向量元素加總 = 1。**X** 向量則代表每 100 位顧客之中，期初的滿意度組合：滿意 90，不滿意 10。

一個馬可夫鏈要解的問題是：

$\mathbf{X}_n = \mathbf{M}^n \mathbf{X}_0$：$n$ 天之後，100 名到店消費的顧客中，滿意度變化。也就是消費 n 餐後，這 100 名顧客口味的變化。

以 $\mathbf{X}_{10}$ 為例，我們要解 $\begin{bmatrix} 0.6 & 0.5 \\ 0.4 & 0.5 \end{bmatrix}^{10} \begin{bmatrix} 90 \\ 10 \end{bmatrix}$：

第 1 步：解 $\begin{bmatrix} 0.6 & 0.5 \\ 0.4 & 0.5 \end{bmatrix}$ 的特徵值：

$$\det\left(\begin{bmatrix} 0.6-\lambda & 0.5 \\ 0.4 & 0.5\lambda \end{bmatrix}\right) = 0 \;\Rightarrow \begin{cases} \lambda_1 = 1 \\ \lambda_2 = 0.1 \end{cases}$$

對應的特徵向量：

$$\lambda_1 = 1 \Rightarrow \begin{bmatrix} 5 \\ 4 \end{bmatrix} \text{ 和 } \lambda_2 = 0.1 \Rightarrow \begin{bmatrix} -1 \\ 1 \end{bmatrix}$$

故 $\mathbf{P} = \begin{bmatrix} 5 & -1 \\ 4 & 1 \end{bmatrix}$ 且 $\mathbf{D} = \begin{bmatrix} 1 & 0 \\ 0 & 0.1 \end{bmatrix}$

解 $\mathbf{P}$ 的逆矩陣，得 $\mathbf{P}^{-1} = \frac{1}{9}\begin{bmatrix} 1 & 1 \\ -4 & 5 \end{bmatrix}$

第 2 步：計算 $\mathbf{M}^{10}$

$$\begin{aligned}
\mathbf{M}^{10} &= \frac{1}{9}\begin{bmatrix} 5 & -1 \\ 4 & 1 \end{bmatrix}\begin{bmatrix} 1 & 0 \\ 0 & 0.1 \end{bmatrix}^{10}\begin{bmatrix} 1 & 1 \\ -4 & 5 \end{bmatrix} \\
&= \frac{1}{9}\begin{bmatrix} 5 & -1 \\ 4 & 1 \end{bmatrix}\begin{bmatrix} 1^{10} & 0 \\ 0 & 0.1^{10} \end{bmatrix}\begin{bmatrix} 1 & 1 \\ -4 & 5 \end{bmatrix} \\
&= \frac{1}{9}\begin{bmatrix} 5 & -1 \\ 4 & 1 \end{bmatrix}\begin{bmatrix} 1 & 0 \\ 0 & 0 \end{bmatrix}\begin{bmatrix} 1 & 1 \\ -4 & 5 \end{bmatrix} \qquad (0.1^{10} \approx 0) \\
&= \frac{1}{9}\begin{bmatrix} 5 & 5 \\ 4 & 4 \end{bmatrix}
\end{aligned}$$

最後，$\mathbf{X}_{10} = \mathbf{M}^{10}\mathbf{X} = \frac{1}{9}\begin{bmatrix} 5 & 5 \\ 4 & 4 \end{bmatrix}\begin{bmatrix} 90 \\ 10 \end{bmatrix} = \frac{10}{9}\begin{bmatrix} 50 \\ 40 \end{bmatrix} \simeq \begin{bmatrix} 55.5 \\ 44.4 \end{bmatrix}$

所以，10 次消費之後，到店消費的這 100 人中，表達滿意的共有 56 人，不滿意的共有 44 人。在馬可夫鏈的運算中，我們往往關注眞正的收斂狀態，也就是：

$$\lim_{n\to\infty} \mathbf{X}_n$$

此例因爲 1 個特徵值小，10 期就差不多歸 0 了，不然我們依然要計算極限。馬可夫鏈中，**T** 矩陣稱爲遞移矩陣（transition matrix），描述一個有限狀態變化的鏈，應用極廣。例如，失業與就業狀態、習慣感染、傳染病擴張的狀態等等。從資料中估計出遞移矩陣，就可以推算未來收斂值。

演算法

演算法（algorithm）是一個解出特定參數的計算流程，可以分成兩類：

第 1 類是有公式可以帶入，例如：二元一次方程式的解。

$$ax^2 + bx + c = 0 \Rightarrow x = \frac{-b \pm \sqrt{b^2 - 4ac}}{2a}$$

線性迴歸的係數，如上的最小平方法的公式：

$$\mathbf{y} = \mathbf{X}\boldsymbol{\beta} + \mathbf{u}$$
$$\Rightarrow \boldsymbol{\beta} = (\mathbf{X}'\mathbf{X})^{-1}\mathbf{X}'\mathbf{y}$$

這類演算求得的代數公式，等號兩端都沒有相同的變數，一翻兩瞪眼，也稱爲封閉解（closed-form solution）。這樣的世界眞美好。

第 2 類則是沒有一個明顯的代數公式可以用。好比要解聯立方程式，會用數值求解方法。一個例子是常用的 Gauss-Seidel 疊代運算過程（iterative procedure）。已知聯立方程式的矩陣型態 $\mathbf{Ax} = \mathbf{b}$，如下：

$$\mathbf{A}=\begin{bmatrix} a_{11} & a_{12} & \cdots & a_{1n} \\ a_{21} & a_{22} & \cdots & a_{2n} \\ \vdots & \vdots & \ddots & \vdots \\ a_{n1} & a_{n2} & \cdots & a_{nn} \end{bmatrix},\quad \mathbf{x}=\begin{bmatrix} x_1 \\ x_2 \\ \vdots \\ x_n \end{bmatrix},\quad \mathbf{b}=\begin{bmatrix} b_1 \\ b_2 \\ \vdots \\ b_n \end{bmatrix}$$

第 1 步，將矩陣 **A** 寫成下三角矩陣（**L**）和上三角（**U**）矩陣相加：**A** = **L** + **U**

$$\mathbf{L}=\begin{bmatrix} a_{11} & 0 & \cdots & 0 \\ a_{21} & a_{22} & \cdots & 0 \\ \vdots & \vdots & \ddots & \vdots \\ a_{n1} & a_{n2} & \cdots & a_{nn} \end{bmatrix},\quad \mathbf{U}=\begin{bmatrix} 0 & a_{12} & \cdots & a_{1n} \\ 0 & 0 & \cdots & a_{2n} \\ \vdots & \vdots & \ddots & \vdots \\ 0 & 0 & \cdots & 0 \end{bmatrix}$$

帶入原式： $\mathbf{Lx}+\mathbf{Ux}=\mathbf{b} \Leftrightarrow \mathbf{Lx}=\mathbf{b}-\mathbf{Ux}$

因此，未知數 **x** 的解是 $\mathbf{x}=\mathbf{L}^{-1}\cdot(\mathbf{b}-\mathbf{Ux})$ 。

但是，此式等號左右都有 **x**，故不是一個封閉解，此時求解就可以用 k-step 的演算法求解，如： $\mathbf{x}^{k+1}=\mathbf{L}^{-1}\cdot(\mathbf{b}-\mathbf{Ux}^{k})$ ，如下：

$$\begin{aligned} \mathbf{x}^{k+1} &= \mathbf{L}^{-1}\cdot(\mathbf{b}-\mathbf{Ux}^{k}) \\ &= \mathbf{L}^{-1}\cdot\mathbf{b}-\mathbf{L}^{-1}\cdot\mathbf{Ux}^{k} \\ &\boxed{= \mathbf{Tx}^{k}+\mathbf{C}} \end{aligned}$$

故： $\mathbf{T}=-\mathbf{L}^{-1}\cdot\mathbf{U}$

$\mathbf{C}=\mathbf{L}^{-1}\cdot\mathbf{b}$

演算到 $\mathbf{x}^{k+1}\equiv\mathbf{x}^{k}$ 就停止。

第 1 個數值範例如下：

$$\mathbf{A}=\begin{bmatrix} 16 & 3 \\ 7 & -11 \end{bmatrix},\quad \mathbf{b}=\begin{bmatrix} 11 \\ 13 \end{bmatrix}$$

$$\mathbf{L}=\begin{bmatrix} 16 & 0 \\ 7 & -11 \end{bmatrix}\rightarrow\mathbf{L}^{-1}=\begin{bmatrix} 0.0625 & 0 \\ 0.0398 & -0.0909 \end{bmatrix}$$

$$\boxed{\mathbf{T}=\begin{bmatrix} 0 & -0.1875 \\ 0 & -0.1193 \end{bmatrix},\mathbf{C}=\begin{bmatrix} 0.6875 \\ -0.7443 \end{bmatrix}}$$

接下來給定起始值 $\mathbf{x}^0$，就可以開始疊代運算：

$$\mathbf{x}^0=\begin{bmatrix}1\\1\end{bmatrix}$$

$$\mathbf{x}^1=\begin{bmatrix}0 & -0.1875\\0 & -0.1193\end{bmatrix}\begin{bmatrix}1\\1\end{bmatrix}+\begin{bmatrix}0.6875\\-0.7443\end{bmatrix}=\begin{bmatrix}0.5000\\-0.8639\end{bmatrix}$$

$$\mathbf{x}^2=\begin{bmatrix}0 & -0.1875\\0 & -0.1193\end{bmatrix}\begin{bmatrix}0.5000\\-0.8639\end{bmatrix}+\begin{bmatrix}0.6875\\-0.7443\end{bmatrix}=\begin{bmatrix}0.8494\\-0.6413\end{bmatrix}$$

$$\vdots$$

$$\mathbf{x}^7=\begin{bmatrix}0 & -0.1875\\0 & -0.1193\end{bmatrix}\begin{bmatrix}0.8122\\-0.6650\end{bmatrix}+\begin{bmatrix}0.6875\\-0.7443\end{bmatrix}=\begin{bmatrix}0.8122\\-0.6650\end{bmatrix}$$

上例在第 7 步停止，因爲 $\mathbf{x}^7=\mathbf{x}^6$

第 2 個實際範例如下：左邊 4 條方程式是聯立方程式，要解出 4 個未知數，逐條寫成右邊的模式。

$$10x_1-x_2+2x_3=6 \qquad \Rightarrow x_1=\frac{1}{10}x_2-\frac{1}{5}x_3+\frac{3}{5}$$

$$-x_1+11x_2-x_3+3x_4=25 \qquad \Rightarrow x_2=\frac{1}{11}x_1+\frac{1}{11}x_3-\frac{3}{11}x_4+\frac{25}{11}$$

$$2x_1-x_2+10x_3-x_4=-11 \qquad \Rightarrow x_3=-\frac{1}{5}x_1+\frac{1}{10}x_2+\frac{1}{10}x_4-\frac{11}{10}$$

$$3x_2-x_3+8x_4=15 \qquad \Rightarrow x_4=-\frac{3}{8}x_2+\frac{1}{8}x_3+\frac{15}{8}$$

以 $(x_1^0,x_2^0,x_3^0,x_4^0)=(0,0,0,0)$ 爲起始值（initial values）可計算出第 1 步的 4 個未知數，帶入右式解出第 2 步的 4 個未知數，再帶入右式解出第 3 步的 4 個未知數：

$$x_1=0.6 \qquad x_2=2.3272 \qquad x_3=-0.9873 \qquad x_4=0.8789$$

$$\vdots$$

$$(x_1,x_2,x_3,x_4)=(1,2,-1,1)$$

最後，收斂解就會出現。演算法使用了大量矩陣來簡化運算，有些演算法是要解決資料本身的特殊問題，例如，不完全資料（incomplete data）時，學者提出 EM（expectation-maximization）演算法，可以在一個優化架構下，在期望值（expectation）和極大化（maximization）之間切換以計算模型的最佳參數。這個方法時常用於估計隱藏馬可夫鏈和空間狀態變化。

Codes Part 4 Step-by-Step

Python

主題 1　矩陣代數

Python 的線性代數模組有 scipy 和 sympy.matrices，兩者各有特色。我們利用第 10 堂課第 3 節的範例 3 來說明。只要指派矩陣完畢，都很簡單，純量運算很簡易，讀者可自行練習。我們介紹乘法和逆矩陣。

1-1　矩陣乘法

第10堂課第3節的範例3：已知兩方陣，$\mathbf{A}=\begin{bmatrix}1 & 7 & -3\\8 & 5 & 6\\4 & 2 & -9\end{bmatrix}$和$\mathbf{B}=\begin{bmatrix}0 & 7 & 3\\1 & 5 & 1\\2 & -6 & 9\end{bmatrix}$，求 **AB** 和 **BA**。

```
import scipy as sp                      # 載入模組
A=sp.mat('[1 7 -3; 8 5 6; 4 2 -9]')     # 建構矩陣 A，依列
B = sp.mat('[0 7 3; 1 5 1; 2 -6 9]')    # 建構矩陣 B，依列
A*B                                     # 矩陣乘法 AB
B*A                                     # 矩陣乘法 BA
sp.multiply(A,B)                        # 矩陣元素對元素相乘 AB
```

執行結果如下：

A*B

```
matrix([[ 1, 60, -17],
        [ 17, 45, 83],
        [ 20, -16, 95]])
```

```
B*A
  matrix([[ 68, 41, 69],
          [ 45, 34, 36],
          [-10,  2, 39]])

sp.multiply(A,B)
  matrix([[ 0, 49, -9],
          [ 8, 25,  6],
          [ 8, -12, 81]])
```

1-2 逆矩陣 Inverse matrix：A.I

逆矩陣，呼叫物件 **A.I** 即可。

```
A.I
 matrix([[-0.09090909, 0.09090909, 0.09090909],
         [ 0.15311005, 0.00478469, -0.04784689],
         [-0.00637959, 0.0414673,  -0.08133971]])
```

1-3 矩陣轉置：A.T

類似上述，呼叫 **A.T** 即可。

1-4 取出對角線元素：sp.diagonal(A)

由上面的結果，我們發現逆矩陣 A.I 是以小數呈現，如果我們要分數呢？

Python 內可以使用模組 sympy.matrices，它會將矩陣運算以分式呈現：

```
from sympy.matrices import Matrix, eye
A0=Matrix([[1,7, -3],[8,5, 6],[4,2,-9]])
```

```
A0.inv()
Matrix([
[-11/97,  23/97, -19/97],
[ 16/97,  -7/97,  10/97],
[ 4/291,  -26/291,  17/97]])
```

練習

請利用語法，練習第 10 堂課的範例和習題，並確認解答。

1-5 解線性方程組

解線性方程組，我們用第 11 堂課第 1 節的說明例。

$$x-3y+5z=-9$$
$$2x-y-3z=19$$
$$3x+y+4z=-13$$

將聯立方程式寫成 $\mathbf{AX}=\mathbf{b}$，則未知數向量解：$\mathbf{X}=\mathbf{A}^{-1}\mathbf{b}$

```
A=sp.mat('[1 -3 5; 2 -1 -3; 3 1 4]')
b=sp.mat('[-9 19 -13]')          # 注意，這個是列向量

A.I*b.T
matrix([[ 2.],
    [-3.],
    [-4.]])
```

同樣地，使用模組 sympy.matrices 的話，答案也一樣，若結果有小數或分式的需要，則這個模組就有用很多。

```
from sympy.matrices import Matrix, eye
A=Matrix([[1,-3, 5],[2,-1, -3],[3, 1,4]])
b=Matrix([[-9, 19, -13]])

A.inv()*b.T
Matrix([
[ 2],
[-3],
[-4]])
```

1-6 計算秩（rank）

模組 scipy 的 method 已經沒有 rank，要使用模組 numpy 的線性代數函式庫，如下：

```
import numpy as np
A=sp.mat('[1 -3 5; 2 -1 -3; 3 1 4]')
np.linalg.matrix_rank(A)
```

模組 sympy.matrices 內就有 rank 計算 method。因爲不同模組，矩陣物件建立不太一樣，所以，我們符號重複使用，實作時必須輸入正確的物件屬性：

```
from sympy.matrices import Matrix, eye
A=Matrix([[1,-3, 5],[2,-1, -3],[3, 1,4]])
Matrix.rank(A)
```

主題 2 進階運算

2-1 計算行列式（determinant）和餘因子矩陣（co-factor matrix）

我們看第 11 堂課第 4 節習題 2(1)：$\mathbf{A}=\begin{bmatrix}1 & -1 & 5\\ 3 & 9 & 7\\ -2 & 1 & 0\end{bmatrix}$

(1) 我們先看模組 scipy 和 numpy 的聯手：

```
import scipy as sp
import numpy as np

A0=sp.mat('[1 -1 5; 3 9 7; -2 1 0]')          # 定義矩陣
np.linalg.det(A0)                              # 行列式

np.linalg.inv(A0).T * np.linalg.det(A0)        # 餘因子矩陣 cofactor matrix
matrix([[ -7., -14.,  21.],
        [  5.,  10.,   1.],
        [-52.,   8.,  12.]])
```

依照前面所學，我們可以定義一個餘因子函數如下：

```
def matrix_cofactor(matrix):
    return np.linalg.inv(matrix).T * np.linalg.det(matrix)
```

然後，使用 matrix_cofactor(A0) 就可以計算。程式的簡化與演算的重複使用，定義函數是很有用的。

(2) 使用模組 sympy.matrices 更為簡潔：

```
from sympy.matrices import Matrix, eye
A1=Matrix([[1,-1,5],[3,9,7],[-2,1,0]])     # 定義矩陣
```

```
A1.det()                                    # 行列式

A1.cofactorMatrix()                         # 餘因子矩陣 cofactor matrix
Matrix([
[ -7,  5, -52],
[-14, 10,   8],
[ 21,  1,  12]])
```

伴隨矩陣（adjoint）是餘因子矩陣的轉置，我們就不占篇幅敘述。

2-2 計算特徵值和特徵向量

利用第 12 堂課第 1 節範例 2：

$$\mathbf{A} = \begin{bmatrix} 5 & -2 \\ 4 & -1 \end{bmatrix}$$

```
import scipy as sp
import numpy as np
A=sp.mat('[5 -2; 4 -1]')
w, v = np.linalg.eig(A)      # 計算特徵值和特徵向量，且依序指派給 w 和 v.
w
array([3., 1.])

v
matrix([[0.70710678, 0.4472136 ],
        [0.70710678, 0.89442719]])
```

Python 的某種問題就是套件凌亂，有的可以有的不行。在計算特徵值時，sympy.matrices 就不是很理想，且出現虛部的通用型式。此時，只有 scipy 和 numpy 好用。

R

在R環境中的矩陣代數，除了內間的原生矩陣Matrix套件之外，第3方套件主要是matlib，它協助我們計算餘因子矩陣（cofactor）的元素，adjoint矩陣和minor元素。R的原生Matrix可以完成多數矩陣代數的計算，須要呼叫matlib的，我們用matlib:: 表示。

R的矩陣定義方式，和Python的排列方式恰恰相反，例如，對於將9個數字{1, 8, 4, 7, 5, 2, -3, 6, -9}，排成3×3的矩陣，Python是三個一（橫）列，逐次填滿；R則是三個一（直）行，逐次填滿。依照Python範例，我們定義如下兩個方陣A和B：

```
A=matrix(c(1, 8, 4, 7, 5, 2, -3, 6, -9),3,3)
B=matrix(c(0, 1, 2, 7, 5, -6, 3, 1, 9),3,3)
```

矩陣乘法是 %*%

```
A%*%B
B%*%A
```

兩個矩陣對應元素乘法，是用 *，如下：

```
A*B
```

方陣的逆矩陣是solve()，如下：

```
solve(A)
```

矩陣的轉置（transpose）是t()，如下：

```
t(A)
```

取出方陣的主對角線元素是 diag()，如下：

```
diag(A)
```

解聯立方程式，先將係數矩陣，令其名爲 A，如下：

```
A=matrix(c(1, 2, 3, -3, -1, 1, 5, -3, 4), 3, 3)
```

再定義常數向量，令其名爲 B，如下：

```
B=c(-9,19,-13)
```

解三個未知數，用 solve(A, B)，如下：

```
solve(A, B)
```

方陣 A 的秩，如下：

```
rank(A)
rankMatrix(A)[1]
```

行列式用 det()，如下：

```
A=matrix(c(1, 3, -2, -1, 9, 1, 5, 7, 0), 3, 3)
det(A)

#library(matlib)
```

餘因子元素，用 matlib 套件內的函數 cofactor(A, i, j) 計算第 i 列，j 行的餘因子，如下：

```
matlib::cofactor(A,1,1)
```

特定第 i- 列的餘因子，用 rowCofactors(A, i)，如下：

```
matlib::rowCofactors(A,1)
```

其餘 adjoint 和 minor 如下：

```
matlib::adjoint(A)
matlib::minor(A,1,1)
```

最後特徵值與特徵向量，以 2×2 的如下矩陣 A，R 用 eigen(A) 計算特徵值和特徵向量。

```
A=matrix(c(5,4,-2,-1),2,2)
eigen(A)
```

第 5 部

數學規劃與管理決策

第⑬堂課

單變數函數的最佳化問題

13.1 極值判斷

最佳化（optimization）問題在管理決策上相當重要，經濟、財務和管理，均牽涉到極值規劃。例如：利潤極大、成本極小和資產組合報酬率最高。此處主要應用微分方法求取最大值或最小值，極值問題的處理，有一階導函數和二階導函數兩種方法。函數型式則從單變量到多變量。

相對極值

在最佳化求解問題時，我們處理的是「相對極值（relative extremes）」，也稱爲「局部極值（local extremes）」，指出「相對」於某「局部區間內」的極大值或極小值。如圖 13-1 所示。先不論兩個端點。圖中點 A 發生相對極小值；點 B 則有相對極大值。比較 A、B 兩點可知，極大值 B 的值比極小值 A 還要小。因此，所謂「相對」的意義在於自己所處的「局部」區間，而不是和其他區間的極值比較。若和函數整個定義域其他極值比較，就是「絕對極值」（absolute extremes）。絕對極值不需要檢定，只需要帶入比較大小；後面我們會簡單介紹，我們先關注相對極值。

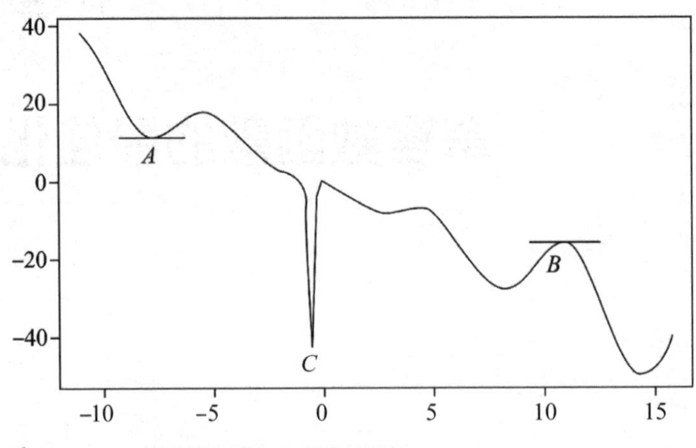

圖 13-1 局部區間內的相對極值

臨界值

已知一個函數 $y = f(x)$，如果 $f(a)$ 出現極值有兩種狀況：

狀況 1：如圖 13-2，在座標 $x = a$ 對 $f(x)$ 做切線的斜率 $f'(x) = 0$，也就是切線是水平的。反之，若出現極小值也是這樣。

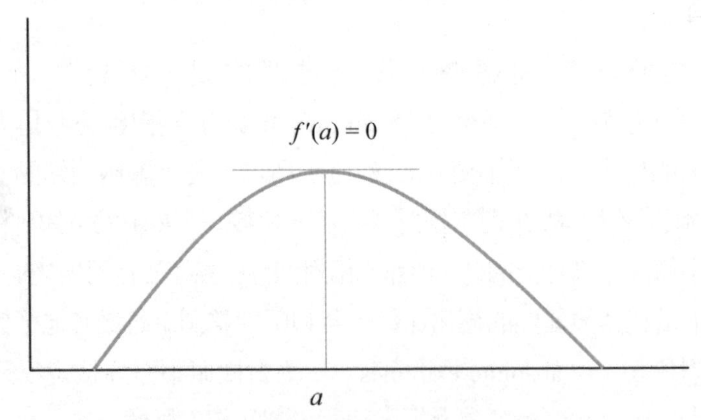

圖 13-2 $f(a)$ 出現極值，切線為水平

狀況 2：如圖 13-3，此時的極值出現在尖點，在座標 $(a, f(a))$ 做切線是垂直的，斜率 $f'(a)$ 無限大，也就是不存在。

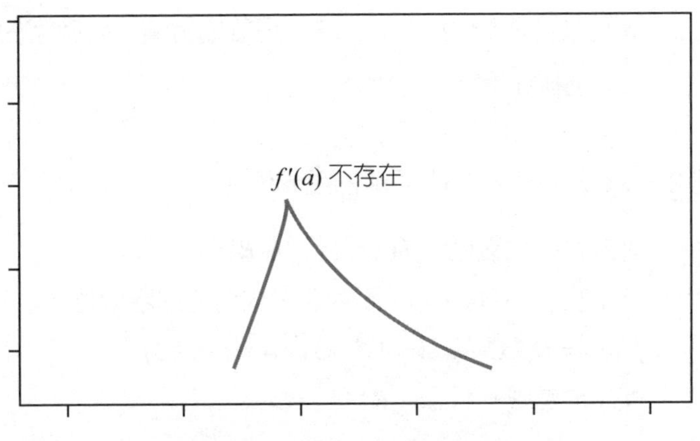

圖 13-3　極值出現在尖點，切線為垂直

所以，我們可以來定義臨界值（critical values）。

定義：臨界值 (critical values)

當函數 $f(x)$ 在 $f(a)$ 有極值，則 $x = a$ 這一點稱爲臨界點（critical point），或臨界值（critical value），且此點的一階導數滿足：$f'(a)=0$ 或不存在。

求取臨界值時，需注意定義的兩個條件：$f'(a)=0$ 或不存在。在應用時，很容易會忽略「不存在」的條件。

範例 1.　求 $f(x)=2x^3-3x^2-36x+14$ 可能的臨界值。

解　第 1 步：函數 $f(x)$ 定義域：$f(x):\{x \mid x \in R\}$

第 2 步：依 $f'(x)=0$ 或 $f'(x)$ 不存在，求可能的臨界值。

$f'(x)=D_x(2x^3-3x^2-36x+14)=6x^2-6x-36=6(x-3)(x+2)$

$f'(x)$ 定義域：$\{x \mid x \in R\}$

(1) $f'(x)=0 \rightarrow (x-3)(x+2)=0 \rightarrow$ 可能的臨界值 $\rightarrow x^c=-2, 3$

(2) $f'(x)$ 不存在 $\rightarrow$ 依 $f'(x)$ 定義域，此條件無解 $\rightarrow \varnothing$

$\Rightarrow$ 可能的臨界值 $x^c = -2, 3$（請養成習慣，將數字由數線上的左邊排序寫。）

範例 2. 求 $f(x) = x^4 - x^3$ 可能的臨界值。

解 第 1 步：函數 $f(x)$ 定義域：$f(x): \{x \mid x \in R\}$

第 2 步：依 $f'(x) = 0$ 或 $f'(x)$ 不存在，求可能的臨界值。

$f'(x) = D_x(x^4 - x^3) = 4x^3 - 3x^2 = x^2(4x-3)$

$f'(x)$ 定義域：$\{x \mid x \in R\}$

(1) $f'(x) = 0 \to x^2(4x-3) = 0 \to$ 可能的臨界值 $\to x^c = 0, \dfrac{3}{4}$

(2) $f'(x)$ 不存在→依 $f'(x)$ 定義域，此條件無解。

$\Rightarrow$ 可能的臨界值 $\Rightarrow x^c = 0, \dfrac{3}{4}$

範例 3. 求函數 $f(x) = \dfrac{e^x}{(1+e^{2x})^{\frac{3}{2}}}$ 可能的臨界值。

解 第 1 步：函數 $f(x)$ 定義域：$f(x)$：$\{x \mid x \in R\}$

第 2 步：依 $f'(x) = 0$ 或 $f'(x)$ 不存在，求可能的臨界值。

$$f'(x) = D_x \frac{e^x}{(1+e^{2x})^{\frac{3}{2}}} = \frac{e^x(1+e^{2x})^{\frac{3}{2}} - \frac{3}{2}(1+e^{2x})^{\frac{1}{2}} e^{2x} \cdot 2 \cdot e^x}{(1+e^{2x})^3}$$

$$= \frac{e^x - 2e^{3x}}{(1+e^{2x})^{\frac{5}{2}}} = \frac{e^x}{(1+e^{2x})^{\frac{5}{2}}}(1-2e^{2x})$$

$f'(x)$ 定義域：$f'(x): \{x \mid x \in R\}$

(1) $f'(x) = 0 \to 1 - 2e^{2x} = 0 \to x = \dfrac{1}{2}\ln\dfrac{1}{2} = \dfrac{1}{2}(\ln 1 - \ln 2) = -\dfrac{1}{2}\ln 2$

(2) $f'(x)$ 不存在 $\to$ 依 $f'(x)$ 定義域，此條件無解。

$\Rightarrow$ 可能的臨界值 $x^c = -\dfrac{1}{2}\ln 2$

接下來我們來看一個重要的觀念：反之不然。

相對極值的必要條件

觀念

若函數 $f(x)$ 在 $f(a)$ 處爲極值，不論 $f(a)$ 極大或極小，則 $x=a$ 爲臨界值；反之不然。

上面這個觀念在極值判斷上很重要：

如果已知一個相對極值 $f(a)$，則所對應的 $x=a$ 一定是臨界值，也就是它一定滿足「$f'(a)=0$ 或不存在」的條件；但是，我們若只由「$f'(a)=0$ 或不存在」解出 x，則「不一定」是臨界值。

因爲「$f'(a)=0$ 或不存在」解出的 $x=a$ 只是「可能的臨界值」，所對應的 $f(a)$ 只是相對極值候選人：$f(a)$ 是不是極值，必須檢定。

因此，正常的步驟是檢定由「$f'(a)=0$ 或不存在」解出之「可能的臨界值」。綜合上述，「$f'(a)=0$ 或不存在」是極值的「必要條件」（necessary condition），需要判斷，也就是說：

如果已知 $f(a)$ 是極值，則必定滿足「$f'(a)=0$ 或不存在」，但是，反之不然。所以，一階條件也稱爲必要條件：當命題爲眞時，它必定爲眞。所以，要確認極值，必須由二階導數的充分條件來完成檢定。

相對極值的充分條件

基本上，二階導數的極值檢定，是透過檢定可能的臨界值所處區間之「凹性」來完成。

二階檢定在於利用斜率（一階條件）的增減，判斷函數臨界值對應的「應變數 y」是極大或極小。首先，我們先解釋凹性的幾何直觀，如圖 13-4 及圖 13-5。

由圖 13-4 及圖 13-5 可知，一個具有極小值的函數，隱含極小值附近局

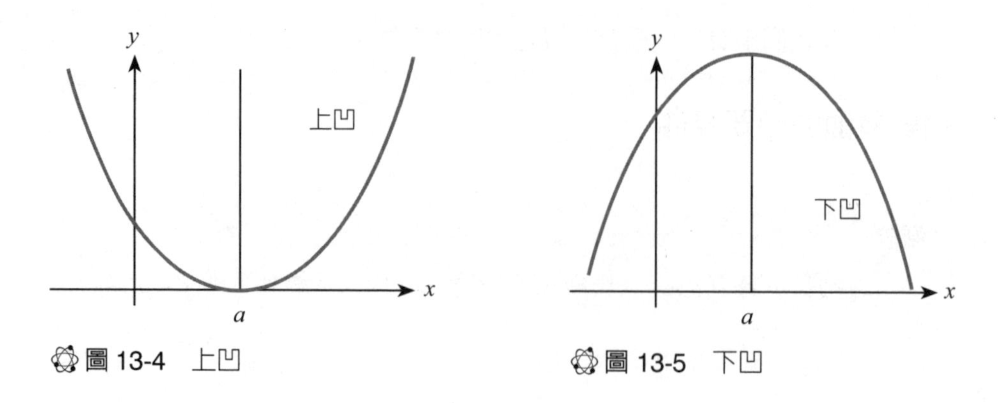

圖 13-4 上凹

圖 13-5 下凹

部上凹；而一個具有極大值的函數，隱含極大值附近局部下凹。凹性轉換的點，稱爲反區點（inflection point）。

藉由上圖可以知道，極值出現的附近，函數必然有一個凹性：如果可能的臨界值 $x = a$ 處於上凹區間，則 $f(a)$ 爲相對極小值；如果處於下凹區間，則 $f(a)$ 爲相對極大值。

那麼，二階導數如何判斷極值？我們可以用一個快速的方法：直接以臨界值計算二階導數 $f''(a)$。

二階導數判斷極值原理

如果 $f''(a) > 0$，則此臨界值處於一個上凹的區間，因此 $f(a)$ 是相對極小值。

如果 $f''(a) < 0$，則此臨界值處於一個下凹的區間，因此 $f(a)$ 是相對極大值。

以圖 13-6 爲例說明。一個上凹的函數，$x = a$ 左邊做切線，斜率是負的，到 $x = a$ 做切線 $f'(a) = 0$，$x = a$ 右邊做切線，斜率是正的；故斜率變化：負 $\to 0 \to$ 正。斜率遞增，也就是說，此凹性任一點的二階導數爲正，$x = a$ 也不例外，故：

$$f''(a) > 0 \Leftrightarrow f(a) \text{ 是相對極小值，故 } x = a \text{ 是臨界值。}$$

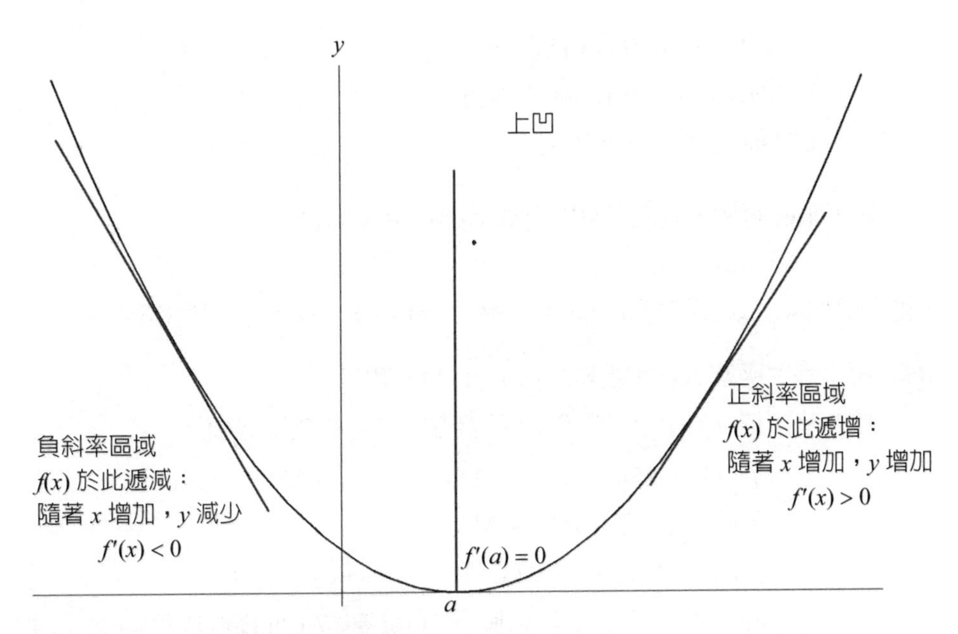

圖 13-6　二階導數判斷極值原理

同理：

$$f''(a) < 0 \Leftrightarrow f(a)$$ 是相對極大值，故 $x = a$ 是臨界值。

所以，檢定可能的臨界值 $x = a$ 之 $f(a)$ 是否爲極值的充分條件，就是二階導數 $f''(a)$ 的正負號。如果 $f''(a) = 0$，則此「可能的臨界值」就不是「臨界值」，也就是沒有極值。

相對極值二階導函數檢定法的操作步驟如下：

第 1 步：函數 $f(x)$ 定義域 $f(x): \{x|\}$

第 2 步：依 $f'(x) = 0$ 或 $f'(x)$ 不存在，求可能的臨界值 a。

求一階導函數 $f'(x)$ 並寫出一階導函數 $f'(x)$ 定義域 : $\{x|\}$

1. $f'(x) = 0$

2. $f'(x)$ 不存在 → 依照 $f'(x)$ 和 $f(x)$ 定義域判斷。

第 3 步：令可能的臨界值爲向量 a，計算 $f''(a)$

1. $f''(a)<0 \Leftrightarrow f(a)$ 爲相對極大值。
2. $f''(a)>0 \Leftrightarrow f(a)$ 爲相對極小值。
3. 其他 $\Rightarrow f(a)$ 非極值。

接下來的範例，說明了實際上如何操作這 3 步驟。

範例 4. 以二階檢定法判斷函數 $f(x)=-3x^5+5x^3$ 的相對極值。

解 第 1 步：函數 $f(x)$ 定義域：$f(x)$：$\{x \mid x \in R\}$

第 2 步：依 $f'(x)=0$ 或 $f'(x)$ 不存在，求可能的臨界值。

$$f'(x)=-15x^4+15x^2=-15x^2(x^2-1)=-15x^2(x+1)(x-1)$$

$f'(x)$ 定義域：$\{x \mid x \in R\}$

(1) 依 $f'(x)=0 \rightarrow x^2(x+1)(x-1) \rightarrow x=0,\ \pm 1$

(2) $f'(x)$ 不存在 $\rightarrow$ 依照 $f'(x)$ 定義域，此條件無解 $\rightarrow \varnothing$

$\Rightarrow$ 綜合之，可能的臨界值發生在 $x=-1, 0, 1$。

第 3 步：$f''(x)=-60x^3+30x=30x(1-2x^2)$

$f''(-1)>0 \Leftrightarrow f(-1)$ 為相對極小值，$x=-1$ 為臨界值。

$f''(0)=0 \Leftrightarrow f(0)$ 非極值，$x=0$ 非臨界值。

$f''(1)<0 \Leftrightarrow f(1)$ 為相對極大值，$x=1$ 為臨界值。

見圖 13-7。

爲了便於訓練，我們解說依照步驟，若能夠熟習二階檢定法，就可以利用這種判定相對極值的快速方法。

範例 5. 以二階檢定法判斷 $f(x)=2x\sqrt{3-x}$ 的相對極值。

解 第 1 步：函數 $f(x)$ 定義域：$f(x):\{x \mid x \leq 3\}$

第 2 步：依 $f'(x)=0$ 或 $f'(x)$ 不存在，求可能的臨界值。

$$f'(x)=(6-3x)(3-x)^{-\frac{1}{2}}=\frac{6-3x}{\sqrt{3-x}}$$

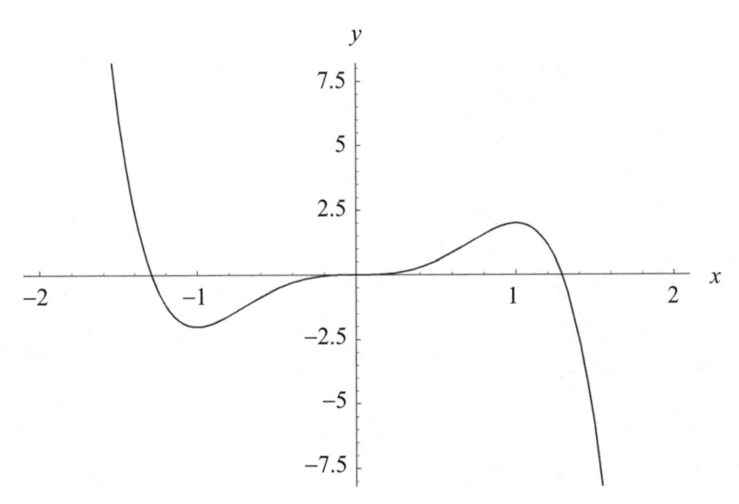

圖 13-7　範例 4 圖形 $f(x) = -3x^5 + 5x^3$

$f'(x)$ 定義域：$\{x \mid x < 3,\ x \neq 3\}$

(1) $f'(x) = 0 \rightarrow 6 - 3x = 0 \rightarrow x = 2$

(2) $f'(x)$ 不存在 → 依照 $f'(x)$ 定義域，$x = 3$ 且 $3 \in f(x)$ 定義域，故 $x = 3$。

$\Rightarrow$ 綜合之，可能的臨界值 $x = 2, 3$。

第 3 步：$f''(x) = \dfrac{3(x-4)}{2\sqrt{(3-x)^3}}$

$f''(2) < 0 \quad \Leftrightarrow$ $f(2)$ 為相對極大值，$x = 2$ 為臨界值。

$f''(3)$ 無定義 $\Rightarrow$ $f(3)$ 非極值。

參考圖 13-8 可以知道可能的臨界值 $x = 3$ 是凹性區間之端點，因此檢定無極值。

範例 6. 請用二階檢定法檢定函數 $f(x) = \sqrt[3]{x^3 - 3x}$ 的相對極值。

解 第 1 步：函數 $f(x)$ 定義域：$f(x)$：$\{x \mid x \in R\}$。

第 2 步：依 $f'(x) = 0$ 或 $f'(x)$ 不存在，求可能的臨界值。

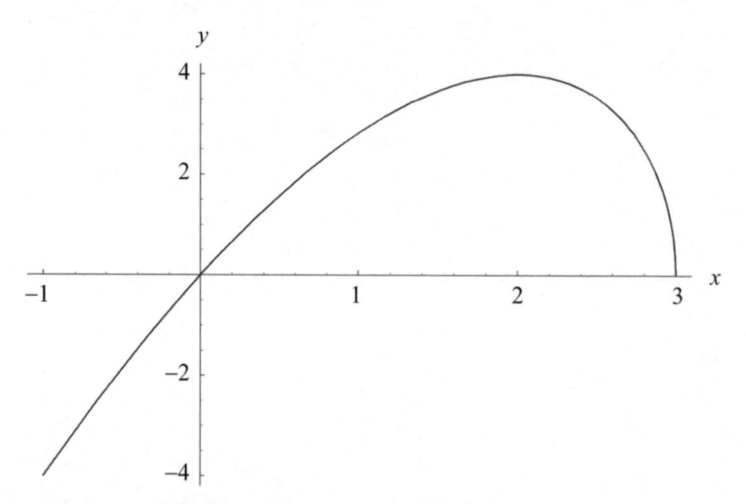

圖 13-8 範例 5 圖形 $f(x)=2x\sqrt{3-x}$

$$f'(x)=\frac{x^2-1}{(x^3-3x)^{\frac{2}{3}}}=\frac{(x+1)(x-1)}{\sqrt[3]{(x^3-3x)^2}}$$

$f'(x)$ 定義域：$\{x\,|\,x\neq 0,\pm\sqrt{3}\}$

(1) $f'(x)=0\rightarrow(\mathrm{x}+1)(\mathrm{x}-1)=0\rightarrow x=\pm1$，且此值 $\in f(x)$ 定義域，故 $x^{c}=\pm1$。

(2) $f'(x)$ 不存在 $\rightarrow$ 依照 $f'(x)$ 定義域，$x=0,\pm\sqrt{3}$，且此值 $\in f(x)$ 定義域，故 $x^{c}=0,\pm\sqrt{3}$。

$\Rightarrow$ 綜合之，可能的臨界值發生在 $x^{c}=-\sqrt{3},-1,0,1,\sqrt{3}$。

第 3 步：$f''(x)=\dfrac{-2(x^2+1)}{(x^3-3x)^{\frac{5}{3}}}=\dfrac{-2(x^2+1)}{\sqrt[3]{(x^3-3x)^5}}$

$f''(-\sqrt{3})$ 無定義。

$f''(-1)<0\Leftrightarrow f(-1)$ 為相對極大值，$x=-1$ 為臨界值。

$f''(x)$ 無定義。

$f''(1)>0\Leftrightarrow f(1)$ 為相對極小值，$x=1$ 為臨界值。

$f''(\sqrt{3})$ 無定義。

範例 6 指出臨界值 $x=0,\ \pm\sqrt{3}$ 沒有落在任一凹性中，故只有 $x=\pm 1$ 才有對應的相對極值。參考圖 13-9。

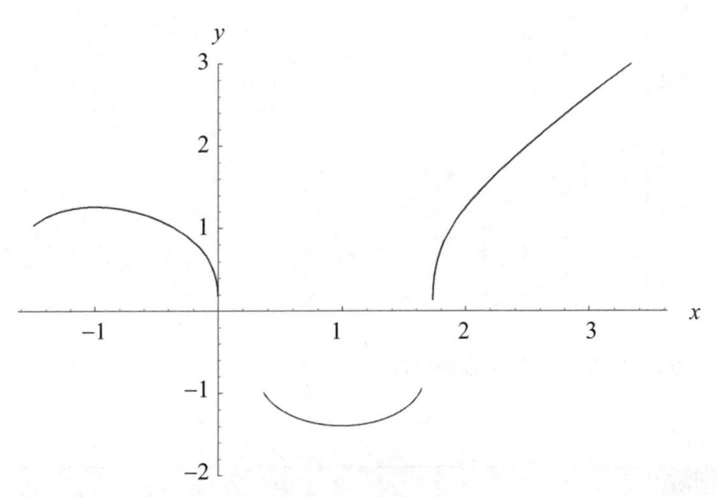

圖 13-9　範例 6 圖形 $f(x)=\sqrt[3]{x^3-3x}$

範例 7.　令 $f(x)=x^2\ln x$，判定相對極值。

解　第 1 步：函數 $f(x)$ 定義域：$f(x)$：$\{x\mid x>0\}$

第 2 步：依 $f'(x)=0$ 或 $f'(x)$ 不存在，求可能的臨界值。

$f'(x)=(2\ln x+1)x$

$f'(x)$ 定義域：$\{x\mid x>0\}$

1. $f'(x)=0\to x=0$，$e^{-\frac{1}{2}}$，且 $0\notin f(x)$ 定義域，故 $x=e^{-\frac{1}{2}}$。

2. $f'(x)$ 不存在 $\to$ 依照 $f'(x)$ 定義域，此條件無解。$\to\varnothing$

$\Rightarrow$ 綜合之，可能的臨界值 $x=e^{-\frac{1}{2}}$。

第 3 步：$f''(x)=3+2\ln x$

$f''(e^{-\frac{1}{2}})>0\ \Leftrightarrow\ f(e^{-\frac{1}{2}})$ 為相對極小值，$x=e^{-\frac{1}{2}}$ 為臨界值

參考圖 13-10。

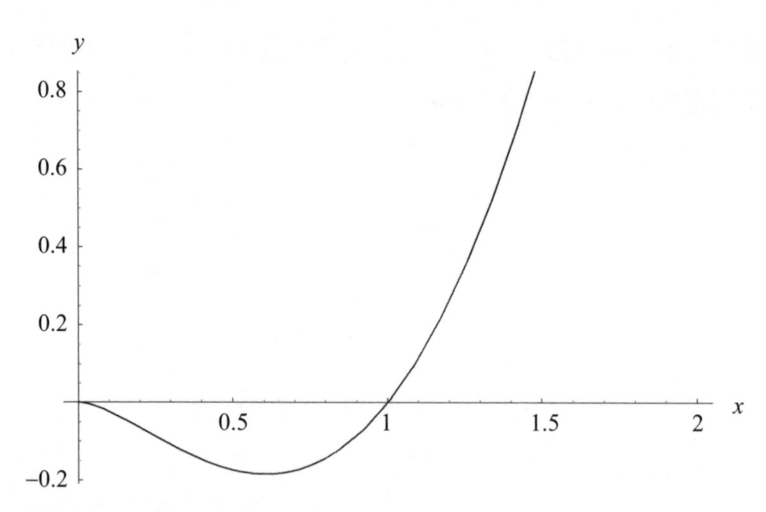

圖 13-10 範例 7 圖形 $f(x) = x^2 \ln x$

習題

求下列各題的相對極值

1. $f(x)=2-x^2$
2. $f(x)=7-8x+5x^2$
3. $f(x)=2x^3-3x^2-36x+28$
4. $f(x)=3x^4-16x^3+18x^2$
5. $f(x)=(x-1)^{\frac{2}{3}}$
6. $f(x)=x^4-6x^2$
7. $f(x)=\dfrac{8x}{x^2+1}$
8. $f(x)=\dfrac{3}{x^2+1}$
9. $f(x)=\dfrac{-4}{x^2+1}$
10. $f(x)=(x-1)^3$
11. $f(x)=x^2(1-x)^2$
12. $f(x)=x\sqrt{4-x^2}$
13. $f(x)=(x-1)^{\frac{1}{3}}-1$
14. 令 $f(x)=x^2\cdot e^{-x^2}$
15. 令 $f(x)=x^3\cdot e^{-x^2}$
16. 令 $f(x)=x^2\cdot 2^{-x}$

難題練習

17. 令 $f(x)=x^2\cdot e^{|x-1|}$，判斷相對極值。
18. 令 $f(x)=\dfrac{\ln\sqrt{2x-1}}{1-2x}$，判斷相對極值。

習題解答

1. 相對極大值 $(0, 2)$
2. 相對極小值 $(\frac{4}{5}, \frac{19}{5})$
3. 相對極大值 $(-2, 72)$；相對極小值 $(3, -53)$
4. 相對極大值 $(1, 5)$；相對極小值 $(0, 0)$ 和 $(3, -27)$
5. 相對極小值 $(1, 0)$
6. 相對極大值 $(0, 0)$；相對極小值 $(-\sqrt{3}, -9)$ 和 $(\sqrt{3}, -9)$
7. 相對極大值 $(1, 4)$；相對極小值 $(-1, -4)$
8. 相對極大值 $(0, 3)$
9. 相對極小值 $(0, -4)$
10. 沒有相對極值
11. 相對極大值 $(\frac{1}{2}, \frac{1}{16})$；相對極小值 $(0, 0)$ 和 $(1, 0)$
12. 相對極大值 $(\sqrt{2}, 2)$；相對極小值 $(-\sqrt{2}, -2)$
13. 沒有相對極值

14~18. 篇幅較大，請授課老師酌情提供解答。

13.2 企業決策

在經濟商業上，微分方法應用最廣的領域是利潤極大化的生產規劃、成本極小化的存貨問題和價格彈性。這一節將介紹這些問題的應用。

利潤極大化問題

一般生產者或企業的經營目標在於求利潤極大化。沒有利潤，在市場上就沒有生存的空間。因此，生產決策必須考慮避免過度生產，導致利潤下降。本節將介紹如何利用微分的極值問題來做生產決策。

範例 1. 某玩具製造商的手機銷售量 q 和價格 p 的關係如下：

$$p = 1,000 - q$$

而銷售量 q 的成本函數為：

$$C(q) = 3,000 + 20q$$

(1) 請求出總收益函數 $R(q)$。

(2) 請求出總利潤函數 $\pi(q)$。

(3) 利潤極大化的產量是多少？

(4) 最大利潤是多少？

(5) 利潤極大化的定價是多少？

解 (1) $R(q) = p \times q = (1,000 - q)\,q = 1,000q - q^2$

(2) $\pi(q) = R(q) - C(q) = 1,000q - q^2 - (3,000 + 20q) = -q^2 + 980q - 3,000$

(3) 依題意，解出 $\dfrac{\partial \pi}{\partial q} = 0$ 的 q。

$\dfrac{\partial \pi}{\partial q} = -2q + 980 = 0 \Rightarrow q = 490$ 個

因二階條件 $\dfrac{\partial \pi}{\partial q^2} = -2 < 0$，故 π (490) 有極大利潤。

(4) $\pi(490) = -(490^2) + 980 \times 490 - 3,000 = \$237,100$

(5) 因 $q_{max} = 490$，代入 $p_{max} = 1,000 - q_{max} = \$510$。

範例 2. 某劇團依過去資料知道，若票價訂在 20 元，平均約有 1,000 人會來看舞台劇，每增加 1 元則會流失 100 人，每位觀眾平均在劇場內花費 1.8 元。為使總收益最大，請問門票價格應訂為多少？

解 令 x 為原票價增減的金額（若 $x < 0$ 則減價；若 $x > 0$ 則增價）。

第 1 步：先寫下此劇團的總收益函數。

$$R(x) = \text{門票收益} + \text{劇場內收益}$$
$$= \text{人} \times \text{門票} + 1.8 \times \text{人}$$

$$= (1{,}000 - 100x)(20 + x) + 1.8(1{,}000 - 100x)$$
$$= -100x^2 - 1{,}180x + 21{,}800$$

第 2 步：求 $\frac{dR(x)}{dx} = R'(x) = -200x - 1{,}180 = 0 \quad x = \$-5.9$

求二階條件檢驗極值：$R''(x) = -200 < 0$，故有極大值。

故 $R(-5.9)$ 為極大，而且極大收益的門票價格應訂於：

$\$20 + (-5.9) = \$14.1$。

若門票訂為 14.1 元，可吸引觀衆 1,000 – 100(–59) = 1,590 人，得到最大收益。

由上面的例題，我們可以推論出一個利潤極大化之下的一般式。令 $\pi(q)$ 爲利潤函數，$R(q)$ 爲收益函數，$C(q)$ 爲成本函數。三者關係可表示如下：

$$\pi(q) = R(q) - C(q)$$

故利潤極大化之下的一階條件爲 $\pi'(q) = 0$

$$\Leftrightarrow R'(q) - C'(q) = 0 \Leftrightarrow R'(q) = C'(q)$$

經濟學將導函數 $R'(q)$ 定義爲「邊際收益」，將 $C'(q)$ 定義成「邊際成本」。故由上式可知，利潤極大化的產量（或銷售量）是在邊際收益等於邊際成本之處。

存貨成本極小化

接下來，我們介紹「存貨成本極小化」，這是零售業者常遇到的問題。假設某零售電器行每年有 2,000 台電視的購買（需求）量，如果這家店一開始就進貨 2,000 台電視，則它將面臨儲藏這些貨品的成本（如保險、倉庫等等）。如果這家零售商分五次下訂單，每次平均訂購 400 台電視，則須付出五次的運費、文書及人力成本。微分方法可以幫助我們找到將這些成本極小化的「進貨次數」及「進貨量」。

根據財務會計，年總存貨成本（inventory cost）= 年總儲藏成本（yearly storage cost）+ 年訂貨成本（yearly reorder cost）。參看以下例題。

範例 3. 令某電腦零售商每年賣出 2,500 台電腦。倉庫方面，儲藏一台電腦每年需耗費 10 元成本；每次訂貨需付出 20 元固定成本，每台電腦則需 9 元。這家零售商應如何安排訂貨次數及訂貨量，以極小化存貨成本？

解 第 1 步：令每次訂貨量為 q 台電腦。總零售量為 2,500 台，故在 $0 \sim q$ 之間，平均存量為 $\frac{q}{2}$，故每年保存現貨的成本 $= \$10 \cdot \frac{q}{2}$。

第 2 步：令訂貨次數為 N，則 $Nq = 2{,}500 \Leftrightarrow N = \frac{2{,}500}{q}$

故每年的訂貨成本 = 一單位貨物成本 × 欲訂貨次數

$$= (20 + 9q)\frac{2{,}500}{q}$$

第 3 步：總成本計算如下：

$$C(q) = 10 \cdot \frac{q}{2} + (20 + 9q)\frac{2{,}500}{q} = 5q + \frac{5{,}000}{q} + 22{,}500$$

因此，令 $C'(q) = 0$，求得 $q = 100$（負不合），同時解得：$N = 25$。

故成本極小化的訂貨量為一次訂 100 單位，一年訂 25 次。

習題

$R(x)$ 和 $C(x)$ 爲以仟元爲單位的收益和成本函數，x 爲以千爲單位衡量的產量，求極大利潤。

1. $R(x) = 50x - 0.5x^2$，$C(x) = 4x + 10$
2. $R(x) = 5x$，$C(x) = 0.001x^2 + 1.2x + 60$
3. $R(x) = 9x - 2x^2$，$C(x) = x^3 - 3x^2 + 4x + 1$

依下列各題題意求解。

4. 高雄某家成衣廠的產品價格 P 和產品需求量 Q 之間的關係可表示爲：

$$P = 150 - 0.5Q$$

而且生產 Q 單位的成本 C 可表示爲如下函數：

$$C(q) = 4{,}000 + 0.25Q^2$$

(1) 求總收益函數 $R(q)$。

(2) 求總利潤函數 $\pi(q)$。

(3) 利潤極大化之下，這家成衣廠的最適產量爲多少單位？

(4) 極大利潤爲多少？

(5) 利潤極大化之下，這家成衣廠的最適訂價爲多少？

5. 某電器賣場在促銷一款新上市冷氣。如果要賣出 Q 台冷氣，定價公式爲：$P = 280 - 0.4Q$，且生產成本爲 $C(Q) = 5{,}000 + 0.6Q^2$。

(1) 求總收益函數 $R(q)$。

(2) 求總利潤函數 $\pi(q)$。

(3) 在利潤極大化之下，這家賣場的最適產量爲多少單位？

(4) 極大利潤爲多少？

(5) 在利潤極大化之下，這家賣場的最適定價爲多少？

6. 某足球聯盟正在思考足球比賽該如何收費。如果票價訂在 6 美元，則平均有 7 萬觀眾前來觀賞。票價每增加 1 美元，將流失 1 萬名觀眾。每位入場觀眾在飲食部門的平均花費爲 1.05 美元。求最大收益下的票價和入場觀眾人數。

7. 假設你爲一家有 30 間套房的中國旅館做經營規劃。如果將房價訂在一間人民幣 20 元，則全部住滿。每增加 x 元，則造成空房 x 間。每間使用過的房間需收取 2 元的清潔費。請問利潤極大化之下，房價應訂爲多少？

8. 當某香蕉園每畝種植 20 棵香蕉樹時，每棵香蕉樹可收成 30 簍香蕉。當每畝增加一棵樹時，因生物間的養分競爭，每棵樹將減少收成 1 簍。請問最大收成的每畝種樹量爲何？

9. 美國某觀光區正在考慮如何對臺灣遊客收費。如果票價訂爲 3 美元，則平均有 100 位臺灣觀光客來玩。每增加 0.1 美元，將流失 1 人。求最大收益下的票價爲何？

10. 一個體積 320 立方公尺的方形木箱，底和蓋子均爲正方形。材料成本如下：底部每平方公尺 15 元，箱頂每平方公尺 10 元，四邊每平方公尺 2.5 元。求成本極小化下的長、寬、高。
11. 某商人欲購買一個放在展示會場的顯著標示牌，向店員說：「我要買一個 10×10 的正方形標示牌。」店員回答：「爲使標示看起來美觀，爲何不購買 7×13 的標示牌？兩個周長是相等的。」試評論之。
12. 銀行儲蓄存款的存款金額和銀行支付的存款利率爲一個等比率關係。假設此銀行將儲蓄存款的金額以利率 18% 全部貸放出去。請問此銀行利潤極大化之下的存款利率爲多少？
13. 某出版商爲一本一頁面積 73.125 平方英寸的書設計周長。平均每頁上下須留空邊界 0.75 英寸，左右須留 0.5 英寸的邊界。請問可使印刷範圍之面積最大的書本周長是多少？
14. 賣場每年賣出 100 張野餐桌。一張野餐桌的儲存成本是一年 20 美元，訂購一次的固定成本爲 40 美元及每一張桌子加運費 16 美元。請問在存貨成本極小化之下，每年的訂貨次數是幾次？每次的訂貨量是多少？
15. 賣場每年賣出 200 個保齡球。每個保齡球的儲存成本爲一年 4 美元，訂貨一次的固定成本爲 1 美元，另外加上每球運費 0.5 美元。請問在存貨成本極小化之下，每年的訂貨次數是幾次？每次的訂貨量是多少？
16. 某電腦賣場每年賣出 360 套進口遊戲軟體。每套軟體的儲存成本是一年 8 美元，訂貨一次的固定成本爲 10 美元，外加每一套軟體的運費 8 美元。請問在存貨成本極小化之下，每年的訂貨次數是幾次？每次的訂貨量是多少？
17. 某電腦賣場每年賣出 720 個進口滑鼠。每個滑鼠的儲存成本爲一年 2 美元。訂貨一次的固定成本爲 5 美元，外加每一個滑鼠的運費 2.5 美元。請問在存貨成本極小化之下，每年的訂貨次數是幾次？每次的訂貨量是多少？
18. 承 16 題，儲存成本由 8 美元變成 9 美元時，若其他條件不變，請重做此題。
19. 承 17 題，固定成本由 5 美元變成 4 美元時，若其他條件不變，請重做此題。

20. 某商店每年賣出 Q 單位的進口產品。每個產品的儲存成本爲一年 a 元。訂貨一次的固定成本爲 b 美元，外加每一個產品的運費 c 元。請問在存貨成本極小化之下，每年的訂貨次數是幾次？每次的訂貨量是多少？

21. 利用上題結果，請問當 $Q=2{,}500$、$a=\$10$、$b=\$20$ 及 $c=\$9$ 時，在存貨成本極小化之下，每年的訂貨次數是幾次？每次的訂貨量是多少？

22. 生產某產品 x 的成本函數如下：

$$C(x)=8x+20+\frac{x^3}{100}$$

(1) 求邊際成本 $C'(x)$。

(2) 求平均成本 $A(x)=\dfrac{C(x)}{x}$。

(3) 求邊際平均成本 $A'(x)$。

(4) 求最小的 $A(x)$ 及對應的 x，及在此 x 之下的邊際成本。

(5) 比較 $A(x_0)$ 和 $C'(x_0)$。

23. 令 $A(x)=\dfrac{C(x)}{x}$

(1) 求以 $C'(x)$ 和 $C(x)$ 表示的 $A'(x)$。

(2) 證明當 $A(x_0)$ 爲極小時的 x_0 滿足下式：

$$C'(x_0)=A(x_0)=\frac{C(x_0)}{x_0}$$

（此式說明了當邊際成本和平均成本相等時的產量，有最小的平均成本。）

習題解答

1. 當 $x=46$ 時，有極大化利潤 \$1,048。

2. 當 $x=1{,}900$ 時，有極大化利潤 \$3,550。

3. 當 $x=1.667$ 時，有極大化利潤 \$5,481。

4. (1) $R(Q)=150-0.5Q^2$；(2) $\pi(Q)=-0.75Q^2+150Q-4{,}000$；
(3) $Q=100$ 單位；(4) $\pi(100)=3{,}500$；(5) \$100

5. (1) $R(Q)=280Q-0.4Q^2$；(2) $\pi(q)=-Q^2+280Q-5{,}000$，$0\le Q\le\infty$；

(3) $Q=140$ 單位；(4) $\pi(140)=\$14,600$；(5)\$224

6. 每一張票應賣 \$5.75，將會有 72,500 位觀眾。
7. \$26
8. 每畝 25 棵樹
9. \$6.50
10. $4\times4\times20$
11. 雖然兩個標示周圍均爲 40 呎，但面積不同。10×10 的面積最大，展示顯著程度也最大。
12. 9%
13. 一邊 10.47 英寸，一邊 6.98 英寸。
14. 5 次 / 年；一次訂 20 個。
15. 20 次 / 年；一次訂 10 個。
16. 12 次 / 年；一次訂 30 個。
17. 12 次 / 年；一次訂 60 個。
18. 13 次 / 年；一次訂 28 個。
19. 13 次 / 年；一次訂 54 個。
20. $\dfrac{Q}{\sqrt{\dfrac{2bQ}{a}}}$ 次 / 年；一次訂 $\sqrt{\dfrac{2bQ}{a}}$ 個。
21. 25 次 / 年；一次訂 100 個。
22. (1) $C'(x)=8+\dfrac{3}{100}x^2$　(2) $A(x)=8+\dfrac{20}{x}+\dfrac{x^2}{100}$

    (3) $A'(x)=-\dfrac{20}{x^2}+\dfrac{1}{50}x$　(4) $x=10$ 的邊際成本是 11 元

    (5) $A(10)=C'(10)=11$
23. (1) $A'(x)=\dfrac{xC'(x)-C(x)}{x^2}$

    (2) $A'(x)=0$，當 $C'(x)=\dfrac{C(x)}{x}=A(x)$

第⓮堂課

雙變數函數的極值：無限制條件下的極值判斷問題

前面介紹了單變數函數的極值問題，本節將相對極值問題推至多變數。多變數的問題在幾何上較難。基本上，多變數的問題分成有限制條件和無限制條件。多變數極值問題在管理數學上相當重要。這一節將介紹雙變數的求解。

定義：相對極值

令 $z=f(x,y)$ 為實數函數

(1) 若存在點 (a, b) 為圓心的一點，使得 $f(a,b)\geq f(x,y)$。若此關係對所有圓內點集合皆成立，則稱 f 在點 (a, b) 有相對極大值（局部極大值）。

(2) 承上，若 $f(a,b)\leq f(x,y)$，則稱 f 在點 (a, b) 有相對極小值（局部極小值）。

上面的定義利用圓心的方法，主要是要陳述「特定點 (a, b) 和它們相鄰的所有的點」之間的關係。在單變數平面，在 X 軸上只有左右兩個方向可以表示 Y 軸上任何一點的相對關係。因為多變數是空間，空間任何一點，均有全方位的方向。而圓心的技巧是指出，不論從 360 度哪一個方向和點 (a, b) 相鄰，均滿足所陳述的條件。

承上定義，若 $f(a, b)$ 對 $f(x, y)$ 的所有定義域皆成立，則稱為絕對極值。

和單變數的情形一樣，我們同樣定義臨界值如下：

定義：臨界值

令 $f(x, y)$ 為定義於包含 (a, b) 的開區間，若 $f(a, b)$ 為函數的極值，則 (a, b) 為臨界值，且以下兩個條件至少有一成立：

(1) $f_x(a,b)=0$ 且 $f_y(a,b)=0$

(2) $f_x(a,b)$ 且 $f_y(a,b)$ 不存在

同單變數函數一樣，多變數函數極值一定發生在可能的臨界點；反之不然。所以，檢定也是依照相同做法：先依照定義求出可能的臨界值，再一一檢定是否為真正的臨界值，藉以判斷此座標是否有相對極值。

多變數函數的二階檢定方法利用到二階偏微分。方法如下：

二階偏微分檢定法

如果函數 $f(x, y)$ 在開區間有一階及二階偏微分，且在此開區間存在一點 (a, b) 使得「$f_x(a,b)=0$ 且 $f_y(a,b)=0$」或「$f_x(a,b)$ 且 $f_y(a,b)$ 不存在。」定義一矩陣 $\mathbf{A}=\begin{bmatrix} f_{xx}(a,b) & f_{xy}(a,b) \\ f_{yx}(a,b) & f_{yy}(a,b) \end{bmatrix}$，其行列式稱為函數 f 的判別式（discriminant）或 Hessian：

$$\Delta=\det(\mathbf{A})=\begin{vmatrix} f_{xx}(a,b) & f_{xy}(a,b) \\ f_{yx}(a,b) & f_{yy}(a,b) \end{vmatrix}$$

$$=f_{xx}(a,b)\cdot f_{yy}(a,b)-[f_{xy}(a,b)]^2$$

判別極值方法如下：

・ $\Delta>0$ 有極值

(1) $f(a, b)$ 有相對極大，如果 $f_{xx}(a,b)<0$。

(2) $f(a, b)$ 有相對極小，如果 $f_{xx}(a,b)>0$。

・其餘

(1) $\Delta < 0$，則 (a, b) 為鞍點（saddle point）。

(2) $\Delta = 0$，無法判定。

已知可能的臨界值，要確定一個雙變數以上的多變數系統有極值，則二階導數的對稱矩陣 $\begin{bmatrix} f_{xx}(a,b) & f_{xy}(a,b) \\ f_{yx}(a,b) & f_{yy}(a,b) \end{bmatrix}$ 之行列式必須為正：$\Delta > 0$。

$\Delta > 0$ 是二階檢定有效的必要條件（necessary condition）。因為這個條件同時確認「主對角線元素同號」：$f_{xx}(a, b)$ 和 $f_{yy}(a, b)$ 同號。$f_{xx}(a, b)$ 和 $f_{yy}(a, b)$ 的同符號確保了凹性的一致性：

從 x 的方向看，或 y 的方向看，$f(x, y)$ 的凹性是一樣的。

這樣可以確保極大值就是極大值，極小值就是極小值。

$\Delta < 0$，會出現 $f_{xx}(a, b)$ 和 $f_{yy}(a, b)$ 異號。例如：$f_{xx}(a, b) < 0$，$f_{yy}(a, b) > 0$。這樣意味著：可能的臨界值 (a, b) 從 X 方向看是下凹的極大值，從 Y 方向看是上凹的極小值。這種狀況我們稱為鞍點（saddle point），如圖 14-1，像是方便人騎馬的馬鞍，一個馬鞍點 S，雙腳方向的 S 是相對極大值，從轡頭來的方向 S 是相對極小值。也就是 $f_{xx}(a, b)$ 和 $f_{yy}(a, b)$ 異號。

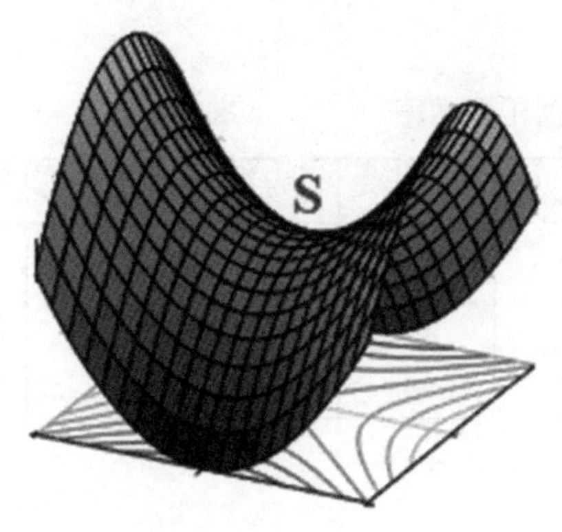

圖 14-1　鞍點

$\Delta = 0$，則特徵值至少一個爲 0，這樣就是矩陣 A 不可逆，這個空間呈現的數據，無法判定極值：$n-k$ 維空間的值域，無法用 n 維空間的定義域判斷。

範例 1. 令函數 $f(x, y) = xy - \frac{1}{4}x^4 - \frac{1}{4}y^4$，利用二階檢定法檢查極值。

解 第 1 步：$f(x, y)$ 定義域：$f(x, y): \{x, y \mid x \in R, y \in R\}$

第 2 步：求出可能的臨界值 (a, b)。

$f_x(x, y) = y - x^3$ $f_x(x, y)$ 定義域：$\{x, y \mid x \in R, y \in R\}$

$f_y(x, y) = x - y^3$ $f_y(x, y)$ 定義域：$\{x, y \mid x \in R, y \in R\}$

(1) $f_x(x, y) = 0$ 和 $f_y(x, y) = 0 \rightarrow (a, b) = (-1, -1), (0, 0), (1, 1)$

(2) $f_x(x, y)$ 和 $f_y(x, y)$ 不存在 → 依兩函數定義域，此條件解為空集合。

第 3 步：求二階導函數。

$$f_{xx}(x,y) = -3x^2$$
$$f_{yy}(x,y) = -3y^2$$
$$f_{xy}(x,y) = f_{yx}(x,y) = 1$$

第 4 步：做表 14-1 並計算 $\begin{vmatrix} f_{xx}(a,b) & f_{xy}(a,b) \\ f_{yx}(a,b) & f_{yy}(a,b) \end{vmatrix}$

表 14-1 帶入並判斷相對極值

(a, b)	f_{xx}	f_{yy}	f_{xy}	Δ	相對極值判斷
$(-1, -1)$	-3	-3	1	8	$f(-1, -1)$ 為相對極大值
$(0, 0)$	0	0	1	-1	$f(0, 0)$ 為鞍點
$(1,1)$	-3	-3	1	8	$f(1, 1)$ 為相對極大值

參考圖 14-2。

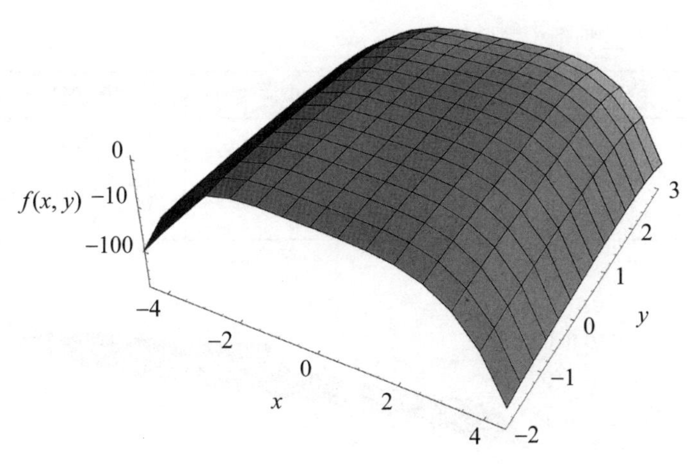

圖 14-2　$f(x, y) = xy - \frac{1}{4}x^4 - \frac{1}{4}y^4$

範例 2.　令 $f(x, y) = x^3 - 4xy + 2y^2$，試以二階檢定法檢查其極值性質。

解　第 1 步：$f(x, y)$ 定義域：$f(x, y):\{x, y \mid x \in R, y \in R\}$

第 2 步：求出可能的臨界值 (a, b)。

$f_x(x, y) = 3x^2 - 4y$　$f_x(x, y)$ 定義域：$\{x, y \mid x \in R, y \in R\}$

$f_y(x, y) = -4x + 4y$　$f_y(x, y)$ 定義域：$\{x, y \mid x \in R, y \in R\}$

(1) $f_x(x, y) = 0$ 和 $f_y(x, y) = 0 \to (a, b) = (0, 0)$ 及 $(\frac{4}{3}, \frac{4}{3})$

(2) $f_x(x, y)$ 和 $f_y(x, y)$ 不存在，依兩函數定義域，此條件無解。

$\Rightarrow$ 可能的臨界值 $(a, b) = (0, 0)$ 及 $(\frac{4}{3}, \frac{4}{3})$。

第 3 步：求二階導函數。

$f_{xx} = 6x$，$f_{yy} = 4$，$f_{xy} = -4$

第 4 步：做表 14-2 並計算 $\begin{vmatrix} f_{xx}(a,b) & f_{xy}(a,b) \\ f_{yx}(a,b) & f_{yy}(a,b) \end{vmatrix}$

參考圖 14-3。

表 14-2 帶入並判斷相對極值

(a, b)	f_{xx}	f_{yy}	f_{xy}	Δ	相對極值判斷
$(0, 0)$	0	4	–4	–16	$f(0, 0)$ 為鞍點
$(\frac{4}{3}, \frac{4}{3})$	8	4	–4	16	$f(\frac{4}{3}, \frac{4}{3})$ 為相對極小值

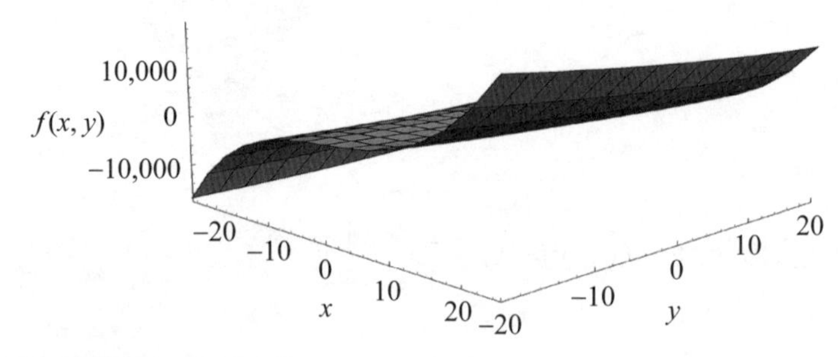

圖 14-3 $f(x, y) = x^3 - 4xy + 2y^2$

範例 3. 令 $f(x, y) = e^{-(x^2+y^2-4y)}$，試以二階檢定法檢查其極值性質。

解 第 1 步：$f(x, y)$ 定義域：$f(x, y): \{x, y \mid x \in R,\ y \in R\}$

第 2 步：求出可能的臨界值 (a, b)。

$$f_x(x, y) = -2xe^{-(x^2+y^2-4y)}$$

$f_x(x, y)$ 定義域：$\{x, y \mid x \in R,\ y \in R\}$

$$f_y(x, y) = (4-2y)\, e^{-(x^2+y^2-4y)}$$

$f_y(x, y)$ 定義域：$\{x, y \mid x \in R,\ y \in R\}$

(1) $f_x(x, y) = 0$ 和 $f_y(x, y) = 0 \to$ 解聯立方程組，可能的臨界值 $(a, b) = (0, 2)$。

(2) $f_x(x, y)$ 和 $f_y(x, y)$ 不存在 $\to$ 依兩函數定義域，此條件無解。

$\Rightarrow$ 可能的臨界值 $(a, b) = (0, 2)$。

第 3 步：求二階導函數。

$$f_{xx}(x,y)=2e^{-(x^2+y^2-4y)}(2x^2-1)$$
$$f_{yy}(x,y)=e^{-(x^2+y^2-4y)}[(4-2y)^2-2]$$
$$f_{xy}(x,y)=4x(y-2)e^{-(x^2+y^2-4y)}$$

第 4 步：做表 14-3 並計算 $\begin{vmatrix} f_{xx}(a,b) & f_{xy}(a,b) \\ f_{yx}(a,b) & f_{yy}(a,b) \end{vmatrix}$

參考圖 14-4。

表 14-3　帶入並判斷相對極值

(a, b)	f_{xx}	f_{yy}	f_{xy}	Δ	相對極值判斷
(0, 2)	$-2e^4$	$-2e^4$	0	$4e^8$	$f(0,2)$ 為相對極大值

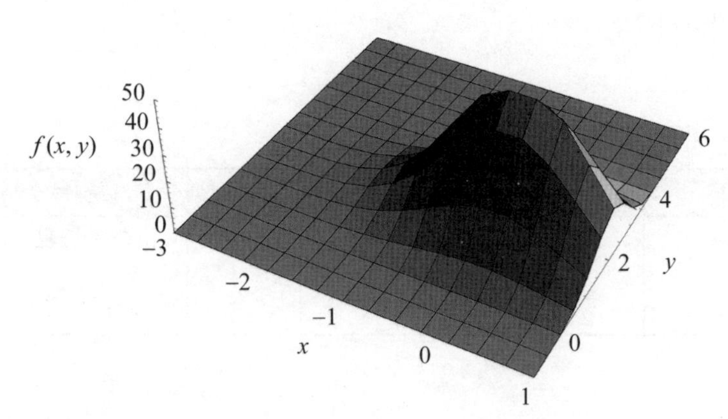

圖 14-4　$f(x,y)=e^{-(x^2+y^2-4y)}$

範例 4. 用二階偏微分檢定法，判斷 $f(x,y)=x^3-3xy+6y^2$ 的相對極值。

解　第 1 步：$f(x,y)$ 定義域：$f(x,y):\{x,y\,|\,x\in R,\ y\in R\}$

第 2 步：求出可能的臨界值 (a,b)。

$f_x(x,y)=3x^2-3y$　$f_x(x,y)$ 定義域：$\{x,y\,|\,x\in R,\ y\in R\}$

$f_y(x, y) = -3x + 12y$　$f_y(x, y)$ 定義域：$\{x, y \mid x \in R, y \in R\}$

1. $f_x(x, y) = 0$ 和 $f_y(x, y) = 0 \rightarrow$ 解聯立方程組，可能的臨界值 $(x^c, y^c) = (0, 0), (\frac{1}{4}, \frac{1}{16})$。
2. $f_x(x, y)$ 和 $f_y(x, y)$ 不存在 $\rightarrow$ 依兩函數定義域，此條件無解

$\Rightarrow$ 可能的臨界值 $(a, b) = (0, 0)$，$(\frac{1}{4}, \frac{1}{16})$。

第 3 步：求二階導函數。

$f_{xx} = 6x$，$f_{yy} = 12$，$f_{xy} = -3$

第 4 步：做表 14-4 並計算 $\begin{vmatrix} f_{xx}(a,b) & f_{xy}(a,b) \\ f_{yx}(a,b) & f_{yy}(a,b) \end{vmatrix}$

參考圖 14-5。

表 14-4　帶入並判斷相對極值

(a, b)	f_{xx}	f_{yy}	f_{xy}	Δ	相對極值判斷
(0, 0)	0	12	−3	−9	$f(0,0)$ 為鞍點
$(\frac{1}{4}, \frac{1}{16})$	$\frac{3}{2}$	12	−3	9	$f(\frac{1}{4}, \frac{1}{16})$ 為相對極小值

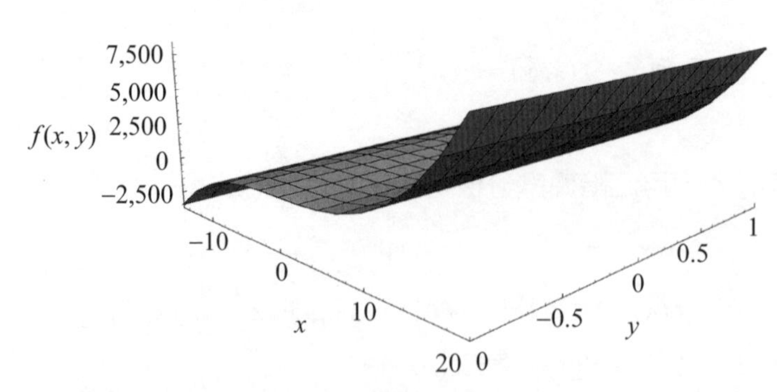

圖 14-5　$f(x, y) = x^3 - 3xy + 6y^2$

範例 5.　承上題，判斷 $f(x,y)=(x^2+4y^2)e^{1-x^2-y^2}$ 的相對極值。

解　第 1 步：定義域：$f(x, y):\{x, y \mid x\in R, y\in R\}$

第 2 步：求出可能的臨界值 (a, b)。

$f_x(x,y)=2xe^{1-x^2-y^2}(1-x^2-4y^2)$

$f_x(x, y)$ 定義域：$\{x, y \mid x\in R, y\in R\}$

$f_y(x,y)=2ye^{1-x^2-y^2}(4-x^2-4y^2)$

$f_y(x, y)$ 定義域：$\{x, y \mid x\in R, y\in R\}$

1. $f_x(x, y)=0$ 和 $f_y(x, y)=0\rightarrow$ 解聯立方程組，可能的臨界值。

   $\rightarrow(x^c, y^c)=(0, 0), (0, 1), (0, -1), (1, 0), (-1, 0)$

2. $f_x(x, y)$ 和 $f_y(x, y)$ 不存在 $\rightarrow$ 依兩函數定義域，此條件無解。

$\Rightarrow$ 可能的臨界值 $(a, b)=(0,0),(0,1),(0,-1), (1,0),(-1,0)$

第 3 步：求二階導函數。

$$f_{xx}=2e^{1-x^2-y^2}(1-5x^2+2x^4-4y^2+8x^2y^2)$$
$$f_{yy}=2e^{1-x^2-y^2}(4-x^2-20y^2+8y^4+2x^2y^2)$$
$$f_{xy}=-4xye^{1-x^2-y^2}(5-x^2-4y^2)$$

第 4 步：做表 14-5 並計算 $\begin{vmatrix} f_{xx}(a,b) & f_{xy}(a,b) \\ f_{yx}(a,b) & f_{yy}(a,b) \end{vmatrix}$

如果極值判斷從雙變數架構變成多變數時，判斷極值就沒有這樣簡單了。例如：$w=f(x,y,z)$，已知一組可能之臨界值 (x_0,y_0,z_0)，要判斷 $f(x_0,y_0,z_0)$ 此點的相對極大或極小，便要這樣做，令 Hessian 為：

$$|\mathbf{H}|=\begin{vmatrix} f_{xx} & f_{xy} & f_{xz} \\ f_{yx} & f_{yy} & f_{yz} \\ f_{zx} & f_{zy} & f_{zz} \end{vmatrix}$$

表 14-5 帶入並判斷相對極值（參考圖 14-6）

(a, b)	f_{xx}	f_{yy}	f_{xy}	Δ	相對極值判斷
(0, 0)	2e	8e	0	$16e^2$	$f(0, 0)$ 為相對極小值
(0, 1)	–6	–16	0	96	$f(0,1)$ 為相對極大值
(0, –1)	–6	–16	0	96	$f(0,–1)$ 為相對極大值
(1, 0)	–4	6	0	–24	$f(1,0)$ 為鞍點
(–1, 0)	–4	6	0	–24	$f(–1,0)$ 為鞍點

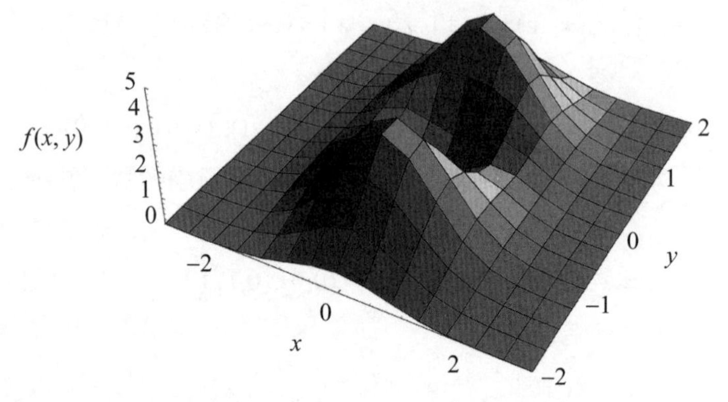

圖 14-6 $f(x, y) = (x^2 + 4y^2)e^{1-x^2-y^2}$

定義前導主子式（leading principal minors）如下：

$$|\mathbf{H}_1| = f_{xx},\ |\mathbf{H}_2| = \begin{vmatrix} f_{xx} & f_{xy} \\ f_{yx} & f_{yy} \end{vmatrix},\ |\mathbf{H}_3| = |\mathbf{H}| = \begin{vmatrix} f_{xx} & f_{xy} & f_{xz} \\ f_{yx} & f_{yy} & f_{yz} \\ f_{zx} & f_{zy} & f_{zz} \end{vmatrix}$$

$f(x_0, y_0, z_0)$ 是極大值 $\Leftrightarrow$ $|\mathbf{H}_1| < 0$、$|\mathbf{H}_2| > 0$、$|\mathbf{H}_3| < 0$（負正交替）

$f(x_0, y_0, z_0)$ 是極小值 $\Leftrightarrow$ $|\mathbf{H}_1| > 0$、$|\mathbf{H}_2| > 0$、$|\mathbf{H}_3| > 0$（皆正）

從 3 變數推廣到 n 個變數都是這樣；同時雙變數也只是一個通則例：$|\mathbf{H}_2|$ 恆正，極值由 $|\mathbf{H}_1|$ 決定。這個檢定的原理在於二階全微分矩陣的正定

（positive definite）和負定（negative definite）性質，這個議題涉及線性代數特徵多項式，也是作業研究（operation research）做最佳規劃時的重要方法。本書點到為止，以免過於艱深。

範例 6.　請判斷函數 $w=f(x,y,z)=2x^2+xy+4y^2+xz+z^2+2$ 的相對極值。

解　我們簡單說明流程即可。

(1) 求出可能的臨界值：

$$\begin{aligned} f_x &= 4x+y+z=0 \\ f_y &= x+8y \quad\;\; =0 \\ f_z &= x \quad\;\; +2z=0 \end{aligned}$$ 解得 $\rightarrow (0\ ,0,\ 0)$

(2) $|\mathbf{H}|=\begin{vmatrix}4&1&1\\1&8&0\\1&0&2\end{vmatrix}$

(3) $|\mathbf{H}_1|=4>0,\ |\mathbf{H}_2|=\begin{vmatrix}4&1\\1&8\end{vmatrix}=31>0,\ |\mathbf{H}_3|=\begin{vmatrix}4&1&1\\1&8&0\\1&0&2\end{vmatrix}=54>0$

因此，(0 ,0, 0) 隱含之二階多項式是正定，故 $f(0\ ,0,\ 0)$ 為相對極小值。

習題

利用二階檢定方法求相對極值。

1. $f(x,\ y)=xy-e^x$
2. $f(x,\ y)=\ln(1+x^2+y^2)$
3. $f(x,\ y)=x^2-e^{y^2}$
4. $f(x,\ y)=y^2-x\ln y,\ y>0$
5. $g(x,\ y)=x^2-xy+y^2+3y-1$
6. $f(x,\ y)=x^3+y^3-3xy+4$
7. $f(x,\ y)=xy-\dfrac{1}{2}x^2-\dfrac{1}{3}y^3$
8. $f(x,\ y)=1-x^4-y^4$
9. $f(x,\ y)=1+xy^3$
10. $f(x,\ y)=x\ln y,\ y>0$
11. $f(x,\ y)=x^2+x\ln y+1,\ y>0$

12. 已知函數 $f(x,y)=x^2+x-3xy+y^3-5$，求相對極值。

13. 已知函數 $f(x,y)=x^3+y^3+3xy-2$，求相對極值。

14. 已知函數 $f(x,y)=y^5+x^4-5y-32x-8$，求相對極值。

15. 已知函數 $f(x,y)=-6x+2y-x^2-y^2-4$，求相對極值。

16. 已知函數 $f(x,y)=x+y-\frac{1}{xy}$，求相對極值。

17. 已知函數 $f(x,y)=x^2+y^2-xy-4$，求相對極值。

18. 某企業在臺灣及中國分別生產 x 及 y，其成本函數分別爲 $C_1(x)=0.01x^2+2x+1,000$ 1,000 及 $C_2(y)=0.03y^2+2y+300$。如果產品一個 14 元，而企業欲極大化其利潤函數 $P(x,y)=14(x+y)-C_1-C_2$，則兩地的產量分別該是多少？

19. 已知利潤函數 $P(x,y)=30x+90y-0.5x^2-2y^2-xy$，求最大利潤。

20. 某企業生產兩樣產品：第一種商品 x_1 單位及第二種商品 x_2 單位。總收益函數爲 $R=-2{x_1}^2-3{x_2}^2+3x_1x_2+1,000x_2+1,600x_1$，求收益最大的生產水準。

21. 某企業在兩處分別生產兩樣不同的產品：第一種商品爲 x 單位，而第二種商品爲 y 單位，其成本函數分別爲 $C_1(x)=0.01x^2+2x+1,000$ 和 $C_2(y)=0.03y^2+2y=300$。如果這個產品一單位 20 元，請問將利潤函數 $P(x,y)=20(x+y)-C_1-C_2$ 極大化的最適產出 x 和 y 分別是多少？

22. 請問將收益函數 $R=300p_1+900p_2+1.8p_1p_2-1.5{p_1}^2-{p_2}^2$ 極大化的價格 p_1、p_2 分別是多少？

進階運算問題

23. 令 $f(x,y)=xy-\frac{1}{4}x^4y-\frac{1}{4}xy^4$，利用二階檢定法檢查極值。

24. 令 $f(x,y)=(x+y)\cdot\ln(x-y)$，利用二階檢定法檢查極值。

25. 令 $f(x,y)=xy-\frac{1}{3}x^3y-\frac{1}{3}xy^3$，利用二階檢定法檢查極值。

習題解答

1. $f(0,1)$ 爲鞍點

2. $f(0,0)$ 爲相對極小值

3. 無法判定

4. $f(2,1)$ 爲鞍點

5. $f(-1, -2)$ 爲相對極小值

6. $f(0, 0)$ 爲鞍點，$f(1, 1)$ 爲相對極小值

7. $f(0, 0)$ 爲鞍點，$f(1, 1)$ 爲相對極大值

8. 無法判定

9. 無法判定

10. $f(0, 1)$ 爲鞍點

11. $f(0, 1)$ 爲鞍點

12. $f(1, 1)$ 爲相對極小值

13. $f(0, 0)$ 爲鞍點，$f(-1, -1)$ 爲相對極大值

14. $f(2, 1)$ 爲相對極小值

15. $f(-3, 1)$ 爲相對極大值

16. $f(-1, -1)$ 爲相對極大值

17. -4

18. $x = 600$，$y = 200$

19. \$1,050

20. $x_1 = 840$，$x_2 = 586.67$

21. $x = 900$，$y = 300$

22. $p_1 = 804.35$，$p_2 = 1,173.91$

23.~25. 篇幅較大，請授課教師酌情提供。

第15堂課

具限制條件的最佳化問題

最佳化問題常用的模式是某個函數的極值，必須考慮某特定限制條件的滿足。這類極值的型式如下：

$$\begin{array}{lll} \text{Max.} & f(x,y) \\ \text{s.t.} & g(x,y)=g_0 \end{array} \quad \text{或} \quad \begin{array}{lll} \text{Min.} & f(x,y) \\ \text{s.t.} & g(x,y)=g_0 \end{array}$$

我們稱 Max.（或 Min.）爲目標函數（objective function），s.t. 爲限制條件（constraints）。Max. 代表求取目標函數的爲極大值，Min. 代表求取目標函數的爲極小值。爲簡化這類議題，我們只介紹解法。對於這類函數是否有極大值或極小值，牽涉到判定問題，因需要用到二階條件和矩陣的正定問題（positive definite），也就是 Bordered Hessian 矩陣的性質，本章不予討論。

解上述任一型態的最佳化問題時，我們可利用拉氏乘數方法（Lagrange multiplier method），如下：

拉氏乘數方法

已知任一如上述目標函數。

令 λ 爲拉氏乘數（Lagrange multiplier），則定義一拉氏函數如下：

(1) $L(x,y,\lambda)=f(x,y)+\lambda(g(x,y)-g_0)$

(2) 解出所有一階偏微分

$$\frac{\partial L}{\partial x} = f_x(x,y) + \lambda g_x(x,y) = 0$$

$$\frac{\partial L}{\partial y} = f_y(x,y) + \lambda g_y(x,y) = 0$$

$$\frac{\partial L}{\partial \lambda} = g(x,y) - \overline{g} = 0$$

如果限制條件有兩條，則添加拉式乘數，依序擴大拉式函數。

拉氏乘數尋找極值是一個向量的搜尋過程。因爲對這個圖形的解釋需要認識梯度（gradient）和向量（vector）的觀念，數學上的理解會較爲困難，幾何意義的簡單說明可見圖 15-1。

圖 15-1 中的函數 $f(x, y)$ 是一個具有鞍點的函數，向量循著限制條件函數 $g(x, y)$ 的軌跡曲線，就可以找出相對極大值和相對極小值。

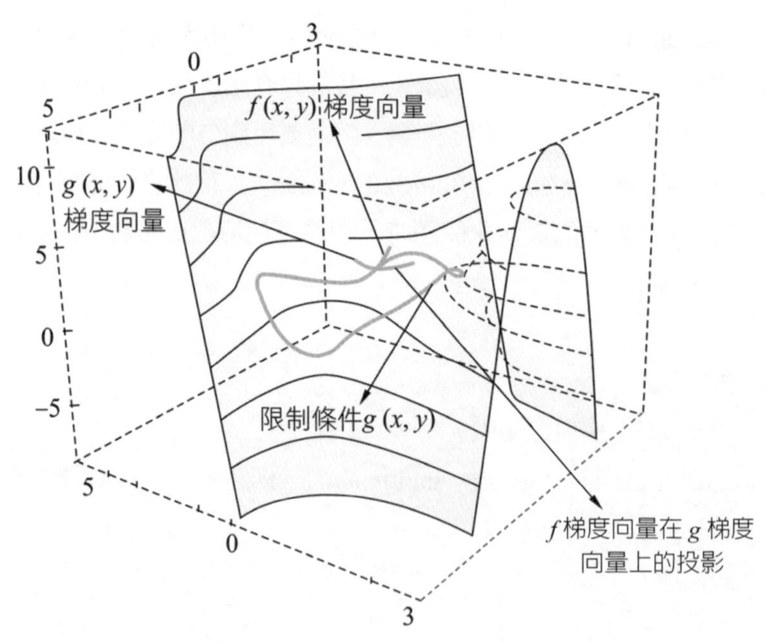

圖 15-1 以圖像尋找極值

範例 1. Min. $x+2y\ (x>0,\ y>0)$。

s.t. $xy=5{,}000$

解 第 1 步：寫出拉氏函數

$$L(x, y, \lambda) = 2 + 2y + \lambda(xy - 5{,}000)$$

第 2 步：解出一階必要條件

$$\frac{\partial L}{\partial x}=1+\lambda y=0 \quad \text{——(1)} \ \Rightarrow \lambda=-\frac{1}{y}$$

$$\frac{\partial L}{\partial y}=2+\lambda x=0 \quad \text{——(2)} \ \Rightarrow \lambda=-\frac{2}{x}$$

$$\frac{\partial L}{\partial \lambda}=xy-5{,}000=0 \ \text{——(3)}$$

$$(1)=(2):\ \frac{1}{y}=\frac{2}{x} \Leftrightarrow x=2y \ \text{ 帶入 (3)}$$

$$x=2y \quad \Rightarrow 2y^2=5{,}000 \quad \Rightarrow y=\pm 50$$

$$\Rightarrow x=100，\ y=\ 50$$

參考圖 15-2。

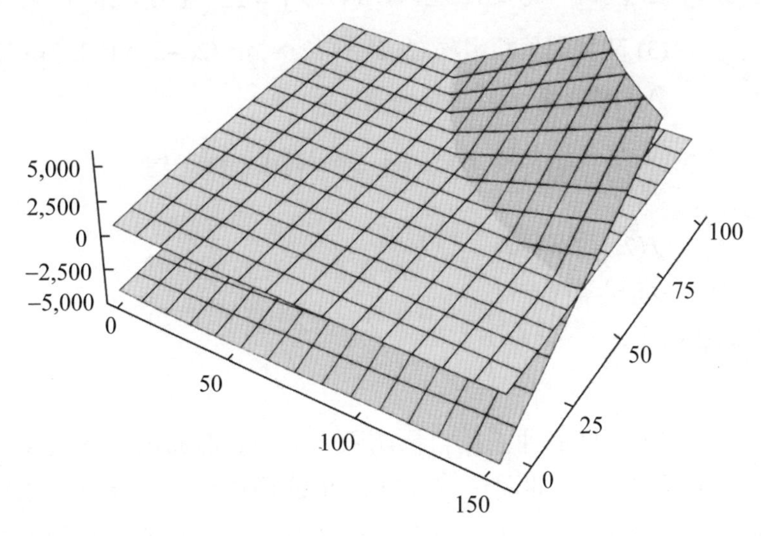

圖 15-2　限制條件下求極小值

在圖 15-2 中，斜平的曲面爲目標函數，向上扳的曲面則爲限制條件函數（$xy - 5,000$）。限制條件曲面在 $f(x, y) = 0$ 的橫切面爲限制條件滿足時（$xy - 5,000 = 0$）的點集合。因此，最適解落在 $f(x, y) = 0$ 橫切面上「兩圖形交集處」某些點 (x, y) 的組合。拉氏函數做法可以從中找出解答。

範例 2. 求函數 $f(x, y) = xy$，滿足 $x^2 + y^2 = 8$ 時的相對極值。

解 第 1 步：寫出拉氏函數

$$L(x, y, \lambda) = xy + \lambda(x^2 + y^2 - 8)$$

第 2 步：解出一階必要條件

$$\frac{\partial L}{\partial x} = y + 2x\lambda = 0 \quad \text{——(1)} \quad \Rightarrow \lambda = -\frac{y}{2x}$$

$$\frac{\partial L}{\partial y} = x + 2y\lambda = 0 \quad \text{——(2)} \quad \Rightarrow \lambda = -\frac{x}{2y}$$

$$\frac{\partial L}{\partial \lambda} = x^2 + y^2 - 8 = 0 \quad \text{——(3)}$$

由 (1)(2)，$\frac{y}{2x} = \frac{x}{2y} \Leftrightarrow x^2 = y^2$ 代入 (3)

$\Rightarrow x^2 + y^2 - 8 = 0 \Rightarrow 2y^2 = 8 \quad \Rightarrow y = \pm 2$ 且 $x = \pm 2$

(3) 故我們有四組解 $(2, 2)$、$(-2, -2)$、$(2, -2)$、$(-2, 2)$，逐一代入目標函數。

$$\left.\begin{aligned} f(2, 2) = 4 \\ f(-2, -2) = 4 \end{aligned}\right\} (2, 2)(-2, -2) \text{ 有相對極大值}$$

$$\left.\begin{aligned} f(2, -2) = -4 \\ f(-2, 2) = -4 \end{aligned}\right\} (2, -2)(-2, 2) \text{ 有相對極小值}$$

參考圖 15-3。

圖 15-3 中，下凹的曲面爲目標函數，上凹的曲面則爲限制條件函數 $(x^2 + y^2 - 8)$。限制條件曲面在 $f(x, y) = 0$ 的橫切面，爲限制條件滿足時 $(x^2 + y^2 - 8 = 0)$ 的點集合。因此，最適解落在 $f(x, y) = 0$ 橫切面上兩圖形

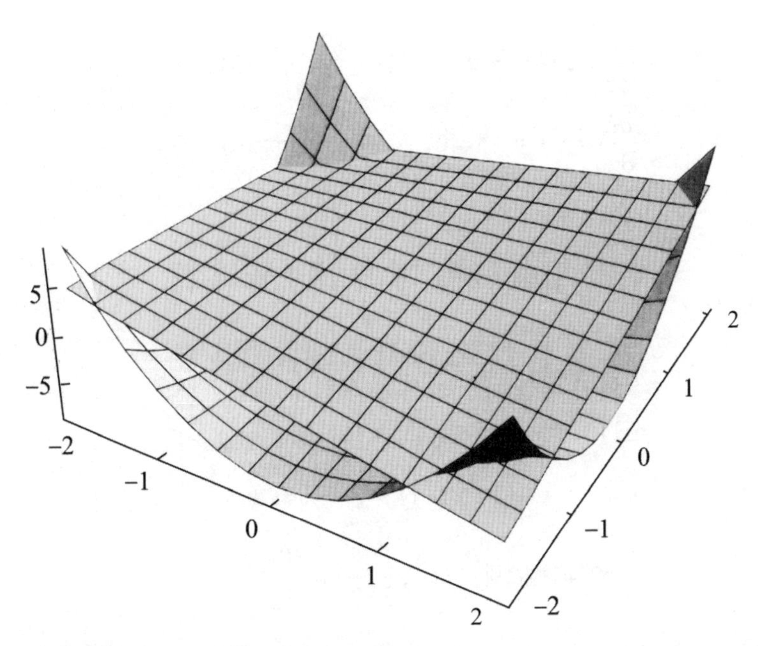

圖 15-3　限制條件下求極大值

交會處的某些點；拉氏乘數法可以將之找出。

拉氏乘數法的限制條件可以有很多。接下來就介紹三個限制條件下的例題。

範例 3.　求 Min. $x^2+y^2+z^2$ 。

s.t. $x+y=3$

$x+z=5$

解　第 1 步：寫出拉氏函數

$$L(x,y,z,\lambda,\phi)=x^2+y^2+z^2+\lambda(x+y-3)+\phi(x+z-5)$$

第 2 步：解出一階必要條件

$$\frac{\partial L}{\partial x}=2x+\lambda+\phi=0 \quad \text{——(1)}$$

$$\frac{\partial L}{\partial y}=2y+\lambda=0 \quad \text{——(2)}$$

$$\frac{\partial L}{\partial z} = 2z + \phi = 0 \qquad \text{——(3)}$$

$$\frac{\partial L}{\partial \lambda} = x + y - 3 = 0 \qquad \text{——(4)}$$

$$\frac{\partial L}{\partial \phi} = x + z - 5 = 0 \qquad \text{——(5)}$$

(1) – (3) 聯立得 $x - y - z = 0$ ——(6)

接下來處理 (6)

由 (4) $\Rightarrow y = 3 - x$ 代入 (6)

由 (5) $\Rightarrow z = 5 - x$ 代入 (6)

故：$x - (3 - x) - (5 - x) = 0 \Leftrightarrow x = \frac{8}{3}$，故 $y = \frac{1}{3}$，$z = \frac{7}{3}$

$\Rightarrow$ 相對極小值 $f(\frac{8}{3}, \frac{1}{3}, \frac{7}{3}) = \frac{38}{3}$

第 11 堂課的矩陣解聯立方程式，可以用於此處。上式 (1)-(5) 構成一個 5 變數聯立方程式，以矩陣表示如下：

$$\begin{bmatrix} 2 & 0 & 0 & 1 & 1 \\ 0 & 2 & 0 & 1 & 0 \\ 0 & 0 & 2 & 0 & 1 \\ 1 & 1 & 0 & 0 & 0 \\ 1 & 0 & 1 & 0 & 0 \end{bmatrix} \begin{bmatrix} x \\ y \\ z \\ \lambda \\ \phi \end{bmatrix} = \begin{bmatrix} 0 \\ 0 \\ 0 \\ 3 \\ 5 \end{bmatrix}$$

用高斯消去法、行列式法或 Cramer's rule，皆可以解出。請練習使用 Python 解這個問題。

範例 4. 求解 Max. xyz。

s.t. $x + y + z = 24$

$x - y + z = 12$

解 第 1 步：寫出拉氏函數

$$L(x,y,z,\lambda,\phi)=xyz+\lambda(x+y+z-24)+\phi(x-y+z-12)$$

第 2 步：解出一階必要條件

$$\frac{\partial L}{\partial x}=yz+\lambda+\phi=0 \qquad \text{——(1)}$$

$$\frac{\partial L}{\partial y}=xz+\lambda-\phi=0 \qquad \text{——(2)}$$

$$\frac{\partial L}{\partial z}=xy+\lambda+\phi=0 \qquad \text{——(3)}$$

$$\frac{\partial L}{\partial \lambda}=x+y+z-24=0 \qquad \text{——(4)}$$

$$\frac{\partial L}{\partial \phi}=x-y+z-12=0 \qquad \text{——(5)}$$

由 (4) + (5) $\Rightarrow x+z=18$ ——(6)

把 (6) 帶回 (4) (5) $\Rightarrow y=6$ ——(7)

把 (7) 帶回 (4) (5) $\Rightarrow x=9, z=9$

極大值 $f(9,6,9)=486$

這題一階必要條件的 5 條等式，不是線性，故無法寫出線性聯立方程組，矩陣方法也用不上。

範例 5. 求解 Max. $xz+yz$ 。

s.t. $x-2y=0$

$3x+z=5$

解 第 1 步：寫出拉氏函數

$$L(x,y,z,\lambda,\phi)=xz+yz+\lambda(x-2y)+\phi(3x+z-5)$$

第 2 步：解出一階必要條件

$$\frac{\partial L}{\partial x}=z+\lambda+3\phi=0 \qquad \text{——(1)}$$

$$\frac{\partial L}{\partial y}=z-2\lambda=0 \qquad \text{——(2)}$$

$$\frac{\partial L}{\partial z} = x + y + \phi = 0 \qquad \text{——(3)}$$

$$\frac{\partial L}{\partial \lambda} = x - 2y = 0 \qquad \text{——(4)}$$

$$\frac{\partial L}{\partial \phi} = 3x + z - 5 = 0 \qquad \text{——(5)}$$

聯立 (1)(2) 得 $\phi = -\frac{1}{2}z$

帶入 (3) $\Rightarrow x + y - \frac{1}{2}z = 0$ ——(6)

把 (4)、(5)、(6) 聯立起來：

$$\begin{cases} x - 2y = 0 \\ 3x + z = 5 \\ x + y - \frac{1}{2}z = 0 \end{cases} \Rightarrow x = \frac{5}{6},\ y = \frac{5}{12},\ z = \frac{5}{2}$$

極大值 $f(\frac{5}{6}, \frac{5}{12}, \frac{5}{2}) = \frac{25}{8}$

限制條件在許多財經問題上也稱爲資源（或預算）限制。資源限制的改變對目標值的影響，可由拉氏乘數來分析。下一個例題即展現了這個問題，同時也對拉氏乘數的經濟意義做了說明。

範例 6. 令 $20x^{\frac{3}{2}}y$ 為某生產 MP3 設備工廠的生產函數，x、y 分別代表兩種關鍵生產要素之投入，此兩個生產要素總量限制為 60。在滿足資源限制下，求最適產量及要素資源之分配。

解 這個問題最適化的問題如下：

$$\text{Max.} \quad 20x^{\frac{3}{2}}y$$
$$\text{s.t.} \quad x + y = 60$$

第 1 步：寫出拉氏函數

$$L(x,y,\lambda)=20x^{\frac{3}{2}}y+\lambda(60-x-y)$$

第 2 步：解出一階必要條件

$$\frac{\partial L}{\partial x}=30x^{\frac{1}{2}}y-\lambda=0 \quad \text{——(1)} \quad \Rightarrow \lambda=30x^{\frac{1}{2}}y$$

$$\frac{\partial L}{\partial y}=20x^{\frac{3}{2}}-\lambda=0 \quad \text{——(2)} \quad \Rightarrow \lambda=20x^{\frac{3}{2}}$$

$$\frac{\partial L}{\partial \lambda}=x+y-60=0 \quad \text{——(3)}$$

$$(1)=(2):30x^{\frac{1}{2}}y=20x^{\frac{3}{2}} \Leftrightarrow y=\frac{2}{3}x \text{ 代入 (3)}$$

$$\Rightarrow x+\frac{2}{3}x=60 \quad \Rightarrow x=36，y=24$$

最適情況爲使用 36 單位的 x 和 24 單位的 y，如此分配所創造出之極大產出爲 $f(36, 24)=103,680$ 單位。

在範例 6，我們可以算出 $\lambda=20\cdot 30^{\frac{3}{2}}=4,320$，但我們必須知道「拉氏乘數的意義」，才能解釋這個數字的意義。簡言之，拉氏乘數的意義爲：「當限制條件增加一單位時，目標函數的增（或減）量。」就本題而言，是指當限制條件增加一單位（由 60 變成 61），則目標函數的極大值增加 4,320（由 103,680 變成 108,000）。

習題

1. 已知函數 $f(x,y,z)=4x^2+y^2+5z^2$，利用拉氏乘數法求 $f(x,y,z)$ 受限於平面 $2x+3y+4z=12$ 的極小值。
2. 已知函數 $f(x,y)=x+2xy+2y$，利用拉氏乘數法求在限制條件 $x+2y=80$ 下的極大值。
3. 已知函數 $f(x,y,z)=32xyz$，利用拉氏乘數法求在限制條件 $x+y+z=4$ 下的極大值。
4. 求直線 $y=2x+3$ 上和 $(1, 0)$ 最近的點。

5. 已知球體函數 $x^2+y^2+4z^2=12$，其表面溫度可以用函數 $T(x,y,z)=x^2+y^2$ 表示，求表面最大溫度（注意目標函數和限制式的選取）。
6. 利用拉氏乘數法，求三個相加為 36 的正數，其乘積為最大。
7. 若某製造商的生產函數可以表示為 $f(L,K)=120L^{\frac{1}{3}}K^{\frac{2}{3}}$，$L$ 代表單位勞動（\$60/單位）及 K 代表資本（\$90/單位）。求在總勞動和資本成本為 36,000 元的條件下，其最大產量及貨幣的邊際生產力 λ（拉氏乘數）。
8. 某製造商計畫在彰化和上海生產 1,000 單位的產品。令 x_1 和 x_2 分別代表這兩個地方的產量，生產成本為 $C=0.25x_1^2-25x_1+0.05x_2^2+12x_2$，求成本極小下的產量。

習題解答

1. $(\frac{5}{11},\frac{30}{11},\frac{8}{11})$
2. 1,680
3. $\frac{2,048}{27}$
4. (−1, 1)
5. 12
6. (12, 12, 12)
7. $L=200$，$K=\frac{800}{3}$，$\lambda=-0.8$
8. $x_1=228$ 單位；$x_2=772$ 單位

第16堂課

選擇性主題

16.1 泰勒展開

泰勒公式（Taylor formula）是找到一個和某超越函數（如指數、對數函數等）相逼近的「多項式展開」。當然，被展開的函數並不限於超越函數。

泰勒公式

令 $f(x)$ 爲一函數而 n 爲正整數，且對於任一區間 I 中的 a 值，微分 $f^{(n+1)}(x)$ 皆存在。如果 x 爲區間 I 內的任意實數，則 a 和 x 之間有一數 z，滿足下式：

$$f(x)=f(a)+\frac{f'(a)}{1!}(x-a)+\frac{f''(a)}{2!}(x-a)^2+\frac{f'''(a)}{3!}(x-a)^3+\cdots+\frac{f^n(a)}{n!}(x-a)^n+\frac{f^{(n+1)}(z)}{(n+1)!}(x-a)^{n+1}$$

上式中，最後一項 $\frac{f^{(n+1)}(z)}{(n+1)!}(x-a)^{n+1}$ 稱爲泰勒餘式（Taylor remainder）。上式也稱爲函數對 $x=a$ 做泰勒展開；如果 $a=0$，則稱馬克勞林展開（Maclaurin's expansion）。

泰勒公式證明了左式 $f(x)$ 可用一個有理多項式（右式）來逼近。我們利用以下例題來說明這個公式的意義。

範例 1. 令 $f(x)=\ln x$，若 $a=1$，$n=3$，請依泰勒公式展開多項式。

解 第 1 步：求出各階微分及導數。

$$f(x)=\ln x \qquad f(1)=0$$

$$f'(x)=\frac{1}{x} \qquad f'(1)=1$$

$$f''(x)=-\frac{1}{x^2} \qquad f''(1)=-1$$

$$f'''(x)=\frac{2}{x^3} \qquad f'''(1)=2$$

$$f^4(x)=\frac{-6}{x^4} \qquad f^4(z)=\frac{-6}{z^4} \qquad z\in(1,\,x)\,or(x,\,1)$$

第 2 步：套用泰勒公式。

$$\ln x=(x-1)-\frac{1}{2}(x-1)^2+\frac{1}{3}(x-1)^3-\frac{1}{4z^4}(x-1)^4$$

範例 2. 令 $f(x)=e^x$，(1) 求馬克勞林展開 (2) 以 $n=9$ 求自然指數 e 的逼近值。

解 (1) 因對 e^x 而言，它的任意 k 階微分均是它自己，且 $e^0=1$，則直接代入公式。

$$e^x=1+x+\frac{1}{2!}x^2+\frac{1}{3!}x^3+\cdots+\frac{1}{n!}x^n+\frac{e^z}{(n+1)!}x^{n+1} \quad ,z\in(0,\,x)$$

(2) 要求自然指數 e 的近似值，則令 $x=1$，承上式，當 $n=9$ 時，則：

$$e=1+1+\frac{1}{2!}+\frac{1}{3!}+\cdots+\frac{1}{9!}+\frac{e^z}{10!}\approx 2.71828153$$

範例 3. 令 $f(x)=\sqrt{x}$，請依 $a=4$，$n=3$，做泰勒展開。

解 第 1 步：求出各階微分及導數 $x=4$。

$f(x)=\sqrt{x}$ $\qquad f(4)=2$

$f'(x)=\frac{1}{2}x^{-\frac{1}{2}}$ $\qquad f'(4)=\frac{1}{4}$

$f''(x)=-\frac{1}{4}x^{-\frac{3}{2}}$ $\qquad f''(4)=-\frac{1}{32}$

$f'''(x)=\frac{3}{8}x^{-\frac{5}{2}}$ $\qquad f'''(4)=\frac{3}{256}$

$f^4(x)=-\frac{15}{16}x^{-\frac{7}{2}}$ $\qquad f^4(z)=-\frac{15}{16}z^{-\frac{7}{2}}$（餘式）

第 2 步：套用泰勒公式。

$$\sqrt{x}=2+\frac{1}{4}(x-4)-\frac{1}{64}(x-4)^2+\frac{1}{512}(x-4)^3-\frac{5}{128}z^{\frac{-7}{2}}(x-4)^4$$

範例 4. 令 $f(x)=e^{-x}$，請依 $a=1$，$n=3$，做泰勒展開。

解 第 1 步：求出各階微分及 $x=1$ 之導數。

$f(x)=e^{-x}$ $\qquad f(1)=e^{-1}$

$f'(x)=-e^{-x}$ $\qquad f'(1)=-e^{-1}$

$f''(x)=e^{-x}$ $\qquad f''(1)=e^{-1}$

$f'''(x)=-e^{-x}$ $\qquad f'''(1)=-e^{-1}$

$f^4(x)=e^{-x}$ $\qquad f^4(z)=e^{-z}$

第 2 步：套用泰勒公式。

$$e^{-x}=e^{-1}-\frac{e^{-1}}{1!}(x-1)+\frac{e^{-1}}{2!}(x-1)^2-\frac{e^{-1}}{3!}(x-1)^3+\frac{e^{z}}{4!}(x-1)^4$$

範例 5. 令 $f(x)=xe^{x}$，請依 $a=-1$，$n=4$，做泰勒展開。

解 第 1 步：求出各階微分及 $x=-1$ 之導數。

$f(x)=xe^{x}$ $\qquad f(-1)=-\frac{1}{e}$

$$f'(x) = xe^x + e^x \qquad f'(-1) = 0$$
$$f''(x) = xe^x + 2e^x \qquad f''(-1) = \frac{1}{e}$$
$$f'''(x) = xe^x + 3e^x \qquad f'''(-1) = \frac{2}{e}$$
$$f^4(x) = xe^x + 4e^x \qquad f^4(-1) = \frac{3}{e}$$
$$f^5(x) = xe^x + 5e^x \qquad f^5(z) = ze^z + 5e^z \qquad z \in (a, x)\, or (x, a)$$

第 2 步：套用泰勒公式。

$$xe^x = -\frac{1}{e} + \frac{1}{2e}(x+1)^2 + \frac{1}{3e}(x+1)^3 + \frac{1}{8e}(x+1)^4 + \frac{ze^z + 5e^z}{120}(x+1)^5$$

範例 6. 令 $f(x) = \ln(x+1)$，求 $n = 4$ 的馬克勞林展開。

解 第 1 步：求出各階微分及 $x = 0$ 之導數。

$$f(x) = \ln(x+1) \qquad f(0) = \ln(1) = 0$$
$$f'(x) = \frac{1}{x+1} \qquad f'(0) = 1$$
$$f''(x) = \frac{-1}{(x+1)^2} \qquad f''(0) = -1$$
$$f'''(x) = \frac{2}{(x+1)^3} \qquad f'''(0) = 2$$
$$f^4(x) = \frac{-6}{(x+1)^4} \qquad f^4(0) = -6$$
$$f^5(x) = \frac{24}{(x+1)^5} \qquad f^5(z) = \frac{24}{(z+1)^5} \qquad z \in (0, x)\, or (x, 0)$$

第 2 步：套用馬克勞林公式。

$$\ln(x+1) = 0 + x - \frac{1}{2!}x^2 + \frac{2}{3!}x^3 + (\frac{-6}{4!})x^4 + \frac{1}{5!}\cdot\frac{24}{(z+1)^5}x^5$$
$$= x - \frac{1}{2}x^2 + \frac{1}{3}x^3 - \frac{1}{4}x^4 + \frac{1}{5(z+1)^5}x^5$$

範例 7. 求 $f(x)=e^{2x}$ 在 $n=5$ 的馬克勞林展開。

解　第 1 步：求出各階微分及 $x=0$ 之導數。

$$
\begin{array}{lll}
f(x)=e^{2x} & f(0)=1 & \\
f'(x)=2e^{2x} & f'(0)=2 & \\
f''(x)=4e^{2x} & f''(0)=4 & \\
f'''(x)=8e^{2x} & f'''(0)=8 & \\
f^{4}(x)=16e^{2x} & f^{4}(0)=16 & \\
f^{5}(x)=32e^{2x} & f^{5}(0)=32 & \\
f^{6}(x)=64e^{2x} & f^{6}(z)=64e^{2z} & z\in(0,\ x)\,or(x,\ 0)
\end{array}
$$

第 2 步：套用馬克勞林公式。

$$
\begin{aligned}
e^{2x} &= 1+2x+\frac{4}{2!}x^{2}+\frac{8}{3!}x^{3}+\frac{16}{4!}x^{4}+\frac{32}{5!}x^{5}+\frac{1}{6!}64e^{2z}\cdot x^{6} \\
&= 1+2x+2x^{2}+\frac{4}{3}x^{3}+\frac{2}{3}x^{4}+\frac{4}{15}x^{5}+\frac{4}{45}e^{2z}\cdot x^{6}
\end{aligned}
$$

範例 8. 求 $f(x)=\sqrt{4-x}$，在 $n=3$ 之馬克勞林展開。

解　第 1 步：求出各階微分及 $x=0$ 之導數。

$$
\begin{array}{lll}
f(x)=(4-x)^{\frac{1}{2}} & f(0)=2 & \\
f'(x)=\dfrac{-1}{2}(4-x)^{-\frac{1}{2}} & f'(0)=-\dfrac{1}{4} & \\
f''(x)=\dfrac{-1}{4}(4-x)^{-\frac{3}{2}} & f''(0)=-\dfrac{1}{32} & \\
f'''(x)=\dfrac{-3}{8}(4-x)^{-\frac{5}{2}} & f'''(0)=-\dfrac{3}{256} & \\
f^{4}(x)=\dfrac{-15}{16}(4-x)^{-\frac{7}{2}} & f^{4}(0)=-\dfrac{15}{16}(4-z)^{-\frac{7}{2}} & z\in(0,\ x)\,or(x,\ 0)
\end{array}
$$

第 2 步：套入馬克勞林公式。

$$\sqrt{4-x}=2+(\frac{-1}{4})x+\frac{(\frac{-1}{32})}{2!}x^2+\frac{(\frac{-3}{256})}{3!}x^3+\frac{[-\frac{15}{16}(4-z)^{-\frac{7}{2}}]}{4!}x^4$$

$$=2-\frac{1}{4}x-\frac{1}{64}x^2-\frac{1}{512}x^3-\frac{5}{128}(4-z)^{-\frac{7}{2}}x^4$$

習題

1. 求 $f(x)=\frac{1}{\sqrt{x+1}}$，在 $n=4$、$a=0$ 的泰勒展開式。
2. 求 $f(x)=\frac{1}{(x+1)^2}$，在 $n=4$、$a=0$ 的泰勒展開式。
3. 求 $f(x)=\frac{x}{x+1}$，在 $n=4$、$a=0$ 的泰勒展開式。
4. 求 $f(x)=\frac{4}{x+1}$，在 $n=4$、$a=0$ 的泰勒展開式。
5. 求 $f(x)=\frac{1}{1+x^2}$，在 $n=8$、$a=0$ 的泰勒展開式。
6. 求 $f(x)=e^{-x^2}$，在 $n=8$、$a=0$ 的泰勒展開式。
7. 求 $f(x)=\frac{1}{x^2+1}$，在 $n=4$、$a=0$ 的泰勒展開式。
8. 對 $f(x)=x^2e^{-x}$ 在 $n=6$、$a=0$ 做泰勒展開式後，求出 $f(\frac{1}{4})$。
9. 求 $f(x)=\frac{1}{(x+3)^2}$，$[-1, 1]$，在 $n=6$、$a=0$ 的泰勒展開式。
10. 求 $f(x)=e^{x+1}$，$[-2, 2]$，在 $n=6$、$a=0$ 的泰勒展開式。
11. 求 $f(x)=\ln(x+2)$，$[0, 3]$，在 $n=6$、$a=0$ 的泰勒展開式。
12. 求 $f(x)=\sqrt{x+2}$，$[-1, 1]$，在 $n=6$、$a=0$ 的泰勒展開式。
13. 利用 6 階泰勒展開式在 $a=1$ 展開函數 $f(x)=e^{x^2}$ 後，計算 $f(1.25)$。
14. 利用 6 階泰勒展開式在 $n=6$ 展開函數 $f(x)=\frac{1}{\sqrt{x}}$ 後，計算 $f(1.15)$。
15. 利用 6 階泰勒展開式在 $n=6$ 展開函數 $f(x)=e^{x-1}$ 後，計算 $f(1.75)$。

習題解答

（本解答省略泰勒餘式）

1. $1+\frac{x}{2}-\frac{x^2}{8}+\frac{3x^3}{48}-\frac{15x^4}{384}$

2. $1-2x+3x^2-4x^3+5x^4$

3. $x-x^2+x^3-x^4$

4. $4-4x+4x^2-4x^3+4x^4$

5. $1-x^2+x^4-x^6+x^8$

6. $1-x^2+\frac{x^4}{2}-\frac{x^6}{6}+\frac{x^8}{24}$

7. $1-x^2+x^4$

8. 0.0487

9. $\frac{1}{9}-\frac{2}{27}x+\frac{1}{27}x^2-\frac{4}{243}x^3+\frac{5}{729}x^4-\frac{2}{729}x^5+\frac{7}{6{,}561}x^6$

10. $e+ex+\frac{1}{2}ex^2+\frac{1}{6}ex^3+\frac{1}{24}ex^4+\frac{1}{120}ex^5+\frac{1}{720}ex^6$

11. $\ln 3+\frac{1}{3}(x-1)-\frac{1}{18}(x-1)^2+\frac{1}{81}(x-1)^3-\frac{1}{324}(x-1)^4+\frac{1}{1{,}215}(x-1)^5-\frac{1}{4{,}374}(x-1)^6$

12. $\sqrt{2}+\frac{1}{4}\sqrt{2}x-\frac{1}{32}\sqrt{2}x^2+\frac{1}{128}\sqrt{2}x^3-\frac{5}{2{,}048}\sqrt{2}x^4+\frac{7}{8{,}192}\sqrt{2}x^5-\frac{21}{65{,}536}\sqrt{2}x^6$

13. $f(1.25)\cong 4.77047993$

14. $f(1.15)\cong 0.9325051221$

15. $f(1.75)\cong 2.112340045$

16.2 極限不定型與 L'Hospital 方法

當我們遇到一有理函數（兩函數相除）的極限 $\lim_{x\to c}\frac{f(x)}{g(x)}$，若有下述情況，則稱此極限爲不定型極限：

1. 若 $\lim_{x\to c}f(x)=\infty$ 且 $\lim_{x\to c}g(x)=\infty$，則 $\lim_{x\to c}\frac{f(x)}{g(x)}$ 爲 $\frac{\infty}{\infty}$ 之不定型。

2. 若 $\lim_{x\to c}f(x)=0$ 且 $\lim_{x\to c}g(x)=0$，則 $\lim_{x\to c}\frac{f(x)}{g(x)}$ 爲 $\frac{0}{0}$ 之不定型。

L'Hospital（洛比達）定理則應用微分方法來求取不定型極限的值。規則敘述如下：

洛比達定理

假設 $f(x)$ 和 $g(x)$ 在開區間 (a, b) 可微分，但在開區間內某點 c 可能爲例外。如果所有 $x \neq c$，$g'(x) \neq 0$，且 $\lim\limits_{x \to c} \dfrac{f(x)}{g(x)}$ 爲 $\dfrac{\infty}{\infty}$ 或 $\dfrac{0}{0}$ 之不定型，則 $\lim\limits_{x \to c} \dfrac{f(x)}{g(x)} = \lim\limits_{x \to c} \dfrac{f'(x)}{g'(x)}$。

且 $\lim\limits_{x \to c} \dfrac{f'(x)}{g'(x)}$ 存在或 $\lim\limits_{x \to c} \dfrac{f'(x)}{g'(x)} = \infty$。

應用洛比達定理時，只須做到不定型消失即可。因此，每應用一次洛比達定理，必須檢定不定型是否還在；若有不定型，則繼續做；若沒有，則求出極限即可。接下來我們雖把不定型分成三型來介紹，但是只有型一可以使用洛比達方法，嚴格說來，型二和型三都只是型一的變種，必須將之轉化成型一才能處理。

型一、不定型：$\dfrac{0}{0}$，$\dfrac{\infty}{\infty}$

範例 1. 求 $\lim\limits_{x \to \infty} \dfrac{\ln x}{\sqrt{x}}$。

解 原式為 $\dfrac{\infty}{\infty}$ 不定型，依洛比達定理：

$$\lim_{x \to \infty} \frac{\ln x}{\sqrt{x}} = \lim_{x \to \infty} \frac{\dfrac{1}{x}}{\dfrac{1}{2\sqrt{x}}} = \lim_{x \to \infty} \frac{2\sqrt{x}}{x}$$，變成 $\dfrac{0}{0}$ 不定型。

故我們再應用一次洛比達 $\Rightarrow \lim\limits_{x \to \infty} \dfrac{2}{\sqrt{x}} = 0$

範例 2. 求 $\lim\limits_{x \to \infty} \dfrac{e^{3x}}{x^2}$。

解 $\lim\limits_{x \to \infty} \dfrac{e^{3x}}{x^2}$ 原式為 $\dfrac{\infty}{\infty}$ 不定型，應用洛比達定理

$= \lim\limits_{x \to \infty} \dfrac{3e^{3x}}{2x}$ 依然為 $\dfrac{\infty}{\infty}$ 不定型，再應用洛比達定理

$=\lim\limits_{x\to\infty}\dfrac{9e^{3x}}{2}$　不定型消失

$=\infty$　此極限無限大（沒有極限）

範例 3.　求 $\lim\limits_{x\to 0}\dfrac{e^{3x}-1}{x}$。

解　$\lim\limits_{x\to 0}\dfrac{e^{3x}-1}{x}$　原式為 $\dfrac{0}{0}$ 不定型，應用洛比達定理

$=\lim\limits_{x\to 0}\dfrac{3e^{3x}}{1}$　不定型消失 $=3$

範例 4.　求 $\lim\limits_{x\to\infty}\dfrac{e^{x}}{e^{2x}+1}$。

解　$\lim\limits_{x\to\infty}\dfrac{e^{x}}{e^{2x}+1}$　原式為 $\dfrac{\infty}{\infty}$ 不定型，應用洛比達定理

$=\lim\limits_{x\to\infty}\dfrac{e^{x}}{2e^{2x}}=\lim\limits_{x\to\infty}\dfrac{1}{2e^{x}}$　不定型消失，化簡 $=0$

範例 5.　求 $\lim\limits_{x\to-\infty}\dfrac{x^{2}}{e^{-x}}$。

解　$\lim\limits_{x\to-\infty}\dfrac{x^{2}}{e^{-x}}$　原式為 $\dfrac{\infty}{\infty}$ 不定型，應用洛比達定理

$=\lim\limits_{x\to-\infty}\dfrac{2x}{-e^{-x}}$　依然為 $\dfrac{\infty}{\infty}$ 不定型，再用一次洛比達定理

$=\lim\limits_{x\to-\infty}\dfrac{2}{e^{-x}}$　不定型消失 $=0$

範例 6.　求 $\lim\limits_{x\to 1}\dfrac{\ln x+x-1}{x^{3}+2x-3}$。

解　$\lim\limits_{x\to 1}\dfrac{\ln x+x-1}{x^{3}+2x-3}$　原式為 $\dfrac{0}{0}$ 不定型，應用洛比達定理

$=\lim\limits_{x\to 1}\dfrac{\frac{1}{x}+1}{3x^{2}+2}$　不定型消失 $=\dfrac{2}{5}$

範例 7. 求 $\lim_{x\to\infty}\frac{\ln(\ln x)}{\ln x}$。

解 $\lim_{x\to\infty}\frac{\ln(\ln x)}{\ln x}$ 原式為 $\frac{\infty}{\infty}$ 不定型，應用洛比達定理

$=\lim_{x\to\infty}\frac{\frac{1}{\ln x}\cdot\frac{1}{x}}{\frac{1}{x}}=\lim_{x\to\infty}\frac{1}{\ln x}$ 不定型消失 $=0$

範例 8. 求 $\lim_{x\to\infty}\frac{x\ln x}{x+\ln x}$。

解 $\lim_{x\to\infty}\frac{x\ln x}{x+\ln x}$ 原式為 $\frac{\infty}{\infty}$ 不定型，應用洛比達定理

$=\lim_{x\to\infty}\frac{\ln x+1}{1+\frac{1}{x}}$ 不定型消失

$=\frac{\infty+1}{1+0}=\infty$ 此極限無限大（沒有極限）

範例 9. 求 $\lim_{x\to\infty}\frac{x^n}{e^x}$，$n>0$。

解 $\lim_{x\to\infty}\frac{x^n}{e^x}$ 原式為 $\frac{\infty}{\infty}$ 不定型，應用洛比達定理

$=\lim_{x\to\infty}\frac{nx^{n-1}}{e^x}$ 依然為 $\frac{\infty}{\infty}$ 不定型，再用一次洛比達定理

$=\lim_{x\to\infty}\frac{n(n-1)x^{n-2}}{e^x}$ 依然為 $\frac{\infty}{\infty}$ 不定型，再用一次洛比達定理

由上式可知一清楚規則：n 次洛比達定理後，分母不變，分子變成 $n!$

$=\lim_{x\to\infty}\frac{n!}{e^x}=0$

範例 10. 求 $\lim_{x\to-\infty}\frac{3-3^x}{5-5^x}$。

解 這題很有玄機，原式看起來屬 $\frac{\infty}{\infty}$ 不定型，其實不是；若用洛比達定理，完全無法解決不定型。如下：

$$\lim_{x\to-\infty}\frac{3-3^x}{5-5^x}=\lim_{x\to-\infty}\frac{3^x\ln x}{5^x\ln 5}=\lim_{x\to-\infty}\frac{3^x(\ln 3)^2}{5^x(\ln 5)^2}=\cdots=\lim_{x\to-\infty}\frac{3^x(\ln 3)^n}{5^x(\ln 5)^n}=\frac{\infty}{\infty}$$

欲解此題：$\lim\limits_{x\to-\infty}\dfrac{3-3^x}{5-5^x}=\dfrac{3-\lim\limits_{x\to-\infty}3^x}{5-\lim\limits_{x\to-\infty}5^x}=\dfrac{3-0}{5-0}=\dfrac{3}{5}$

型二、不定型：0‧∞

這一類型只需簡單處理，就可應用洛比達定理得解。

範例 11. 求 $\lim\limits_{x\to0^+}x^2\ln x$。

解 $\lim\limits_{x\to0^+}x^2\ln x$　　原式為 0‧∞ 不定型，應用洛比達定理

$=\lim\limits_{x\to0^+}\dfrac{\ln x}{\frac{1}{x^2}}$　　原式成為 $\dfrac{\infty}{\infty}$ 不定型，再用洛比達定理

$=\lim\limits_{x\to0^+}\dfrac{\frac{1}{x}}{-\frac{2}{x^3}}=\lim\limits_{x\to0^+}-\dfrac{x^2}{2}=0$　　不定型消失

範例 12. 求 $\lim\limits_{x\to\infty}(x^2-1)e^{-x^2}$。

解 $\lim\limits_{x\to\infty}(x^2-1)e^{-x^2}$　　原式為 0‧∞ 不定型，應用洛比達定理

$=\lim\limits_{x\to\infty}\dfrac{x^2-1}{e^{x^2}}$　　原式變成 $\dfrac{\infty}{\infty}$ 不定型，再用洛比達定理

$=\lim\limits_{x\to\infty}\dfrac{2x}{2xe^{x^2}}=\lim\limits_{x\to\infty}\dfrac{1}{e^{x^2}}$　　不定型消失 $=\dfrac{1}{\infty}=0$

範例 13. 求 $\lim\limits_{x\to\infty}e^{-x}\ln x$。

解 $\lim\limits_{x\to\infty}e^{-x}\ln x$　　原式為 0‧∞ 不定型，用洛比達定理

$=\lim\limits_{x\to\infty}\dfrac{\ln x}{e^x}$　　原式變成 $\dfrac{\infty}{\infty}$ 不定型，再用洛比達定理

$$=\lim_{x\to\infty}\frac{\frac{1}{x}}{e^x}$$ 不定型消失 $=\lim_{x\to\infty}\frac{1}{xe^x}=\frac{1}{\infty}=0$

範例 14. $\lim_{x\to\infty}x(e^{\frac{1}{x}}-1)$

解 $\lim_{x\to\infty}x(e^{\frac{1}{x}}-1)$ 原式為 $0\cdot\infty$ 不定型，用洛比達定理

$$=\lim_{x\to\infty}\frac{e^{\frac{1}{x}}-1}{\frac{1}{x}}$$ 原式變成 $\frac{\infty}{\infty}$ 不定型，再用洛比達定理

$$=\lim_{x\to\infty}\frac{-\frac{1}{x^2}e^{\frac{1}{x}}}{-\frac{1}{x^2}}$$ 不定型消失 $=\lim_{x\to\infty}e^{\frac{1}{x}}=e^0=1$

型三、不定型：0^0、1^∞、∞^0、$\infty-\infty$

這一型的不定型，往往需要取對數或通分。

範例 15. 求 $\lim_{x\to 0}(1+3x)^{\frac{1}{2x}}$。

解 $\lim_{x\to 0}(1+3x)^{\frac{1}{2x}}$ 原式是 1^∞ 不定型，化簡

令 $y=(1+3x)^{\frac{1}{2x}}\Leftrightarrow \ln y=\frac{1}{2x}\ln(1+3x)$

故 $\lim_{x\to 0}\ln y=\lim_{x\to 0}\frac{\ln(1+3x)}{2x}$ 此式為 $\frac{0}{0}$ 不定型，用洛比達定理

$$=\lim_{x\to 0}\frac{\frac{3}{1+3x}}{2}$$ 不定型消失 $=\frac{3}{2}$

故原式極限為 $e^{\frac{3}{2}}$。

範例 16. 求 $\lim_{x\to 0}(\frac{1}{e^x-1}-\frac{1}{x})$。

解 原式為 $\infty-\infty$ 不定型，通分得下式：

$\lim\limits_{x\to 0}(\frac{x-e^x+1}{x(e^x-1)})$　　此式為 $\frac{0}{0}$ 不定型，用洛比達定理

$=\lim\limits_{x\to 0}\frac{1-e^x}{xe^x+e^x-1}$　　依然為 $\frac{0}{0}$ 不定型，再用洛比達定理

$=\lim\limits_{x\to 0}\frac{-e^x}{xe^x+2e^x}$　　不定型消失 $=\lim\limits_{x\to 0}\frac{-1}{x+2}=\frac{-1}{2}$

範例 17. 求 $\lim\limits_{x\to\infty}(1+e^x)^{e^{-x}}$。

解 原式為 ∞^0 不定型。

令 $y=(1+e^x)^{e^{-x}} \Leftrightarrow \ln y=e^{-x}\ln(1+e^x)$

$\lim\limits_{x\to\infty}\ln y=\lim\limits_{x\to\infty}e^{-x}\ln(1+e^x)$　　此式為 $0\cdot\infty$ 不定型，用洛比達定理

$=\lim\limits_{x\to\infty}\frac{\ln(1+e^x)}{e^x}$　　此式變為 $\frac{\infty}{\infty}$ 不定型，再用洛比達定理

$=\lim\limits_{x\to\infty}\frac{\frac{e^x}{1+e^x}}{e^x}$　　不定型消失 $=\lim\limits_{x\to\infty}\frac{1}{1+e^x}=\frac{1}{\infty}=0$

故原式極限為 $e^0=1$。

範例 18. 求 $\lim\limits_{x\to\infty}[\ln(4x+3)-\ln(3x+4)]$。

解 $\lim\limits_{x\to\infty}[\ln(4x+3)-\ln(3x+4)]$　　原式為 $\infty-\infty$ 不定型，用洛比達定理

$=\lim\limits_{x\to\infty}\left[\ln\frac{4x+3}{3x+4}\right]$　　原式為 $\frac{\infty}{\infty}$ 不定型

$=\ln\left[\lim\limits_{x\to\infty}\frac{4x+3}{3x+4}\right]$　　極限性質，再用洛比達定理

$=\ln\left[\lim\limits_{x\to\infty}\frac{4}{3}\right]$　　不定型消失 $=\ln(\frac{4}{3})$

習題

求極限

1. $\lim_{x\to 0}\frac{2x+\sqrt{x}}{x}$

2. $\lim_{x\to\infty}\frac{x^2+4x-3}{7x^2+2}$

3. $\lim_{x\to-\infty}\frac{4}{x^2+e^x}$

4. $\lim_{x\to\infty}\frac{2xe^{2x}}{3e^x}$

5. $\lim_{x\to\infty}\frac{\ln x}{x}$

6. $\lim_{x\to 0}\frac{e^{-x}-1}{x}$

7. $\lim_{x\to 3}\frac{x^2+x-12}{x^2-9}$

8. $\lim_{x\to\infty}\frac{\ln x}{x^2}$

9. $\lim_{x\to\infty}\frac{e^x}{x^2}$

10. $\lim_{x\to 2}\frac{x^2-x-2}{x^2-5x+6}$

11. $\lim_{x\to 1}\frac{x^2+3x-4}{x^2+2x-3}$

12. $\lim_{x\to 0}\frac{2x+1-e^x}{x}$

13. $\lim_{x\to 0}\frac{2x-1+e^{-x}}{3x}$

14. $\lim_{x\to\infty}\frac{\ln x}{e^x}$

15. $\lim_{x\to\infty}\frac{5x}{e^x}$

16. $\lim_{x\to\infty}\frac{3x^2+6}{2x^3-11}$

17. $\lim_{x\to\infty}\frac{2-2x}{e^x}$

18. $\lim_{x\to 0}\frac{e^{2x}-3}{2x}$

19. $\lim_{x\to\infty}\frac{\ln x}{x^3-3}$

20. $\lim_{x\to\infty}\frac{\ln(x-1)}{x-2}$

習題解答

1. ∞

2. $\frac{1}{7}$

3. 0

4. ∞

5. 0

6. -1

7. $\frac{7}{6}$

8. 0

9. ∞

10. -3

11. $\frac{5}{4}$

12. 1

13. $\frac{1}{3}$　　14. 0
15. 0　　16. 0
17. 0　　18. $-\infty$
19. 0　　20. 0

16.3 瑕積分

在前面所用的定積分 $\int_a^b f(x)dx$ 具有兩個重要基礎假設：

1. 區間 $[a, b]$ 必須有限。也就是 $\pm\infty$ 不可爲區間。
2. 被積函數 f 在 $[a, b]$ 必須連續；若不連續，也須在 $[a, b]$ 中爲有界。

若定積分違反上述假設其中一個，就稱之爲瑕積分（improper integral）。本節的數學觀念略難，授課教師可視情況選擇教授與否。

型一、違反假設 (1)：積分區間為 $\pm\infty$

如果一積分區間有 $\pm\infty$ 時，則我們利用極限來處理。先參考以下定義。

定義

(1) 若函數 f 在區間 $[a, \infty)$ 爲連續，則定義瑕積分：

$$\int_a^\infty f(x)dx = \lim_{t\to\infty}\int_a^t f(x)dx$$

假設此極限存在。

(2) 若函數 f 在區間 $(-\infty, b]$ 爲連續，則定義瑕積分：

$$\int_{-\infty}^b f(x)dx = \lim_{t\to-\infty}\int_t^b f(x)dx$$

假設此極限存在。

針對這個定義，求取瑕積分須注意以下性質：

1. 上述定義式右邊極限若存在，則稱此瑕積分為「收斂」，否則為「發散」。
2. 若 f 為一連續函數，a 為任意實數，則可定義：

$$\int_{-\infty}^{\infty} f(x)dx = \int_{-\infty}^{a} f(x)dx + \int_{a}^{\infty} f(x)dx$$
$$= \lim_{t_1 \to -\infty} \int_{t_1}^{a} f(x)dx + \lim_{t_2 \to \infty} \int_{a}^{t_2} f(x)dx$$

若右式之兩個瑕積分均收斂，則左式收斂；反之，則為「發散」。

3. $\int_{-\infty}^{\infty} f(x)dx \neq \lim_{t \to \infty} \int_{-t}^{t} f(x)\,dx$。這個性質說明了當積分上下界均是無限時，必須以性質 2. 拆開來處理，不可以直接運算。

範例 1. 判定瑕積分 $\int_{2}^{\infty} \frac{1}{(x-1)^2} dx$ 收斂或發散。

解 $\int_{2}^{\infty} \frac{1}{(x-1)^2} dx = \lim_{t \to \infty} \int_{2}^{t} \frac{1}{(x-1)^2} dx = \lim_{t \to \infty} (\frac{-1}{x-1}) \Big|_{2}^{t} = \lim_{t \to \infty} (\frac{-1}{t-1} + 1) = 0 + 1 = 1$

故此瑕積分收斂，且收斂值為 1。

範例 2. 判定瑕積分 $\int_{2}^{\infty} \frac{1}{x-1} dx$ 收斂或發散。

解 $\int_{2}^{\infty} \frac{1}{x-1} dx = \lim_{t \to \infty} \int_{2}^{t} \frac{1}{x-1} dx = \lim_{t \to \infty} (\ln|x-1|) \Big|_{2}^{t} = \lim_{t \to \infty} (\ln|t-1| - \ln 1)$

$= \lim_{t \to \infty} \ln|t-1| = \infty$

故此瑕積分發散。

範例 3. 判定瑕積分 $\int_{0}^{\infty} e^{-2x} dx$ 收斂或發散。

解 $\int_{0}^{\infty} e^{-2x} dx = \lim_{t \to \infty} \int_{0}^{t} e^{-2x} dx = \lim_{t \to \infty} (-\frac{1}{2} e^{-2x}) \Big|_{0}^{t} = \lim_{t \to \infty} (-\frac{1}{2} e^{-2t} + \frac{1}{2}) = \frac{1}{2}$

故此瑕積分收斂，且收斂值為 $\frac{1}{2}$。

範例 4. 判定瑕積分 $\int_{-\infty}^{\infty} xe^{-x^2}dx$ 收斂或發散。

解 $\int_{-\infty}^{\infty} xe^{-x^2}dx = \int_{-\infty}^{0} xe^{-x^2}dx + \int_{0}^{\infty} xe^{-x^2}dx$

其中 $\int_{0}^{\infty} xe^{-x^2}dx = \lim_{t\to\infty}\int_{0}^{t} xe^{-x^2}dx = \lim_{t\to\infty}(-\frac{e^{-x^2}}{2})\Big|_{0}^{t} = \frac{1}{2}$

又 $\int_{-\infty}^{0} xe^{-x^2}dx = \lim_{t\to-\infty}\int_{t}^{0} xe^{-x^2}dx = \lim_{t\to-\infty}(-\frac{e^{-x^2}}{2})\Big|_{t}^{0} = -\frac{1}{2}$

所以原式 $= \frac{1}{2} - \frac{1}{2} = 0$

故此瑕積分收斂。

範例 5. 判定瑕積分 $\int_{0}^{\infty} xe^{-x}dx$ 收斂或發散。

解 $\int_{0}^{\infty} xe^{-x}dx = \lim_{t\to\infty}\int_{0}^{t} xe^{-x}dx$

應用「分部積分」來求：$\int_{0}^{t} xe^{-x}dx$

令 $u = x \Leftrightarrow du = dx$

$dv = e^{-x}dx \Leftrightarrow v = -e^{-x}$

故 $\int_{0}^{t} xe^{-x}dx = -xe^{-x}\Big|_{0}^{t} + \int_{0}^{t} e^{-x}dx = -te^{-t} - e^{-t} + 1$

再套入極限：

$$\lim_{t\to\infty}(-te^{-t} - e^{-t} + 1) = \lim_{t\to\infty}(-te^{-t}) - \lim_{t\to\infty} e^{-t} + 1 = \lim_{t\to\infty}(\frac{-t}{e^{t}}) - 0 + 1$$

應用洛比達定理：$\lim_{t\to\infty}\frac{-1}{e^{t}} - 0 + 1 = 0 - 0 + 1 = 1$

故此瑕積分收斂。

範例 6. 判定瑕積分 $\int_{-\infty}^{0} \frac{1}{x^2 - 3x + 2}dx$ 收斂或發散。

解 $\int_{-\infty}^{0}\frac{1}{x^2-3x+2}dx=\lim_{t\to-\infty}\int_{t}^{0}\frac{1}{x^2-3x+2}dx$

以部分分式法解：

$$\int_{t}^{0}\frac{1}{x^2-3x+2}dx=\int_{t}^{0}\frac{1}{(x-2)(x-1)}dx$$

$$=\int_{t}^{0}\frac{1}{x-2}dx-\int_{t}^{0}\frac{1}{x-1}dx=(\ln|x-2|)\Big|_{t}^{0}-(\ln|x-1|)\Big|_{t}^{0}$$

$$=\ln 2-\ln|t-2|-\ln 1+\ln|t-1|=\ln 2-\ln|t-2|+\ln|t-1|$$

再套入極限：

$$\lim_{t\to\infty}(\ln 2+\ln|t-1|-\ln|t-2|)$$

$$=\ln 2+\lim_{t\to\infty}\ln\left(\frac{|t-1|}{|t-2|}\right)\xrightarrow{L'H}\ln 2+\ln 1=\ln 2$$

故此瑕積分收斂。

型二、當積分區間有不連續點時

定義

(1) 若函數 f 在區間 $[a, b)$ 爲連續，但在點 b 不連續，則定義瑕積分：

$$\int_{a}^{b}f(x)dx=\lim_{t\to b^-}\int_{a}^{t}f(x)dx$$

假設此「左極限」存在。

(2) 若函數 f 在區間 $(a, b]$ 爲連續，但在點 a 不連續，則定義瑕積分：

$$\int_{a}^{b}f(x)dx=\lim_{t\to b^+}\int_{t}^{b}f(x)dx$$

假設此「右極限」存在。

由上述定義可知，這一型的瑕積分和前一型相同，但利用「單邊極限」

來處理不連續的點。同樣的，這個定義下的瑕積分有以下性質：

1. 若定義中的極限存在，則這個瑕積分「收斂」，否則為發散。
2. 若函數 f 在 $[a, b]$ 中某一點 c 不連續，但在區間內其他各點皆連續，則定義：

$$\int_a^b f(x)dx = \int_a^c f(x)dx + \int_c^b f(x)dx$$
$$= \lim_{t_1 \to c^-} \int_a^{t_1} f(x)dx + \lim_{t_2 \to c^+} \int_{t_2}^b f(x)dx$$

若右邊兩個瑕積分收斂，則左式「收斂」；反之，則「發散」。

3. 若 f 在 (a, b) 中皆連續，但 a、b 皆為無限大，如下：

$$\int_a^b f(x)dx = \int_{-\infty}^{\infty} f(x)dx$$

則可依上面性質拆成兩個瑕積分處理。

範例 7. 計算 $\int_0^3 \frac{1}{\sqrt{3-x}}dx$。

解　原式在端點 3 不連續，依定義：

$$\int_0^3 \frac{1}{\sqrt{3-x}}dx = \lim_{t \to 3} \int_0^t \frac{1}{\sqrt{3-x}}dx = \lim_{t \to 3^-} (-2\sqrt{3-x})\Big|_0^t$$
$$= \lim_{t \to 3^-} (-2\sqrt{3-t} + 2\sqrt{3}) = 2\sqrt{3}$$

範例 8. 判定瑕積分 $\int_0^1 \frac{1}{x}dx$ 收斂或發散。

解　原式在端點 0 不連續，則依定義：

$$\int_0^1 \frac{1}{x}dx = \lim_{t \to 0^+} \int_t^1 \frac{1}{x}dx = \lim_{t \to 0^+} (\ln x)\Big|_t^1 = \lim_{t \to 0^+} (\ln 1 - \ln t) = -(-\infty) = \infty$$

故此瑕積分發散。

範例 9. 判定瑕積分 $\int_0^4 \frac{1}{(x-3)^2}dx$ 收斂或發散。

解 原式在區間 [0, 4] 連續，但在區間內點 3 不連續，故：

$$\int_0^4 \frac{1}{(x-3)^2}dx = \int_0^3 \frac{1}{(x-3)^2}dx + \int_3^4 \frac{1}{(x-3)^2}dx$$

$$= \lim_{t_1\to 3^-}\int_0^{t_1} \frac{1}{(x-3)^2}dx + \lim_{t_2\to 3^+}\int_{t_2}^4 \frac{1}{(x-3)^2}dx$$

先計算 $\lim_{t_1\to 3^-}\int_0^{t_1} \frac{1}{(x-3)^2}dx = \lim_{t_1\to 3^-}(\frac{-1}{x-3})\Big|_0^{t_1} = \lim_{t_1\to 3^-}(-\frac{1}{t_1-3}-\frac{1}{3}) = \infty - \frac{1}{3} = \infty$

因為原式收斂，須兩個瑕積分均收斂，故此積分發散。

注：此型瑕積分不能應用「微積分基本定理」，如果錯誤應用，則結果如下：

$$\int_0^4 \frac{1}{(x-3)^2}dx = \frac{-1}{x-3}\Big|_0^4 = -\frac{4}{3}$$

一個不可能為負的積分，得到負的結果。

範例 10. 判定瑕積分 $\int_{-2}^7 \frac{1}{(x+1)^{\frac{2}{3}}}dx$ 收斂或發散。

解 此積分在點 −1 處不連續，故：

$$\int_{-2}^7 \frac{1}{(x+1)^{\frac{2}{3}}}dx = \int_{-2}^{-1} \frac{1}{(x+1)^{\frac{2}{3}}}dx + \int_{-1}^7 \frac{1}{(x+1)^{\frac{2}{3}}}dx$$

$$= \lim_{t_1\to -1^-}\int_{-2}^{t_1} \frac{1}{(x+1)^{\frac{2}{3}}}dx + \lim_{t_2\to -1^+}\int_{t_2}^7 \frac{1}{(x+1)^{\frac{2}{3}}}dx$$

如範例 9，我們先求第一個極限：

$$\lim_{t_1\to -1^-}\int_{-2}^{t_1} \frac{1}{(x+1)^{\frac{2}{3}}}dx = \lim_{t_1\to -1^-} 3(x+1)^{\frac{1}{3}}\Big|_{-2}^{t_1} = \lim_{t\to -1^{-1}}[3(t_1+1)^{\frac{1}{3}} - 3(-1)^{\frac{1}{3}}] = 0+3=3$$

再求第二個極限：

$$\lim_{t_2\to -1^+}\int_{t_2}^{7}\frac{1}{(x+1)^{\frac{2}{3}}}dx=\lim_{t_2\to -1^+}3(x+1)^{\frac{1}{3}}\Big|_{t_2}^{7}=\lim_{t_2\to -1^+}[6-3(t_2+1)^{\frac{1}{3}}]=6-0=6$$

故此積分收斂，且收斂值為 6。

範例 11. 判定瑕積分 $\int_0^1\frac{e^{\sqrt{x}}}{\sqrt{x}}dx$ 收斂或發散。

解 積分在端點不連續，故：

$\lim_{t\to 0^+}\int_t^1\frac{e^{\sqrt{x}}}{\sqrt{x}}dx$（令 $\sqrt{x}=u$，應用變數代換）

$$=\lim_{t\to 0^+}2e^{\sqrt{x}}\Big|_t^1=\lim_{t\to 0^+}(2e-2e^{\sqrt{t}})=2e-2e^0=2e-2$$

故此積分收斂，且收斂值為 $2e-2$。

範例 12. 判定 $\int_{\frac{1}{e}}^{e}\frac{1}{x(\ln x)^2}dx$ 收斂或發散。

解 原式在 $x=1$ 處沒定義，故：

$$\int_{\frac{1}{e}}^{e}\frac{1}{x(\ln x)^2}dx=\int_{\frac{1}{e}}^{1}\frac{1}{x(\ln x)^2}dx+\int_{1}^{e}\frac{1}{x(\ln x)^2}dx$$

先處理第一個瑕積分：

$$\int_{\frac{1}{e}}^{1}\frac{1}{x(\ln x)^2}dx=\lim_{t_1\to 1^-}\int_{\frac{1}{e}}^{t_1}\frac{1}{x(\ln x)^2}dx=\lim_{t_1\to 1^-}(-\frac{1}{\ln x})\Big|_{\frac{1}{e}}^{t_1}=\lim_{t_1\to 1^-}(-\frac{1}{\ln t_1}+\frac{1}{\ln\frac{1}{e}})$$

$$=\infty-1=\infty$$

故此積分發散。

習題

1. 求瑕積分 $\int_0^{\infty}e^{-x}dx$
2. 求瑕積分 $\int_{-\infty}^{0}e^{2x}dx$
3. 求瑕積分 $\int_1^{\infty}\frac{1}{x^2}dx$
4. 求瑕積分 $\int_1^{\infty}\frac{1}{\sqrt{x}}dx$

5. 求瑕積分 $\int_0^\infty e^{x/3}dx$

6. 求瑕積分 $\int_0^\infty \frac{5}{e^{2x}}dx$

7. 求瑕積分 $\int_5^\infty \frac{x}{\sqrt{x^2-16}}dx$

8. 求瑕積分 $\int_{\frac{1}{2}}^\infty \frac{1}{\sqrt{2x-1}}dx$

9. 求瑕積分 $\int_{-\infty}^0 e^{-x}dx$

10. 求瑕積分 $\int_{-\infty}^{-1} \frac{1}{x^2}dx$

11. 求瑕積分 $\int_{-\infty}^\infty e^{|x|}dx$

12. 求瑕積分 $\int_{-\infty}^\infty \frac{|x|}{x^2+1}dx$

13. 求瑕積分 $\int_{-\infty}^\infty 2xe^{-3x^2}dx$

14. 求瑕積分 $\int_{-\infty}^\infty x^2e^{-x^3}dx$

15. 求瑕積分 $\int_0^4 \frac{1}{\sqrt{x}}dx$

16. 求瑕積分 $\int_3^4 \frac{1}{\sqrt{x-3}}dx$

17. 求瑕積分 $\int_0^2 \frac{1}{(x-1)^{\frac{2}{3}}}dx$

18. 求瑕積分 $\int_0^2 \frac{1}{(x-1)^2}dx$

19. 求瑕積分 $\int_0^1 \frac{1}{1-x}dx$

20. 求瑕積分 $\int_0^{27} \frac{5}{\sqrt[3]{x}}dx$

21. 求瑕積分 $\int_0^9 \frac{1}{\sqrt{9-x}}dx$

22. 求瑕積分 $\int_0^2 \frac{x}{\sqrt{4-x^2}}dx$

23. 求瑕積分 $\int_0^1 \frac{1}{x^2}dx$

24. 求瑕積分 $\int_0^1 \frac{1}{x}dx$

25. 求瑕積分 $\int_0^2 \frac{1}{\sqrt[3]{x-1}}dx$

26. 求瑕積分 $\int_0^2 \frac{1}{(x-1)^{\frac{4}{3}}}dx$

27. 求瑕積分 $\int_3^4 \frac{1}{\sqrt{x^2-9}}dx$

28. 求瑕積分 $\int_3^5 \frac{1}{x^2\sqrt{x^2-9}}dx$

29. 求瑕積分 $\int_0^\infty x^2e^{-x}dx$

30. 求瑕積分 $\int_0^\infty (x-1)e^{-x}dx$

31. 求瑕積分 $\int_0^\infty xe^{-2x}dx$

32. 求瑕積分 $\int_0^\infty xe^{-x}dx$

習題解答

1. 積分收斂於 1

2. 積分收斂於 $\frac{1}{2}$

3. 積分收斂於 1

4. 積分發散

5. 積分發散

6. 積分收斂於 $\frac{5}{2}$

7. 積分發散

8. 積分發散

9. 積分發散

10. 積分收斂於 1

11. 積分發散

12. 積分發散

13. 積分收斂於 0

14. 積分發散

15. 積分收斂於 4

16. 積分收斂於 2

17. 積分收斂於 6

18. 積分發散

19. 積分發散

20. 積分收斂於 $\frac{135}{2}$

21. 積分收斂於 6

22. 積分收斂於 2

23. 積分發散

24. 積分發散

25. 積分收斂於 0

26. 積分發散

27. 積分收斂於 0.7954

28. 積分收斂於 $\frac{4}{45}$

29. 積分收斂於 2

30. 積分收斂於 0

31. 積分收斂於 $\frac{1}{4}$

32. 積分收斂於 1

Codes Part 5 Step-by-Step

Python

主題 1　一個未知數的方程式求解

本範圍的一個主題是求解「可能的臨界值」，就是一階導函數的根或令其不存在值定義。一階導函數的根，其實就是一個方程式爲 0 的解。以下舉例說明。

範例 1. 求解導函數「可能的臨界值」：

$$f'(x) = 6x^2 + 6x - 12 = 0$$

這是一個二元一次方程式的問題，$ax^2 + bx + c = 0$，所以，它的解是一個國中就導過的公式：

$$x = \frac{-b \pm \sqrt{b^2 - 4ac}}{2a}$$

只要根號內不為負，就有實根，根號內為 0，就是重根。定義一個函數如下：

```
import math
def solve_quadratic(a, b, c):
  if (b**2 - 4 * a * c) < 0:
    return '無實數解'
  Delta = math.sqrt(b**2 - 4 * a * c)
  if Delta > 0:
    x = (- b + Delta) / (2 * a)
```

```
        y = (- b - Delta) / (2 * a)
        return x, y
    else:
        x = (- b) / (2 * a)
        return x
```

執行 solve_quadratic(6,6,-12) 可以得到兩個解：–2、1。

範例 2. 對原函數 $f(x)=2x^3+3x^2-12x-7$ 繪圖，看看相對極值是否出現在 x = –2 和 x = 1 這兩點。

程式碼如之前的 Python 教學，如下：

```
import numpy as np
from pylab import *
x = np.linspace(-5, 5, 50)
y=2*x**3+3*x**2-12*x-7
plot(x, y)
```

由圖 Py 1-1 可見，相對極大值出現在 x = –2，相對極小值出現在 x = 1。

Python 內的模組，解方程式的大致有三個：

第 1 個是 numpy，可以求解線性方程組，這個例子 Part 1 就出現過。

第 2 個模組是 scipy 內的 scipy.optimize.fsolve() 函數，可以求解非線性方程組。一般式如下：

scipy.optimize.fsolve(func, x0, args=(), fprime=None, full_output=0, col_deriv=0, xtol=1.49012e-08, maxfev=0, band=None, epsfcn=None, factor=100, diag=None)

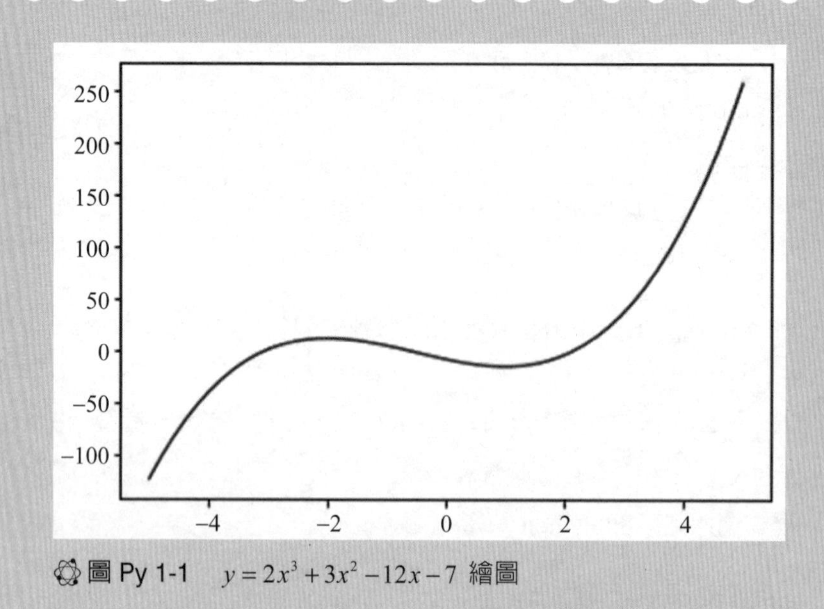

圖 Py 1-1 $y = 2x^3 + 3x^2 - 12x - 7$ 繪圖

scipy.optimize.fsolve() 也可以用來求解線性方程組。使用時的載入方式爲：

```
from scipy.optimize import fsolve
```

具體使用的函數是 fsolve() 我們不講這麼多，本書學一個大小通吃的模組 sympy，如下。

第 3 個模組是 sympy。sympy 可通吃一切，不管是線性、非線性、實根或虛根，一次搞定。以第 13 堂課的一個一階導函數範例爲例，我們欲解：

$$f'(x) = 4x^3 - 3x^2 = 0$$

程式碼如下（Codes Part 4，有介紹過 sympy）：

```
from sympy import *
x = symbols('x')
solve(4 * x ** 3 - 3 * x ** 2, x)
```

範例 1 的 $f'(x)=6x^2+6x-12=0$，用 sympy 算法更為簡易，如下：

```
solve(6 * x **2 + 6 * x -12, x)
```

其實模組 sympy 能做的事太多了，有興趣的讀者可以看一看網站（https://github.com/sympy/sympy/wiki/Quick-examples）上的 Quick examples。

練習

1. 請用 sympy 的範例，解第 13 堂課相關習題（請讀者或授課教師任選）可能的臨界值，並和課本解答確認。
2. 請繪製第 13 堂課習題的函數（請讀者或授課教師任選），並確認極值所在之處，是否和課本解答一致。

主題 2　兩個以上未知數的方程組求解

範例 3. 求解兩條偏微分如下：

$f_x(x, y)=3x^2-4y$　　$f_x(x, y)$ 定義域：$\{x, y \mid x\in R, y\in R\}$

$f_y(x, y)=-4x+4y$　　$f_y(x, y)$ 定義域：$\{x, y \mid x\in R, y\in R\}$

解 我們使用 sympy，寫法如前。

```
from sympy import *
x = symbols('x')
y = symbols('y')
 solve([Eq(3*x**2 - 4*y, 0), Eq(-4*x + 4*y, 0)], [x, y])
```

執行後，output 如下：

```
[(0, 0), (4/3, 4/3)]
```

範例 4. 求解兩條偏微分如下：

$f_x(x, y) = y - x^3$　　$f_x(x, y)$ 定義域：$\{x, y \mid x \in R, y \in R\}$

$f_y(x, y) = x - y^3$　　$f_y(x, y)$ 定義域：$\{x, y \mid x \in R, y \in R\}$

解 Python 程式如下：

```
from sympy import *
x = symbols('x')
y = symbols('y')
solve([Eq(x - y**3, 0), Eq(y -x**3, 0)], [x, y])
```

解出 9 組解，但是只有前 3 組是實根，就是書上的三組：

```
[(-1, -1),
 (0, 0),
 (1, 1),
 (-I, I),
 (I, -I),
 (sqrt(2)*(-1 + I)/2, sqrt(2)/2 + sqrt(2)*I/2),
 (sqrt(2)*(1 - I)/2, -sqrt(2)/2 - sqrt(2)*I/2),
 (-sqrt(2)*(1 + I)/2, sqrt(2)/2 - sqrt(2)*I/2),
 (sqrt(2)*(1 + I)/2, -sqrt(2)/2 + sqrt(2)*I/2)]
```

上述 I 是虛根 $\sqrt{-1} = i$

Python 透過演算法做數學的領域很廣泛，解也是，我們一般只取實部。

練習

1. 請修改上述程式碼，練習第 14 堂課的範例與習題（任選）。

主題 3　最佳化演算（Optimization）求極值

前面的主題是解滿足一階導函數的根，因此，我們必須先微分求出導函數。但是，最簡單的方法是直接對目標函數求解：同時解出目標極值和臨界值。

Python 完成這件事有 sympy 和 scipy，筆者覺得 sympy 需要宣告的參數太多，尤其是在帶限制式時。所以我們使用模組 scipy 內的函數 optimize() 和 minimize()，Python 程式碼的步驟解說如下。

3-1　單變數

我們先看一個簡單方程式，如下：

$$f(x)=2x^3+3x^2-12x-7$$

第 1 步：定義函數

```
from scipy import optimize
def f(x, sign=-1):
    return sign*(2*x**3+3*x**2-12*x-7)
```

兩行就 OK，相當簡易。待會我們再解釋 sign 的意義。接下來執行求極值：

第 2 步：求解與結果

```
Result1 = optimize. minimize_scalar(f)
Result1.x
```

```
Result1.fun
f(Result1.x)
```

optimize. minimize_scalar() 是求解函數。Result1 內有許多物件，主要有三個：

(1) Result1.x：解出的 x 值。
(2) Result1.fun：解出的極小值，可以和 f(Result1.x) 對照是否一樣。
(3) Result1.success：回傳求解是否成功（True/False）。

我們看看列印在螢幕的結果，如下：

```
Result1.x
Out[2]: 1.0

Result1.fun
Out[3]: -14.0

f(Result1.x)
Out[4]: -14.0
```

我們回去看範例 2 的圖形，可能的臨界值有兩個，從圖形看得出來，我們解出的只是極小值 (1, -14)。那另一極大值的解呢？根據 scipy 說明文件，須把函數取負值[1]，這也是我們爲什麼寫函數時，要增加一個參數 sign，因爲這樣比較方便，判斷極大值時，可以如下這樣處理：

第 1 步：定義函數

```
def f(x, sign = -1):
```

1 https://docs.scipy.org/doc/scipy/reference/tutorial/optimize.html#constrained-minimization-of-multivariate-scalar-functions-minimize

```
    return sign*(2*x**3+3*x**2-12*x-7)
```

第 2 步：求解與結果

```
Result2 = optimize.minimize_scalar(f)
```

螢幕的結果如下（注意極值須加負號）：

```
Result2.x
Out[5]: -1.999999999777818


-Result2.fun
Out[6]: 13.0


-f(Result2.x)
Out[7]: 13.0
```

範例 5. 函數 $f(x) = x^4 - x^3$ 相對極小值

第 1 步：定義函數

```
def f(x,sign=1):
    return sign*(x**4-x**3)
```

第 2 步：求解與結果

```
Result3 = optimize.minimize_scalar(f)
```

螢幕的結果如下：

```
Result3.x
Out[9]: 0.7500000000447832


Result3.fun
```

```
Out[10]: -0.10546875

f(Result3.x)
Out[11]: -0.10546875
```

3-2 多變數

再來就是不帶限制條件的多變數函數，本書第 14 堂課範例的函數 $f(x, y) = x^3 - 4xy + 2y^2$ 相對極小值，則：

第 1 步：定義函數

```
import numpy as np
from scipy.optimize import minimize
def f(x, sign=1):
    x1 = x[0]
    x2 = x[1]
    return sign*(x1**3-4*x1*x2 +2*x2**2)
```

第 2 步：求解與結果

```
x0=[1,1]
Result4 = minimize(f, x0)
```

雙變數以上的數值求解演算比較複雜，我們使用的函數是 minimize()，如果用上面的 optimize.minimize_scalar() 執行會失敗。x0=[1,1] 是起始值（initial values）。

螢幕的結果如下：

```
Result4.x
Out[13]: array([1.33333404, 1.3333353 ])
```

```
Result4.fun
Out[14]: -1.185185185181036

f(Result4.x)
Out[15]: -1.185185185181036
```

因爲是數值結果，書上手解的臨界值是 4/3，電腦則算出 1.3333。相對極小值則是 –1.185。

此題還有一解，(0,0) 是鞍點，如果設定 x0 = [0, 0]，就會帶出 0 的極值。因爲鞍點判斷的程式做法需要賦予更多的條件，不是本書涵蓋範圍，也不是商學院微積分主題，我們大致知道目前學習的狀況即可。如果想挑戰 Python 程式，把目前所學過的方法串起來，可依循以下步驟：

步驟 1：使用 diff() 函數解一階偏微分，求取可能的臨界值。

步驟 2：求二階偏微分。

步驟 3：參考主題一的二元一次方程式求解判斷的準則（Delta），定義第 14 堂課的 Δ 來判斷誰是鞍點，誰無解。

最後，把可能的臨界值設爲起始值，求解。

這樣的四步驟其實是一個程式訓練的典型基礎，對程式有興趣的同學可以用在本範圍範例當作練習，爲了避免微積分學習花太多時間講這個部分，我們就到此爲止。

練習

1. 任選第 5 部的範例題，以書本解出的臨界值附近任取數字當作起始值，寫程式求解極值，並和書本比對。

3-3 多變數帶限制式

最後就是帶限制條件的極值，我們以第 15 堂課範例 1 來說明

Min. $x+2y\ (x>0,\ y>0)$

s.t. $xy=5000$

第 1 步：定義目標函數

```
import numpy as np
from scipy.optimize import minimize
def f(x, sign=1):
  x1 = x[0]
  x2 = x[1]
  return sign*(x1+ 2*x2)
```

第 2 步：定義限制條件

```
def constraint1(x, sign=1):
  return sign*(x[0]*x[1]- 5000)
```

第 3 步：設定求解參數

```
x0=[10,10]  # 起始值
b1 = (0, np.inf) # 參數條件 x>0，上界給予正無限大，np.inf 就是
b2 = (0, np.inf) # 參數條件 y>0，上界給予正無限大，np.inf 就是
bnds= (b1,b2) # 邊界條件向量
con1 = {'type': 'ineq', 'fun': constraint1}   # 把限制集定義成字典
cons = [con1] # 把 con1 做成串列 ( 萬一有多個條件時，可以包在一起 )
```

第 4 步：求解與結果

```
Result5 = minimize(f, x0,bounds=bnds,constraints=cons)
```

螢幕的結果如下：

```
Result5.x
Out[17]: array([100.00691556,  49.99654246])


Result5.fun
Out[18]: 200.0000004780455


f(Result5.x)
Out[19]: 200.0000004780455
```

可對照數值的結果和第 15 堂課代數的結果。

接下來我們看「三變數，兩條限制式」，如第 15 堂課範例 3。這個範例足以做很多的推廣。

Min. $x^2 + y^2 + z^2$

s.t. $x + y = 3$

$x + z = 5$

第 1 步：定義目標函數

```
import numpy as np
from scipy.optimize import minimize
def f(x, sign=1):
    x1 = x[0]
    x2 = x[1]
    x3 = x[2]
    return sign*(x1**2+ x2**2+x3**2)
```

第 2 步：定義限制條件

```
def constraint1(x, sign=1):
    return sign*(x[0]+x[1]-3)
```

```
def constraint2(x, sign=1):
  return sign*(x[0]+x[2]- 5)
```

第 3 步：設定求解參數（參數沒有 bounds，故不需定義如前提的 b1,b2）

```
x0=[1,1,1]
con1 = {'type': 'ineq', 'fun': constraint1}
con2 = {'type': 'ineq', 'fun': constraint2}
cons = [con1, con2]
```

第 4 步：求解與結果

```
Result6 = minimize(f,x0,constraints=cons)
```

螢幕的結果如下：

```
Result6 = minimize(f,x0,constraints=cons)


Result6.x
Out[21]: array([2.6666667, 0.3333333, 2.3333333])


Result6.fun
Out[22]: 12.666666666666735


f(Result6.x)
Out[23]: 12.666666666666735
```

可以確認數值結果和第 15 堂課的分式是一樣的。這樣本範圍所有的問題，我們都可以處理了。

練習

1. 修改上面程式，求解第 5 部的範例和習題，和答案確認結果。

主題 4　極限不定型洛比達

關於求極限，本書 Codes Part 2 做了介紹，其實就算是不定型也是一樣運用。

範例 6.　極限不定型：$\lim_{x \to 0}(1+3x)^{\frac{1}{2x}}$

Python 程式如下：

```
from sympy import *    # 載入模組
x = symbols('x')          # 宣告代數符號的變數，須記得此步驟一定要做
limit((1+3*x)**(1/(2*x)), x, 0)
Out[2]: exp(3/2)
```

exp(3/2) 就是 $e^{\frac{3}{2}}$

所以，不定型沒有什麼問題，Python 都可以處理得很好。讀者可以自由利用第 5 部的範例和習題來做練習。

主題 5　泰勒展開

Python 的泰勒展開很簡單：

函數 .series(x, a, n+1)

這是「對函數 f(x)，在 x = a 處展開 n 階泰勒多項式」的意思，第 n + 1 項就是泰勒剩餘。

以第 16 堂課出現過的範例題，對自然對數函數 ln(x) 在 a = 1 做 3 階展開。

```
(log(x)).series(x, 1, 4)
Out[3]: -1 - (x - 1)**2/2 + (x - 1)**3/3 + x + O((x - 1)**4, (x, 1))
```

結果和第 16 堂課的範例結果相同，最後一項 O（就是泰勒剩餘）。

範例 7. 對自然指數做 9 階馬克勞林展開（a = 0）

Python 語法：

```
exp(x).series(x, 0, 10)
Out[4]: 1 + x + x**2/2 + x**3/6 + x**4/24 + x**5/120 + x**6/720 +
x**7/5040 + x**8/40320 + x**9/362880 + O(x**10)
```

承前，我們計算這個展開在 x = 1 的自然指數逼近值，如下：
我們先定義一個函數：

```
import math
from sympy import *
def f(x):
   g=exp(x).series(x, 0, 10)
   return g
```

然後再求：

```
f(1)
Out[5]: E
```

這個結果以自然指數符號 E 呈現，要呈現書本的結果，就要去除泰勒剩餘，如下：

```
import math
from sympy import *
def f(x):
    return 1 + x + x**2/2 + x**3/6 + x**4/24 + x**5/120 + x**6/720 +
    x**7/5040 + x**8/40320 + x**9/362880
```

然後再求：

```
f(1)
Out[6]: 2.7182815255731922
```

這樣就是一個實數。

Python 此時像一個計算機，可以計算任何函數。

練習

1. 請自行練習第 16 堂課泰勒展開的範例與習題，並比對結果。

主題 6　瑕積分

瑕積分需要用到無限大符號，sympy 的無限大符號是兩個小寫的英文字母 o，也就是 oo。

接下來請參照第 16 堂課的瑕積分段落，搭配閱讀。

先看型一瑕積分範例 1：$\int_{2}^{\infty} \frac{1}{(x-1)^2} dx$

```
integrate(1/(x-1)**2, (x, 2, oo))
Out[68]: 1
```

此積分收斂且值為 1。

型一瑕積分範例 2：$\int_{2}^{\infty}\frac{1}{x-1}dx$

```
integrate(1/(x-1), (x, 2, oo))
Out[69]: oo
```

結果是發散。

型二瑕積分範例 7：$\int_{0}^{3}\frac{1}{\sqrt{3-x}}dx$

```
integrate(1/sqrt(3-x), (x, 0, 3))
Out[71]: 2*sqrt(3)
```

型二瑕積分範例 8：$\int_{0}^{1}\frac{1}{x}dx$

```
integrate(1/x, (x, 0, 1))
Out[72]: oo
```

型二瑕積分範例 9：$\int_{0}^{4}\frac{1}{(x-3)^{2}}dx$

```
integrate(1/(x-3)**2, (x, 0, 4))
Out[73]: oo
```

R

在 R 環境中，除了多項式根之外，目前尚無滿意的多條方程式的多組解，mosaicCalc 套件和 mosaic 的 findZeros 函數，解出的數值極爲離譜。唯一一個稍稍可以用的是 rootSolve，這個套件的函數解一條方程式的重根沒有問題，但是，多條方程式的多組解，就受到 Newton-Raphson 演算法的限制。因爲這個演算法必須依賴某種程度對根的猜測再賦予起始值，所以，在不同的起始值範圍，會解出不同組解。在數學規劃環境，筆者還是覺得 Python 的功能強大甚多。

以下是針對 Python 範例作的 R 範例，個人覺得在求解上，不甚理想。

Newton-Raphson 演算法相當簡易，但是侷限也高，一個方法是利用圖形過 X 軸的可能值，但是，在高維空間就不合宜了。

```
#library(rootSolve)
f <- function(x) {6*x^2+6*x-12}
rootSolve::uniroot.all(f, c(-10,10))
```

這個函數 uniroot.all 解出所有的根，但是必須賦予一個搜尋範圍，此例爲 (-10, 10) 的區間。

繪圖看看是否落在這個值：

```
mosaic::plotFun(makeFun(2*x^3+3*x^2-12*x-7 ~ x), xlim=c(-5,5))
```

下面是第 13 堂課的一個一階導函數：

```
f <- function(x) {4*x^3-3*x^2}
rootSolve::uniroot.all(f, c(-10,10))
```

非線性的多重根，如下，賦予不同的起始值 start，可以解出不同的根。範例 3 如下：

```
model <- function(x) c(F1 = 3*x[1]^2-4*x[2],
                       F2 = -4*x[1]+4*x[2])
rootSolve::multiroot(f = model, start = c(1, 1))
rootSolve::multiroot(f = model, start = c(2, 2))
```

範例 4 如下：

```
model <- function(x) c(F1 = x[2]-x[1]^3,
                       F2 = x[1]-x[2]^3)
rootSolve::multiroot(f = model, start = c(0, 0))
rootSolve::multiroot(f = model, start = c(2, 2))
rootSolve::multiroot(f = model, start = c(-2.5, -2.5))
```

不帶限制式的最佳化，R 有內建函數 optim()，只要定義好目標函數，就可以精確求解，如下範例。

```
obj1 <- function(x) {2*x[1]^3+3*x[1]^2-12*x[1]-7}
optim(c(1,1), f=obj1)

obj2 <- function(x) {x[1]^4-x[1]^3}
optim(c(1,1), f=obj2)



obj3 <- function(x) {x[1]^3-4*x[1]*x[2]+2*x[2]^2}
optim(c(0,1), f=obj3)
```

接下來帶限制式的最佳化，因爲使用套件 lpSolve，宣告略繁瑣。有興趣的讀者可以參考（https://www.kdnuggets.com/2018/05/optimization-using-r.html），此處就不占篇幅。我們舉第 15 堂課的範例 3，簡單改成線性函數說明如下：

$$\begin{aligned} &\text{Min. } x-2y+3z \\ &\text{s.t. } \begin{array}{l} x+y=3 \\ x+z=5 \end{array} \end{aligned}$$

在 lpSolve 的架構，先寫成如下矩陣式，只要宣告對應的係數即可。

$$\text{Min. } \begin{bmatrix} 1 & -2 & 3 \end{bmatrix} \begin{bmatrix} x \\ y \\ z \end{bmatrix}$$

$$\text{s.t. } \begin{bmatrix} 1 & 1 & 0 \\ 1 & 0 & 1 \end{bmatrix} \begin{bmatrix} x \\ y \\ z \end{bmatrix} = \begin{bmatrix} 3 \\ 5 \end{bmatrix}$$

R 程式碼如下：

```
#library(lpSolve)
objective.in <- c(1, -2, 3)
const.mat <- matrix(c(1, 1, 0, 1,0,1), nrow=2,
                    byrow=TRUE)
const.rhs <- c(3, 5)
const.dir <- c("=", "=")
optimum <- lpSolve::lp(direction="min", objective.in, const.mat, const.dir, const.rhs)
optimum$solution
optimum$objval
```

如果目標函數是第 15 堂課範例 3 的非線性函數，並帶兩個限制條件，如下：

$$\text{Min. } x^2 + y^2 + z^2$$
$$\text{s.t.} \quad x + y = 3$$
$$x + z = 5$$

我們可以使用套件 nloptr

library(nloptr)

第 1 步：定義目標函數

```
Obj_f <- function(x)
{
  return ( x[1]^2 + x[2]^2 + x[3]^2 )
}
```

第 2 步：等式限制條件

```
eval_g_eq <- function (x) {
  constr <- c(x[1] + x[2]-3,
              x[1] + x[3]-5)
  return (constr)
}
```

第 3 步：三個參數的下界 (lb:lower bounds) 和上界 (ub: upper bounds)

```
lb <- c(0, 0, 0)
ub <- c(5, 5, 5)
```

第 4 步：設定起始值 Initial values

```
x0 <- c(3, 0.5, 2)
```

第 5 步：宣告演算法與選項

```
opts <- list("algorithm"= "NLOPT_GN_ISRES",
             "xtol_rel"= 1.0e-10,
             "maxeval"= 160000,
             "tol_constraints_eq" = rep( 1.0e-10, 2 ))
```

最後，求解：

```
res <- nloptr(
  x0          = x0,
  eval_f      = Obj_f,
  lb          = lb,
  ub          = ub,
  eval_g_eq = eval_g_eq,
  opts        = opts
)
print(res)

names(res)

res$solution
res$objective
```

Optimization 的數值收斂不是精確且唯一，尤其是非線性函數時，在不同的計算範圍，會導向不同的路徑，收斂出不同的解，一般要多做幾次比較好。

Python　附錄一　Step-by-Step

主題 1　Python 如何產生等差數列（sequence）

1-1　整數間隔，range(A, B)：從 A 開始，次一個加 A+1，直到 B-1

```
list(range(25, 40))
Out[1]: [25, 26, 27, 28, 29, 30, 31, 32, 33, 34, 35, 36, 37, 38, 39]

list(range(25,100, 5)) # 從 25 開始，次一個 25+5，直到 95=100-5
Out[2]: [25, 30, 35, 40, 45, 50, 55, 60, 65, 70, 75, 80, 85, 90, 95]
```

1-2　非整數間隔，載入模組 numpy

```
import numpy as np
```

模組 numpy 有兩個函數分別處理不一樣的數字生成：arnage 和 linspace，參看以下範例：

```
list(np.arange(2, 8, 0.5))     # 從 2 開始，次一個 2+0.5，直到 7.5=8-0.5
Out[3]: [2.0, 2.5, 3.0, 3.5, 4.0, 4.5, 5.0, 5.5, 6.0, 6.5, 7.0, 7.5]

list(np.linspace(12, 16, 8)) # 從 12 到 16，均勻取 8 個實數，含端點
Out[4]:
[12.0,
 12.571428571428571,
 13.142857142857142,
 13.714285714285714,
 14.285714285714285,
```

14.857142857142858,
15.428571428571429,
16.0]

主題 2 Python 如何讀取資料表（data table）？

本主題對讀取外部資料表做初步教學，讀進來一個檔案，多半需要做統計分析，因為本書讀者預設是還沒有學過統計的大一同學，所以，這裡就不談太多資料分析，只簡介讀取資料的技巧。

我們讀資料時，讀取資料的程式和資料必須置於同一個資料夾（目錄），然後指定這個資料夾為工作目錄，不然就必須指定檔案路徑。

2-1 如何指定工作目錄

如下圖 Py 2-1，在 spyder 介面右上方點選圖示，就會進入互動式介面，指定位置即可。

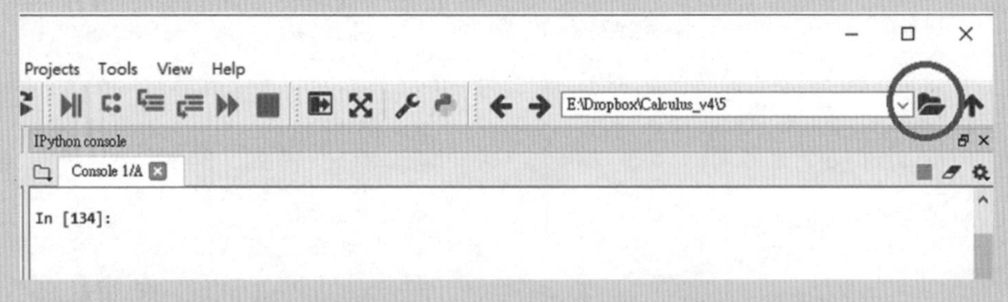

圖 Py 2-1 指定工作目錄

接下來就依照格式讀取，文字檔或 .xls 的 excel 檔案，都是用模組 pandas。pandas 可以支援多種文字、二進位檔案與資料庫的資料載入，常見的 txt / csv / excel 試算表格式，乃至資料庫 MySQL 或 PostgreSQL 都難不倒。了解詳細清單可以參考文件說明（http://pandas.pydata.org/pandas-docs/stable/io.html）。

2-2 讀取 .csv 格式文字檔

```
import pandas as pd
data1=pd.read_csv("TWII.csv")
data1.head()
```

data1.head() 顯示前 5 筆資料，同理，data1.tail() 顯示最末 5 筆資料，如圖 Py 2-2。

```
In [5]: data1.head()
Out[5]:
        Date     Open     High      Low    Close      Volume
0  2006/7/21  6396.70  6423.52  6373.59  6420.01  65507400.0
1  2006/7/24  6316.83  6363.68  6308.72  6359.63  57905600.0
2  2006/7/25  6433.32  6435.83  6390.99  6390.99  72001900.0
3  2006/7/26  6389.49  6406.66  6360.11  6376.39  68095900.0
4  2006/7/27  6379.40  6461.92  6373.11  6459.25  75363300.0

In [6]: data1.tail()
Out[6]:
           Date     Open     High      Low    Close      Volume
2480   2016/8/4  9009.29  9035.25  8972.31  9024.71  74418300.0
2481   2016/8/5  9025.76  9049.26  9023.23  9040.51  11365000.0
2482   2016/8/8  9123.07  9153.99  9104.43  9150.26  82352000.0
2483   2016/8/9  9154.00  9155.50  9130.36  9140.75  11936000.0
2484  2016/8/10  9160.94  9174.70  9158.65  9168.18   9394000.0
```

圖 Py 2-2 data1.head() 和 data1.tail() 的顯示

前 5 筆一樣可以用 data3[:5]，最後 5 筆也可以用 data3[-5:]。

另外，函數 pd.read_table() 是讀取一般文字檔，若用來讀取 .csv 時，必須標註分離符號是「,」，如下：

```
data2=pd.read_table("TWII.csv", sep=",")
```

用 data2.head() 檢視可知完全一樣。

如果檔案不在工作目錄以外的地方，只要指定檔案路徑，如下：

```
pd.read_csv("C:\myPython\TWII.csv")
```

讀者可以複製一個檔案到 C 槽試試看。Pandas 對於路徑的斜線，包容性還滿高的，「\\」或「/」都可以接受。

如果路徑是網址也可以，例如：

```
url="http://web.ntnu.edu.tw/~tsungwu/EconometricDataScience/Teams.csv"
data_url=pd.read_csv(url)
```

用 data_url.head() 檢視可知完全一樣。

2-3 用 pd.read_excel() 讀取 Excel 格式 .xls 檔

```
data3=pd.read_excel("tips.xls")
```
data3.head() 檢視可知完全一樣。

Excel 的 .xls 和 .xlsx 格式都支援多表單，因此，如果資料是多表單，則指定名稱即可。下面例子的範例檔有兩個表單，「withNames」和「withoutNames」，我們看範例檔就一目了然。

2-4 用 pd.read_excel() 讀取 Excel 格式 .xlsx 檔

```
data4=pd.read_excel("scores.xlsx", "withNames")
```
可用 data4.head() 檢視載入狀況。

```
data5=pd.read_excel("scores.xlsx", "withoutNames")
```
可用 data5.head() 檢視載入狀況。

模組 pandas 載入後的資料就是資料框架（DataFrame），pandas 有一些好用的屬性與方法，可以快速了解一個 DataFrame 的外觀與內容：

DF.shape：這個資料框架有幾列有幾欄。

DF.columns：這個資料框架的變數資訊。

DF.index：這個資料框架的列索引資訊。

DF.info()：關於資料框架的詳細資訊。

DF.describe()：關於資料框架各數值變數的敘述統計量。

上述物件，有加括弧的是函數，見圖 Py 2-3。

```
In [28]: data1.shape
Out[28]: (2485, 6)

In [29]: data1.columns
Out[29]: Index(['Date', 'Open', 'High', 'Low', 'Close', 'Volume'], dtype='object')

In [30]: data1.index
Out[30]: RangeIndex(start=0, stop=2485, step=1)

In [31]: data1.info()
<class 'pandas.core.frame.DataFrame'>
RangeIndex: 2485 entries, 0 to 2484
Data columns (total 6 columns):
Date      2485 non-null object
Open      2485 non-null float64
High      2485 non-null float64
Low       2485 non-null float64
Close     2485 non-null float64
Volume    2485 non-null float64
dtypes: float64(5), object(1)
memory usage: 116.6+ KB

In [32]: data1.describe()
Out[32]:
              Open          High   ...          Close        Volume
count  2485.000000   2485.000000   ...    2485.000000  2.485000e+03
mean   7949.791473   7987.900579   ...    7941.225650  1.004273e+08
std    1106.297396   1101.515584   ...    1103.628403  3.510226e+07
min    3962.690000   4172.490000   ...    4089.930000  4.225600e+03
25%    7457.020000   7501.720000   ...    7450.530000  7.837290e+07
50%    8071.370000   8095.930000   ...    8056.560000  9.459910e+07
75%    8702.670000   8745.650000   ...    8701.380000  1.174850e+08
max    9998.080000  10014.300000   ...    9973.120000  3.220030e+08

[8 rows x 5 columns]
```

圖 Py 2-3 資料框架 data1 的範例

pandas 進一步整理資料可以用 data3 爲範例說明（表 Py 2-1），因爲 data3 是 tips.csv 數據，有文字和數字混雜，便於我們說明一些功能。

表 Py 2-1 tip.csv 數據資料

tip	total_bill	sex	smoker	day	time	size
1.01	16.99	Female	No	Sun	Dinner	2
1.66	10.34	Male	No	Sun	Dinner	3
3.5	21.01	Male	No	Sun	Dinner	3
3.31	23.68	Male	No	Sun	Dinner	2
3.61	24.59	Female	No	Sun	Dinner	4
4.71	25.29	Male	No	Sun	Dinner	4

這筆資料是某餐廳記錄的餐廳顧客消費數據（美元），以下介紹資料中各項目的意思。

Tip：小費

total_bill：消費金額

sex：結帳者性別（Female/Male）

smoker：結帳者是否吸菸（No/Yes）

day：消費日期（週四到週日）

time：用餐時段

size：用餐人數

撰寫布林判斷條件，將符合條件的觀察值從資料框架中選出，例如：選出女性（Female）。

```
data3[data3['sex'] == 'Female']
```

如果有多個條件，可以使用 | 或 & 符號連結，例如：

(1) 選出「週日（Sun）」和「晚餐（Dinner）」

```
data3.query(' day == "Sun" & time == "Dinner" ')
```

(2) 選出「週日（Sun）」和「人數（size）小於或等於 3 人」

```
data3.query(' day == "Sun" & size <= 3 ')
```

選出特定一個欄位資料：

```
data3[["tip"]]
```

選出兩筆（以上）欄位資料：

```
data3[["tip","time"]]
```

在資料物件取兩個欄位，一定要加中括號 [[]]，取出的是串列（list）。若只取一欄，加不加中括號都可以，但是取出的物件就有差別。

```
data3["tip"]
0   1.01
1   1.66
2   3.50
3   3.31
4   3.61

data3[["tip"]]
   tip
0  1.01
1  1.66
2  3.50
```

3 3.31

4 3.61

用 type(data3["tip"]) 檢視，可知 data3["tip"] 是 series，但是，data3[["tip"]] 是帶欄位名稱的 DataFrame，如下：

```
type(data3["tip"])
Out[37]: pandas.core.series.Series
type(data3[["tip"]])
Out[38]: pandas.core.frame.DataFrame
```

這個差異對於取出的資料可以如何被使用就有很大不同，例如：有一些統計計算的函數，限定要 DataFrame。

最後，除了讀取，如果想將自己整理好的資料外存成 excel 或 csv 檔案，以便分享給他人，可以用以下方法：

存成 .csv 格式文字檔：

DF.to_csv('myData.csv', index=False)

存成 .xls 格式 Excel 檔：

DF.to_excel('myData.xls', index=False)

存成 .txt 格式文字檔：

DF.to_csv('myData.txt', index=False)

以 data1 爲例，就是 **data1**.to_csv('myData.csv', index=False)。

pandas 強大的功能，有別於其他語言由多個模組完成一串工作，pandas 自己就能處理「載入、整理、統計與視覺化」等常見的資料處理應用。學習 Python 的方式，一個基本原則就是循特定的模組學，此處做 pandas 初步介紹，需要更多功能，則可以由線上資源取得。

主題 3　Python 的迴圈設計之一：for … in …

迴圈是一個重要的程式技術，只要處理的工作具備規律的結構，都可以用迴圈自動化。

3-1　簡單迴圈

先看第一個例子，animals 儲存 7 種動物的串列，如下：

```
animals=["Pig","Cat","Dog","Tiger","Bird", "Mouse","Eagle"]
```

第 1 個迴圈，用 j 將 7 種動物列印在螢幕。如下：

```
for j in animals:
   print(j)
```

第 2 個迴圈，用 j 將前 4 種動物列印在螢幕。如下：

```
for j in animals[:4]:
   print(j)
```

第 3 個迴圈，用 j 將最後 3 種動物列印在螢幕。如下：

```
for j in animals[-3:]:
   print(j)
```

迴圈的型式是：

for 索引 in 物件：

如同函數一樣，第一行的冒號「:」和次行內縮很重要。接下來我們來看一個九九乘法表的做法。

3-2　巢狀迴圈

這是指迴圈內有迴圈，一般有層次的資料處理都是這種，例如：國家迴圈，每一個國家對多個都市迴圈運算。我們來看一個九九乘法表的例子：

```
for i in range(1,10):
    for j in range(1,10):
        value=i*j
        print("%d*%d=%-4d" % (i, j,value), end=" ")
        print()
```

上面的語法執行結果如下：

```
1*1=1  1*2=2   1*3=3   1*4=4   1*5=5   1*6=6   1*7=7   1*8=8   1*9=9
2*1=2  2*2=4   2*3=6   2*4=8   2*5=10  2*6=12  2*7=14  2*8=16  2*9=18
3*1=3  3*2=6   3*3=9   3*4=12  3*5=15  3*6=18  3*7=21  3*8=24  3*9=27
4*1=4  4*2=8   4*3=12  4*4=16  4*5=20  4*6=24  4*7=28  4*8=32  4*9=36
5*1=5  5*2=10  5*3=15  5*4=20  5*5=25  5*6=30  5*7=35  5*8=40  5*9=45
6*1=6  6*2=12  6*3=18  6*4=24  6*5=30  6*6=36  6*7=42  6*8=48  6*9=54
7*1=7  7*2=14  7*3=21  7*4=28  7*5=35  7*6=42  7*7=49  7*8=56  7*9=63
8*1=8  8*2=16  8*3=24  8*4=32  8*5=40  8*6=48  8*7=56  8*8=64  8*9=72
9*1=9  9*2=18  9*3=27  9*4=36  9*5=45  9*6=54  9*7=63  9*8=72  9*9=81
```

print("%d*%d=%-4d" % (i, j,value), end=" ") 指定列印在螢幕的格式，解說如下：

(1) "%d*%d=%-4d" 是說顯示兩個格式化的數字（%d）相乘（*），等於（=）第 3 個數字。

(2) % (i, j, value) 是指上面那條程式碼的三個 % 後面的 d 數位所對應的真實數字。

(3) %-4d 是說第 3 個數字到下一筆數字空 4 格。

例如：1*1=1____1*2=2，底線是 4 個空格。

(4) end=" " 是說最後一個字元（空 4 格）之後空 1 格，上面最後一個空格：1*1=1　1*2=2

最後一個 print() 是屬於 i 的，所以是指 i 走完 9 個 j 之後，「換行」。要了解最簡單的方法就是去除，run 一次就會知道差異。

練習

1. 執行以下程式碼，並解釋 if 的條件何在。

```
for i in range(1, 12):
    for j in range(1, 12):
        if j<=i:
            print("###", end="")
    print()
```

2. 上題結果如下，請改寫程式，讓結果列出上下翻轉。

```
###
######
#########
############
###############
##################
#####################
########################
###########################
##############################
#################################
```

3-3 break 指令：強制迴圈停止

範例 1. 列印 1,2,3,…,111 整數，遇 7 停止列印。

```
for number in range(1, 111):
  if number == 7:
    break
  print(number, end=', ')
print( )
```

範例 2. 列印 0,3,6,9,12,…,120 整數，遇 15 停止列印。

```
for number in range(0, 120, 3):
  if number == 15:
    break
  print(number, end=', ')
```

另一個範例：

```
animals=["Pig","Cat","Dog","Tiger","Bird", "Mouse","Eagle"]
n = int(input(" 請輸入欲列出的動物數量 = "))
if n > len(animals) : n = len(animals)  # 列印 n 個動物，如果 n 大於動物數
                                          目，則列完為止
id = 0                    # 索引
for j in animals:
  if id == n:
    break
  print(j, end=" ")
  id += 1                 # 索引加 1
```

3-4 continue 指令一 迴圈暫停，跳過索引物件，從頭繼續

參考以下程式碼：

```
scores = [85, 63, 71, 88, 49, 87, 78, 55, 47, 86, 93, 83, 96]
persons = 0
for score in scores:
  if score < 85:        # 大於 85 則繼續：小於 85 則跳一個人從頭
    continue
  persons += 1         # 人數加 1 累計
print(" 有 %d 人成績 A 以上 " % persons)
有 6 人成績 A 以上。
```

「continue」就是不執行下面，回頭繼續。如果目前迴圈走到索引第 10 時，條件比對失敗，則跳過 10，接第 11 步。在很多資料處理時，都會這樣用。好比有一個 1,000 天的檔案，每天有至少有 500 筆交易紀錄，可以設定交易紀錄不足 100 筆的日子不予計算績效。

3-5 for … else 迴圈

我們用一個質數測試的程式來解說，這個程式要求輸入一個數字，然後判斷是否為質數。

```
k = int(input(" 請輸入任意整數做質數測試 = "))
if k <= 1:                    # 不大於 1 的數不測試
  print(" 請輸入大於 1 的整數 ")
elif k == 2:                  # 2 是質數所以直接輸出
  print("%d 是質數 " % k)
else:
  for j in range(2, k):        # 用 2 .. k-1 當除數測試
    if k % j == 0:             # 如果整除則不是質數
```

```
        print("%d 不是質數 " % k)
        break                    # 離開迴圈
    else:                        # 否則是質數
      print("%d 是質數 " % k)
```

主題 4　Python 的迴圈設計之二：while ……

Python 的 while 是另一種迴圈型式。「for …in…」型式的迴圈，有宣告結束條件，while 的則沒有。基本上 while 迴圈會一直執行到運算條件為 False 時才會停止。所以，設計 while 迴圈時，務必要設計一個離開迴圈的條件，也就是讓迴圈結束。在程式撰寫中，如果使用 while 卻忘了設計停止條件，會造成永不停止的無限迴圈（當然電腦關機就停了），此時可以用 Ctrl+C 來中斷，或點 Spyder 由右上角的紅色方塊（見圖 Py 4-1 的橢圓圈處），程式運行之時，呈現紅色。

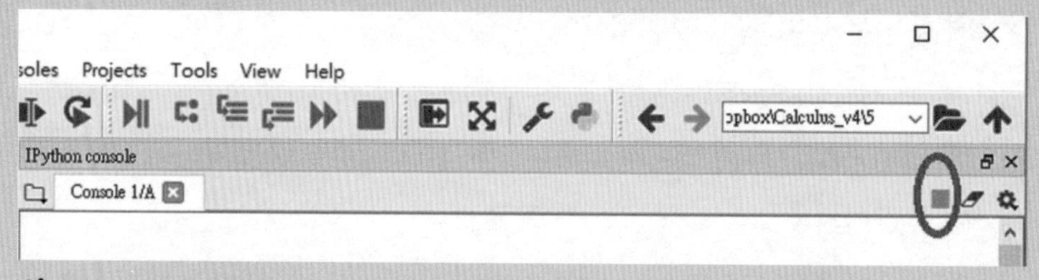

圖 Py 4-1　停止運算方塊

4-1　簡單 while

什麼時候要用 while 迴圈？如果在某些狀況，不知道迴圈何時結束，就可以用 while。例如：對話式輸入密碼，沒有三次錯誤限制，就可以用 while 設計一直輸入直到密碼正確。範例如下：

```
main=" 我會重複你輸入的資訊，除非你按 Q 才能停止這一切 "
```

```
msg = main + '\n' + ' 請輸入資訊 = '
input_msg = ''              # 預設為空字串
while input_msg != 'Q':
  input_msg = input(msg)
  if input_msg != 'Q':      # 如果輸入不是 Q 才輸出訊息
  print(input_msg)
```

4-2 巢狀 while

巢狀 while 和之前一樣，用前面九九乘法表的例子，如下，執行後和前面巢狀「for…in…」範例一樣。while 迴圈不同之處，是需要在圈外指定一個起始值，然後在圈內遞回。如下：

```
i = 1                 # i 迴圈外設定 i 起始值由 1 開始
while i <= 9:         # 當 i 大於 9 跳出外層迴圈
j = 1                 # j 迴圈外設定 j 起始值由 1 開始
while j <= 9:         # 當 j 大於 9 跳出內層迴圈
    result = i * j
    print("%d*%d=%-4d" % (i, j, result), end=" ")
    j += 1            # 內層迴圈加 1
print()               # 換行輸出
i += 1                # 外層迴圈加 1
```

由兩個九九乘法表的例子可以知道，兩者差異在何處。

再來看一個成績分類的程式，建立成績資料如下：

```
students = [[' 王小明 ', 90], [' 彼得兔 ', 95], [' 曾希成 ', 50],[' 馬立強 ', 80],
         [' 廖添丁 ', 80],[' 鍾婷 ', 75], [' 紫然 ', 58], [' 胖子 ', 85],
         [' 劉美秀 ', 89], [' 楊陀 ', 75], [' 鍾北哥 ', 76], [' 謝阿牛 ', 68],
         [' 承美玉 ', 90], [' 蘇立威 ', 81],[' 丘秀美 ', 55], [' 米老鼠 ', 50]]
```

```
A2Aplus = []                              # A 以上學生串列
flunk =[]                                 # 不及格學生串列
ELSE=[]                                   # 其餘學生串列
while students:                           # 執行學生分類迴圈完成才會結束
   index_student = students.pop()
   if index_student[1] >= 85:             # 用 85 分執行學生分類條件
      A2Aplus.append(index_student)       # 加入 A 以上學生串列
   elif index_student[1] <60:             # 用 60 分執行學生分類條件
      flunk.append(index_student)         # 加入不及格學生串列
   else:
      ELSE.append(index_student)          # 加入其餘學生串列
print("A 以上學生 :", A2Aplus)
print(" 不及格學生 :", flunk)
print(" 其他學生 :", ELSE)
```

```
A 以上學生 : [[' 承美玉 ', 90], [' 劉美秀 ', 89], [' 胖子 ', 85], [' 彼得兔 ', 95], [' 王小明 ', 90]]
不及格學生 : [[' 米老鼠 ', 50], [' 丘秀美 ', 55], [' 紫然 ', 58], [' 曾希成 ', 50]]
其他學生 : [[' 蘇立威 ', 81], [' 謝阿牛 ', 68], [' 鍾北哥 ', 76], [' 楊陀 ', 75], [' 鍾婷 ', 75], [' 廖添丁 ', 80], [' 馬立強 ', 80]]
```

再看一個例子，列出被 3 整除的數：

```
k = 0                        # 設定 i 起始值
while k <= 100:
   k += 1
   if ( k % 3 != 0 ):        # 測試是否整除
```

```
  continue                    # 上面為 True，print(k)；False 跳一個數從頭
print(k)                      # 列出正確的數
```

練習

1. 修改程式碼，測試是否列出可以開平方根的數。
（提示：用「整除與否」判斷此數是否可以開平方根，只要改上面一行。）

4-3 enumerate 物件的和迴圈

enumerate 物件有一些特別功能，例如我們用前面定義過的 animals：

```
animals=["Pig","Cat","Dog","Tiger","Bird", "Mouse","Eagle"]
```

```
enumerate(animals)
Out[7]: <enumerate at 0x25adb438438>
```

<enumerate at 0x25adb438438> 是說 animals 所在的記憶體位置。一般來說，我們不需要這個。下面這個就很有用了。

```
list(enumerate(animals))
Out[8]:
[(0, 'Pig'),
 (1, 'Cat'),
 (2, 'Dog'),
 (3, 'Tiger'),
 (4, 'Bird'),
 (5, 'Mouse'),
 (6, 'Eagle')]
```

```
list(enumerate(animals, start=5))
Out[9]:
[(5, 'Pig'),
 (6, 'Cat'),
 (7, 'Dog'),
 (8, 'Tiger'),
 (9, 'Bird'),
 (10, 'Mouse'),
 (11, 'Eagle')]
```

很清楚地，list 可以把 enumerate 物件轉成 list，因而產生元素編號，這樣 loop 就可以用了。

我們來看兩個迴圈程式：

```
for animal in enumerate(animals):
    print(animal)


Out[10]:
(0, 'Pig')
(1, 'Cat')
(2, 'Dog')
(3, 'Tiger')
(4, 'Bird')
(5, 'Mouse')
(6, 'Eagle')
```

加一個計數函數 count：

```
for count, animal in enumerate(animals):
```

```
    print(count, animal)

Out[11]:
0 Pig
1 Cat
2 Dog
3 Tiger
4 Bird
5 Mouse
6 Eagle
```

enumerate() 產生的物件是配對存在的，所以可用兩個變數來遍歷這個物件，只要有元素尚未被遍歷，迴圈就會繼續運算。

練習

1. 請設計一個程式，自行輸入 n，計算以下數列。

   A. $1+3+5+7+\cdots+n$　　n 是奇數

   B. $1+2-3+4-5+\cdots-(n-1)+n$　　n 是偶數

   $1/n+2/n+3/n+\cdots+n/n$　　n 是任意正整數

   例如：

   $n=3$: $1/3+2/3+3/3$

   $n=6$: $1/6+2/6+3/6+4/6+5/6+6/6$

Python 附錄二 Step-by-Step

主題 1 Python 的簡單網路爬蟲

本主題介紹透過 Python 做網路爬蟲，網路爬蟲是一門大學問，如同 pandas 一樣，我們只是簡單介紹一下，有興趣深入的讀者，可以擇之深入。

1-1 webbrowser 模組瀏覽網頁

Python 有內建瀏覽器，以下程式碼可以啓動 Python 的瀏覽器瀏覽霹靂布袋戲網站（https://home.pili.com.tw/）。有時候失敗，會用電腦內建瀏覽器打開。

```
import webbrowser
webbrowser.open('https://home.pili.com.tw/')
```

1-2 Google 地圖查詢

在 Python 可以啓動 Google Map 視窗，指定地址或地名，打開 Google 地圖：

```
import webbrowser
address=' 羅斯福路四段一號 '
webbrowser.open('http://www.google.com.tw/maps/place/' + address)
```

1-3 下載網頁與簡單分析

爬蟲主要是指爬取網頁資訊。第一步是要把網頁抓下來，然後處理文字。我們使用兩個模組 resuests 和 re。舉一頁爲例，檢索這個頁面「霹靂」兩個字共出現幾次。程式碼如下：

```
import requests
import re
url='https://home.pili.com.tw/'
htmlpage=requests.get(url)
pattern=' 霹靂 '
```

確認文檔有沒有「霹靂」兩字：

```
  if pattern in htmlpage.text:                    # 方法 1
    print(" 搜尋 %s 成功 " % pattern)
  else:
    print(" 搜尋 %s 失敗 " % pattern)
```

如果有，找到放在串列 name 內，並計算次數：

```
name = re.findall(pattern, htmlpage.text)         # 方法 2
  if name != None:
    print("%s 出現 %d 次 " % (pattern, len(name)))
  else:
    print("%s 出現 0 次 " % pattern)
```

主控台列出的結果如下：

```
搜尋 霹靂 成功

霹靂 出現 48 次
```

1-4 儲存

```
import requests
url='https://home.pili.com.tw/'
try:
  htmlpage=requests.get(url)
  print(" 下載成功 ")
except Exception as err:                                    # err 是系統自訂的錯誤訊息
  print(" 網頁下載失敗 : %s" % err)
```

儲存網頁內容：

```
filename = 'output1.txt'
with open(filename, 'wb') as file_Obj:                  # 以二進位儲存
  for diskStorage in htmlpage.iter_content(10240): # Response 物件處理
    size = file_Obj.write(diskStorage)                  # Response 物件寫入
    print(size)                                                  # 列出每次寫入大小
  print(" 以 %s 儲存網頁 HTML 檔案成功 " % fn)
```

這樣就會把「output1.txt」存放在工作目錄。以後要分析時，可以用前章所學的 pandas 讀取文字資料，進行文字分析。

把「output1.txt」用文字編輯器打開，如圖 Py 1-1。

Python 網頁爬蟲的王者模組是 selenium，安裝語法是：

```
pip install selenium
```

載入使用是：

```
from selenium import webdriver
```

除了網頁，Python 尚可以讀取 Microsoft Word 和 PDF 的檔案。

```
<!DOCTYPE html>
<html xmlns="http://www.w3.org/1999/xhtml">
<head>
<meta http-equiv="Content-Type" content="text/html; charset=utf-8" />
<meta name="google-site-verification" content="piP-H8QbAMz8oYoDxwK1MjrMsdk4PmwLNNnvbdWrgj0" />
<meta name="dailymotion-domain-verification" content="dmo5223omi0pf02x0" />
<meta property="fb:pages" content="59974786915" />
<title>EPILI 霹靂網</title>
<link href="home2019.css?t=20190116" rel="stylesheet" type="text/css" />
<!-- the CSS for Smooth Div Scroll -->
<link rel="Stylesheet" type="text/css" href="/common/smoothDivScroll/css/smoothDivScroll.css?t=201512231422" />
<script src="//cdnjs.cloudflare.com/ajax/libs/jquery/2.2.4/jquery.min.js"></script>
<script src="//cdnjs.cloudflare.com/ajax/libs/jqueryui/1.12.1/jquery-ui.min.js"></script>
<link rel="stylesheet" href="//cdnjs.cloudflare.com/ajax/libs/jqueryui/1.12.1/themes/ui-darkness/jquery-ui.css" />
<script src="/common/cycle2/jquery.cycle2.min.js" type="text/javascript"></script>
<link rel="Stylesheet" type="text/css" href="/common/cycle2/slideshow.css" />
<script type='text/javascript'>
  (function() {
    var cx = '001805696631108939921:nicneu-gxcy';
    var gcse = document.createElement('script'); gcse.type = 'text/javascript'; gcse.async = true;
    gcse.src = (document.location.protocol == 'https:' ? 'https:' : 'http:') +
        '//www.google.com/cse/cse.js?cx=' + cx;
    var s = document.getElementsByTagName('script')[0]; s.parentNode.insertBefore(gcse, s);
  })();
</script>
<script type='text/javascript'>
  var googletag = googletag || {};
  googletag.cmd = googletag.cmd || [];
```

圖 Py 1-1 把 output1.txt 用文字編輯器打開

處理 PDF 文檔的模組是 PyPDF2

安裝指令是：

pip install **PyPDF2**

載入使用是：

import **PyPDF2**

Python 有很大處理文件的功能，可以設計各式各樣的工具，也可以發 email、手機簡訊、控制機器、編輯圖檔等等。有目標的深度學習才是重點。

主題 2 讀取 Word 檔案內容

Python 處理 Word 文檔的模組是 docx，安裝可能有一些地方需要解釋。如果寫程式的環境是使用 Python IDLE，安裝指令很簡單，在 Windows prompt（或 shel）執行下面指令：

pip install **python-docx**

但是，如果我們目前想在 Anaconda 內使用 Spyde，則必須使用 Anaconda 的 Promp，方法如圖 Py 2-1，啓動 Anaconda 的 Prompt，就會進入類似 Windows shell 的空間，以下三行指令皆可以安裝 docx，筆者電腦使用第二行指令才成功安裝。

```
conda install -c conda-forge python-docx
conda install -c conda-forge/label/gcc7 python-docx
conda install -c conda-forge/label/cf201901 python-docx
```

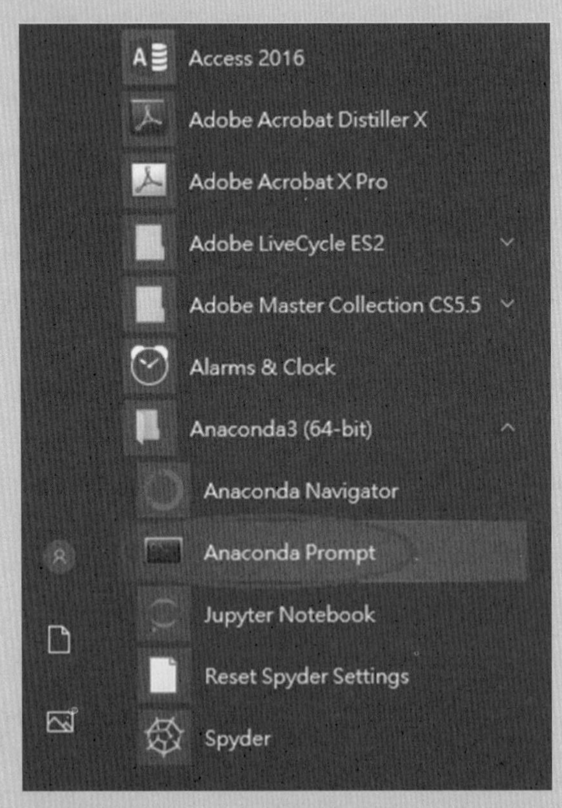

圖 Py 2-1 啓動 Anaconda 的 Prompt

分析文檔之前，我們先了解三個文件結構的名稱：

(1) Document（文件）

整個 Word 文件，讀進一個檔案，就是一個 Document。

(2) Paragraph（段落）

一份文件是由多個段落所組成，Word 的段落是以 Enter 符號為判準，所有的段落都是以串列 list 方式存在。

(3) Run（樣式）

Word 文件要考慮的有「字形大小、字形樣式、色彩、圖片」等等，這些皆稱為 Run。一個 Run 代表 Paragraph 物件中相同樣式的連續文字，如果文字發生樣式改變時，Python 會以新的 Run 物件表示。舉例：

Run　　　　　　　　　　Run

萊布尼茲　　是　　一位橫跨多領域的天才人物

Run

相同樣式的判讀，就需要文字分析依照語意來斷詞斷句。但中文往往會有問題，例如：最近很流行的一句搞死外國人的話：「我也想過過過兒過過的生活」。

相較之下，英文的文法比較清楚。下面範例介紹一些技術，讀者最好先把「微積分之父萊布尼茲 .docx」文檔打開來看一看。

程式碼：

```
import docx
myDoc = docx.Document(' 微積分之父萊布尼茲 .docx')
len(myDoc.paragraphs)          # 段落數 = 文件的 Paragraph 物件數量
Out[65]: 13
```

```
for i in range(0, len(myDoc.paragraphs)):
    print("paragraph %d = " % i, myDoc.paragraphs[i].text)
```

上面的迴圈，逐段落把 text 列出來，如圖 Py 2-2

接下來檢視樣式（Run）：下一行檢視第二段（Python 計數由 0 開始）有多少 runs ？

```
len(myDoc.paragraphs[1].runs)
Out[67]: 5
```

接下來把 5 個 Runs 的內容列出來：

```
In [66]: for i in range(0, len(myDoc.paragraphs)):
    ...:     print("paragraph %d = " % i, myDoc.paragraphs[i].text)
    ...:
    ...:
paragraph 0 =  微積分之父—萊布尼茲
paragraph 1 =  談到微分學，一定要認識一位橫跨多領域的天才人物—萊布尼茲(Leibniz, GottfriedWilhelm, 1646-1716)。
paragraph 2 =  萊布尼茲的研究涉及多種知識領域，其目的是尋求一種可以獲得知識的普遍方法。萊布尼茲最重要的數學貢獻是發明微積分，同時預見並認真思索符號邏輯的可能性。哲學上，他也與笛卡兒(Descarte)及史賓諾沙(Spinoza)齊名，並稱歐洲大陸理性主義三哲。
paragraph 3 =  萊布尼茲從幾何學的角度論述微分法則，得到微分學的一系列基本結果，是較早的微積分文獻。他又於1686年發表第一篇積分學論文，可以求出原函數。這兩篇文獻均早於牛頓(New ton)首次發表的微積分結果(1687)，但他開始從事研究的時間則晚了近十年，因此數學史上將其二人並列為微積分的創立者。萊布尼茲於1694年進一步補充了積分結果。
paragraph 4 =  他創設的數學符號非常優良，對微積分的發展有極大影響，直到現在仍在使用。萊布尼茲說他發展微積分的根源就是差分學。微積分與差分間的類推關係是萊布尼茲思想的核心。從他的眼光來看，兩者在本質上是相同的。一方面，差分對付的是離散的有限多個有限數；另一方面，微積分對付的是連續的無窮多個無窮小。因此微積分若少了差分，就好像少了郭靖的金庸劇本一樣。
paragraph 5 =  萊布尼茲算是數學家中啟蒙較晚的。而且他的興趣極廣，雜事又多，他所有的科學思想，幾乎都是在前半生的行旅生涯中思索出來的。他在法國期間與英國及法國的學術界都有交流，也因此開始思索微積分的問題。雖然1665年左右，牛頓即已開始產生微積分的想法，但是由於牛頓祕而不宣，因此萊布尼茲獨立開展自己對微積分的想法，並發展他自己使用的符號。他在29歲時便已提出今日所謂的Leibniz法則，而且也已經使用常見的積分符號。他曾幾次造訪英國皇家學會，發表他計算機械的想法，也因此透過學會祕書間接與牛頓有淡薄的聯繫，沒想到卻種下日後爭奪微積分發明排名的因緣。
paragraph 6 =  爾後，牛頓曾經透過學會祕書寫了兩封信給萊布尼茲，第一封信含糊地列出一些結果，但由於未意識到當時歐陸信件遞送延誤的嚴重，牛頓認為萊布尼茲有足夠的時間補上自己的證明，因此他在第二封信指控萊布尼茲剽竊。此後關於微積分發明的優先歸屬之爭，有如星火燎原，變成歐陸與英倫數學家的對決。牛頓甚至在學會主席任內，組成委員會調查此事，並自己起草調查結果，這種「球員兼裁判」的作法，想當然爾地判了對方「死刑」。面對這種誣蔑，弱勢的萊布尼茲也只能無力地用匿名為自己辯護。不過，萊布尼茲不但在出版"Nova Methodus pro Maximis Minimis"(極大與極小的新方法)的時間上(1684)勝過牛頓的《原理》(1685)，而且今天一般的數學史家都已相信微積分是他們兩人各自獨立研究的結果。另外，由於萊布尼茲對「正確」符號的講究、對知識交流又公開，現代的微積分課本上使用的都是萊布尼茲發明的符號；而英國數學的進展則因為閉關自守停滯了百餘年，算是歷史還了萊布尼茲一個公道。
paragraph 7 =  萊布尼茲依自己的想法拒絕在大學任教，曾短期擔任玫瑰十字會的祕書；這是一個鍊金術團體，那個年代的知識分子多有類似經歷(牛頓也極著迷於鍊金術)。他隨後進入政治圈，為了轉移路易十四在歐洲的作戰方針，到巴黎進行外交工作(他的獻策在一百多年後落實為拿破崙的出兵埃及)。1676年，30歲的他離開法國，回國任漢諾威選帝候的家臣兼圖書館長，此後40年，他終生待在漢諾威，做一些浪費他天分的工作。萊布尼茲堪稱晚景淒涼，死時連個送葬的人也沒有。
paragraph 8 =  另外值得一提的是，萊布尼茲說服德皇，於1700年成立Brandenburg科學院(也就是之後的柏林科學院)，並努力促成聖彼得堡與維也納科學院的科學交流，貫徹他知識應該獲得充分交流的理念，這也是他在歷史上對學術社群交流的重大貢獻。
paragraph 9 =
paragraph 10 =  資料來源:http://episte.math.ntu.edu.tw/people/p_leibniz/index.html
paragraph 11 =        http://episte.math.ntu.edu.tw/entries/en_newton_leibniz/Kline, M. (1972) Mathematical Thoughts from Ancient to Modern Times. Cambridge: Oxford University Press.
paragraph 12 =
```

圖 Py 2-2 文檔逐段內容

```
for i in range(0, len(myDoc.paragraphs[1].runs)):
    print("Run %d = " % i, myDoc.paragraphs[1].runs[i].text)
```

結果如下：

```
Run 0 = 談到微分學，一定要認識一位橫跨多領域的天才人物
Run 1 = ——
Run 2 = 萊布尼茲 (
Run 3 = Leibniz, GottfriedWilhelm, 1646-1716
Run 4 = )。
```

讀取 Word 文檔簡介就到此爲止。繼續學習的部分，還有編輯文檔，也就是編輯段落成一個新的文檔，例如：在段落插入文字、增加 Runs 等等，最後把一個新的文檔存起來。有興趣的同學，可以逐項精進。想進一步學習者，可以在 Google 搜尋「Python docx 教學」或「Python docx tutorials」，會出現很多資源。

練習

1. 請接續上面，列出第 3 段落的 Runs 數量和內容。
2. 請回答最多 Run 在哪一段落？

主題 3　讀取 PDF 文檔

處理 PDF 文件必須使用模組 PyPDF2，它的裝置也需要進入 Anaconda Prompt，如下：

```
conda install -c conda-forge pypdf2
conda install -c conda-forge/label/broken pypdf2
conda install -c conda-forge/label/cf201901 pypdf2
```

筆者裝這個套件時，第一行的指令比較順利。

另外，裝置時的套件名稱和使用時有些不同，使用時要用 PyPDF2。接下來，我們用高盛（Goldman-Sachs）區塊鏈白皮書當作範例。

程式碼如下：

```
import PyPDF2
filename = 'GS-Blockchain-report.pdf'          # 欲讀取的 PDF 檔名
pdfObj = open(filename,'rb')                   # 以二進位方式開啓
myPDF = PyPDF2.PdfFileReader(pdfObj)           # 讀取檔案
print(myPDF.numPages)
```

這行可以檢視文件有幾頁，本文件共 88 頁。

```
pageObj = myPDF.getPage(8)                     # 將第 7 頁內容讀入 pageObj
txt = pageObj.extractText()                    # 擷取頁面內容
print(txt)
```

PDF 因為編碼的問題，Python 處理時，中文顯示常常出現亂碼，但是克服並不困難。這點和 Word 就不太一樣，但是，開源軟體需要的是在社群鍛鍊開放學習能力，不是所有的東西都要弄得好好的。

想進一步學習者，老樣子，可以在 Google 搜尋「pypdf2 教學」或「pypdf2 tutorials」，會出現很多資源。

練習

1. 寫一個迴圈，把上面 PDF 檔案前 15 頁再列出來。

Python　附錄三　Step-by-Step

Python 的最後一單元，將介紹進階的繪圖方法。

主題 1　多筆數據置放一張圖

圖 Py 1-1 的程式碼如下：

```
import matplotlib.pyplot as plt

y1 = [11, 4, 7, 16, 25, 36, 49, 64]      # y1 線條
y2 = [4, 3, 16, 10, 5, 21, 8, 36]        # y2 線條
x = [1,2,3,4,5,6,7,8]
plt.plot(x, y1, x, y2)                   # y1 & y2 線條放一起
plt.title("Test Chart", fontsize=24)
```

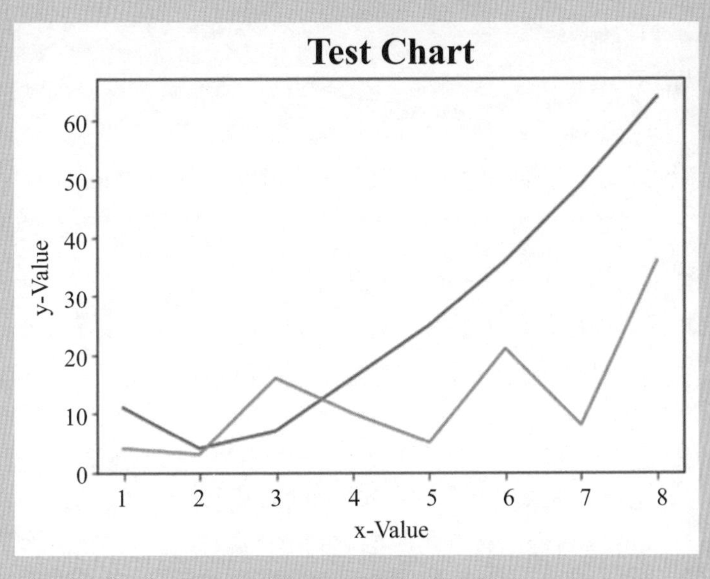

圖 Py 1-1　練習用 Python 繪圖

```
plt.xlabel("x-Value", fontsize=14)
plt.ylabel("y-Value", fontsize=14)
plt.tick_params(axis='both', labelsize=12, color='red')
plt.show()
```

須注意，要畫的圖如果要含標籤文字，那就要框起來一起 Run，不能一行一行跑。圖 Py 1-1 是基本簡單的圖形，色彩原理很簡單，Python 大致有如下八種內建默認顏色縮寫：

{'b', 'g', 'r', 'c', 'm', 'y', 'k', 'w'}

b：blue（藍）
g：green（綠）
r：red（紅）
c：cyan（青）
m：magenta（紅紫）
y：yellow（黃）
k：black（黑）
w：white（白）

其他顏色表示方法尚有：灰色陰影、html 十六進位和 RGB 元組。

另外，點、線的樣式有 23 種狀態，注意不同點的形狀默認使用不同顏色與 4 種線型，樣式整理如下表 Py 1-1。

顏色和樣式可以組合使用，例如：「r-.」代表「紅色虛點」。

樣式字串可以將顏色、點型、線型寫成一個字串，有 3 種：

c*--：會畫出有星星標記的青色虛線
mo:：會畫出有圓形標記的紅紫色點線
kp-：會畫出有五角形標記的黑色虛線

表 Py 1-1　樣式表

字元	說明
'-' 或 'solid'	預設實線
'--' 或 'dashed'	虛線
'-.' 或 'dashdot'	虛點線
':' 或 'dotted'	點線
'.'	點標記
','	像素標記
'o'	圓形標記
'v'	反三角標記
'^'	三角標記
's'	方形標記
'p'	五角形標記
'*'	星星標記
'+'	加號標記
'-'	減號標記

我們實際畫三個圖：Py 1-2 ～ Py 1-4 來說明這些符號的意義，其餘讀者可以自行練習。

圖 Py 1-2 程式碼：

```
import numpy as np
import matplotlib.pyplot as plt
y = np.arange(1, 5)
print(y)
plt.plot(y, color='g' , marker= 'o')
plt.plot(y+1, color='0.5' , marker = 'D')
```

```
plt.plot(y+2, '^' )
plt.plot(y+3, 'p' )
plt.show()
```

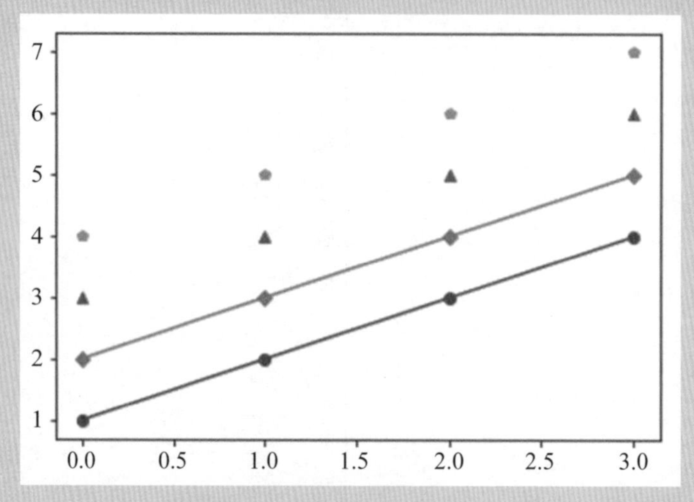

圖 Py 1-2　用程式碼呈現不同點型

圖 Py 1-3 程式碼：

```
import numpy as np
import matplotlib.pyplot as plt
y = np.arange(1, 5)
print(y)
plt.plot(y, 'cx--' , color='g' , marker= 'o' , )
plt.plot(y+1, 'mp:' , color='0.5' , marker = 'D')
plt.plot(y+2, '-.', )
plt.plot(y+3, 'kp:' , )
plt.show()
```

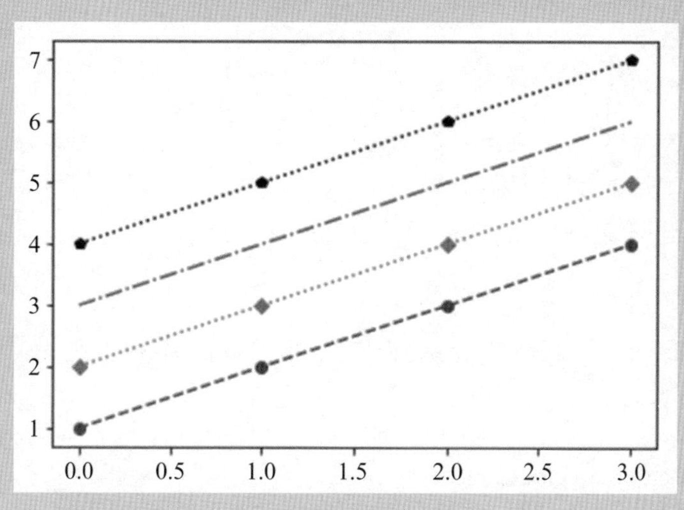

圖 Py 1-3 用程式碼呈現不同線型

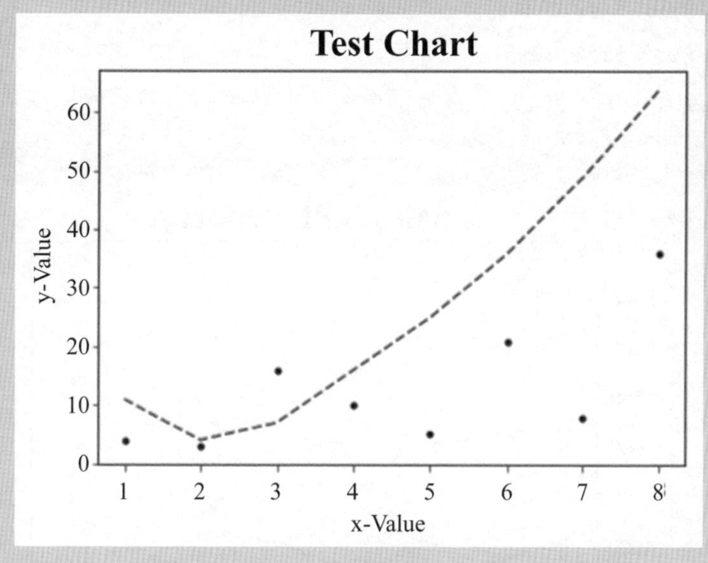

圖 Py 1-4 活用點型、線型來繪圖

圖 Py 1-4 程式碼：

```
import matplotlib.pyplot as plt
```

```
plt.plot(x, y1,'g--', x, y2,'k.')            # y1 & y2 線條
plt.title("Test Chart", fontsize=24)
plt.xlabel("x-Value", fontsize=14)
plt.ylabel("y-Value", fontsize=14)
plt.tick_params(axis='both', labelsize=12, color='red')
plt.show()
```

接下來，我們在圖形加上線條說明，也就是 legend() 函數。

圖 Py 1-5 程式碼：

```
import matplotlib.pyplot as plt
A = [3391, 4120, 5139,6123]        # 業務 A 績效
B = [4015, 3590, 4132,6428]        # 業務 B 績效
C = [5222, 4938, 5150, 6895]       # 業務 C 績效
x = [2016, 2017,2018, 2019]        # 年度
```

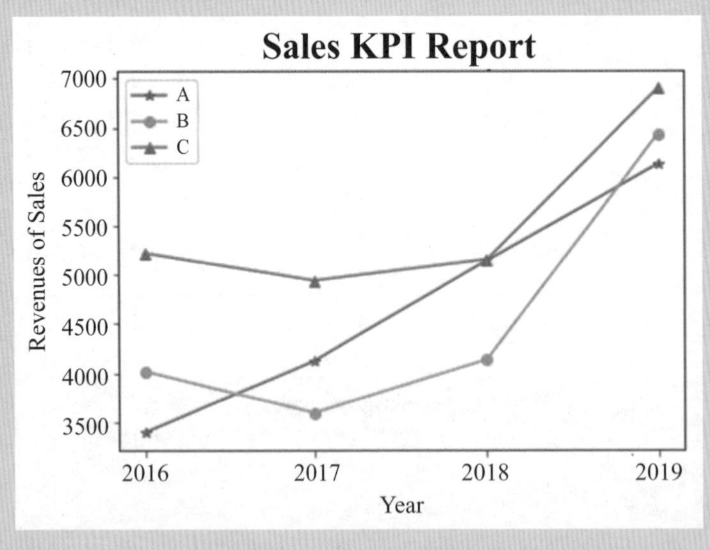

圖 Py 1-5 練習在圖表加入線條說明

```
plt.xticks(x)                              # 設定 x 軸刻度
lineA, = plt.plot(x, A, '-*', label='A')
lineB, = plt.plot(x, B, '-o', label='B')
lineC, = plt.plot(x, C, '-^', label='C')
plt.legend(handles=[lineA, lineB, lineC], loc='best')
plt.title("Sales KPI Report", fontsize=24)
plt.xlabel("Year", fontsize=14)
plt.ylabel("Revenues of Sales", fontsize=14)
plt.tick_params(axis='both', labelsize=12, color='red')
plt.show()
```

Legend 最重要的就是位置參數：loc=' '。

plt.legend(handles=[lineA, lineB, lineC], loc='best')

有 11 個選項：

'best'：0

'upper right'：1

'upper left'：2

'lower left'：3

'lower right'：4

'right'：5

'center left'：6

'center right'：7

'lower center'：8

'upper center'：9

'center'：10

最簡單的方式就是請讀者改變以上參數，看看它是如何顯示的。請讀者當作練習題。

主題 2　n 筆數據畫 n 張圖

如果兩筆數據畫兩張圖上下呈現，則使用子圖 subplot 函數：

```
plt.subplot(R, C, k)
```

R 代表列數，C 代表行數，這行程式碼的意思是說，打開一個 R×C 的頁面，把下面的圖放在第 k 個位置。

plt.subplot(2, 1, 1) 則是說打開一個 2×1 的頁面，把下面的圖放在第 1 個（上面）的位置。

上下呈現兩張圖（圖 Py 2-1）的程式碼：

```
y1 = [1, 5, 3, 9, 5, 6, 7, 8]          # y1 線條
y2 = [1, 14, 9, 6, 5, 36, 49, 34]      # y2 線條
x = [1, 2, 3, 4, 5, 6, 7, 8]
```

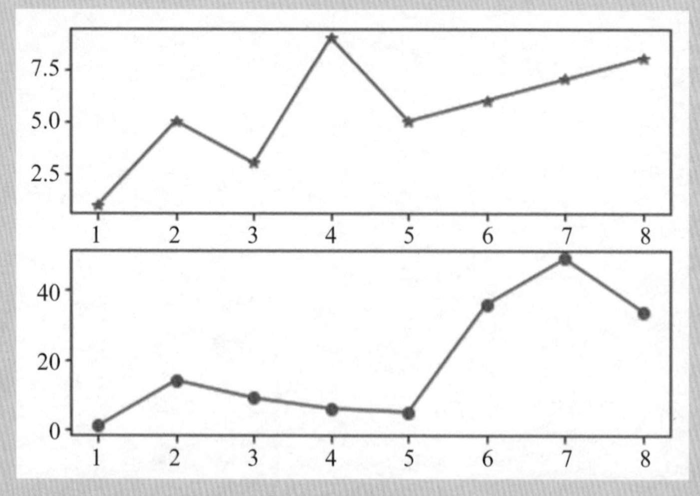

圖 Py 2-1　上下呈現兩張圖

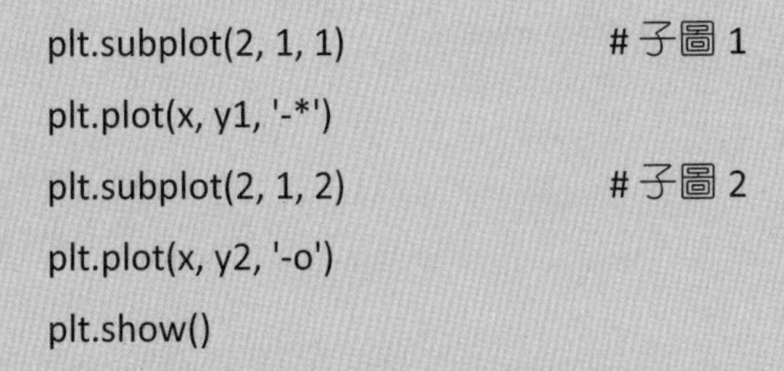

```
plt.subplot(2, 1, 1)                    # 子圖 1
plt.plot(x, y1, '-*')
plt.subplot(2, 1, 2)                    # 子圖 2
plt.plot(x, y2, '-o')
plt.show()
```

左右呈現兩張圖（圖 Py 2-2）的程式碼如下：

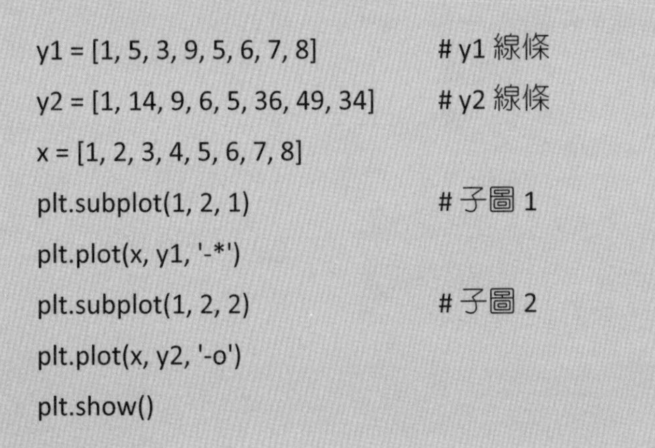

```
y1 = [1, 5, 3, 9, 5, 6, 7, 8]           # y1 線條
y2 = [1, 14, 9, 6, 5, 36, 49, 34]       # y2 線條
x = [1, 2, 3, 4, 5, 6, 7, 8]
plt.subplot(1, 2, 1)                    # 子圖 1
plt.plot(x, y1, '-*')
plt.subplot(1, 2, 2)                    # 子圖 2
plt.plot(x, y2, '-o')
plt.show()
```

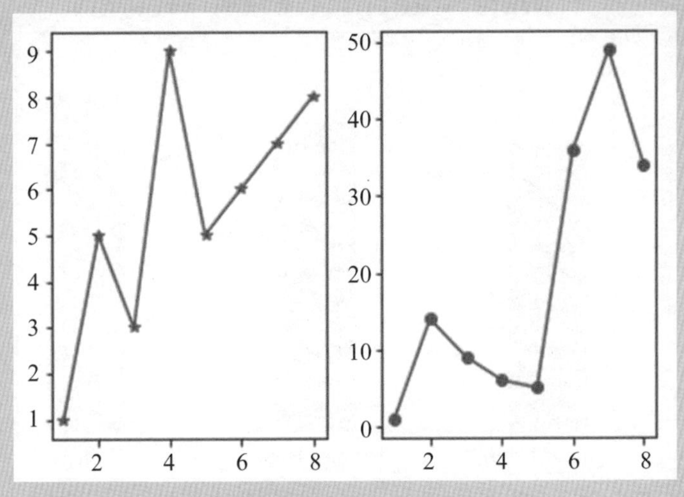

圖 Py 2-2　左右呈現兩張圖

如果有四個圖，則分割 2×2，其餘都是如法炮製。

主題 3 長條圖（bar）

(1) 簡單長條圖（圖 Py 3-1）

程式碼如下：

```
import numpy as np
import matplotlib.pyplot as plt
weight = [65, 70, 76]            # 體重
N = len(weight)                  # 計算長度
x = np.arange(N)                 # 長條圖 x 軸座標
width = 0.35                     # 長條圖寬度
plt.bar(x, weight, width)        # 繪製長條圖
plt.ylabel('The kg of weight')
```

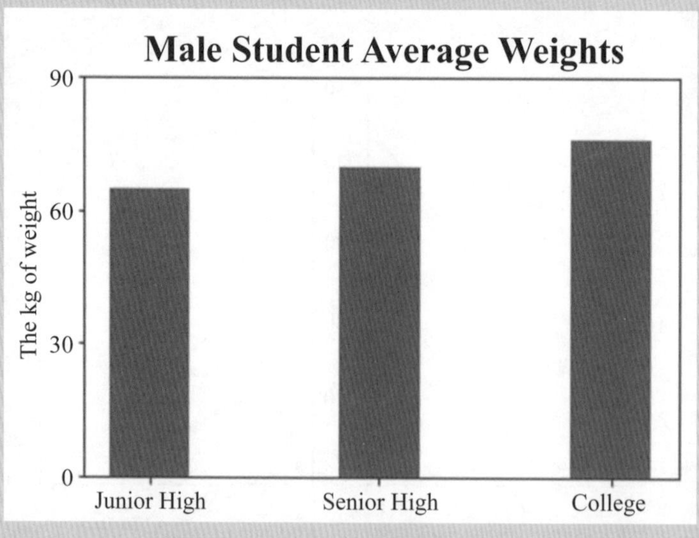

圖 Py 3-1 簡單長條圖

```
plt.title('Male Student Average Weights')
plt.xticks(x, ('Junior High', 'Senior High', 'College'))
plt.yticks(np.arange(0, 100, 30))
plt.show()
```

(2) 並列長條圖（圖 Py 3-2）

我們用模擬抽樣的數據 np.random.random() 來畫，程式碼如下：

```
import numpy as np
import matplotlib.pyplot as plt
size = 6
a = np.random.random(size)
b = np.random.random(size)
c = np.random.random(size)
x = np.arange(size)

# 有多少個類型，只需更改 n 即可
```

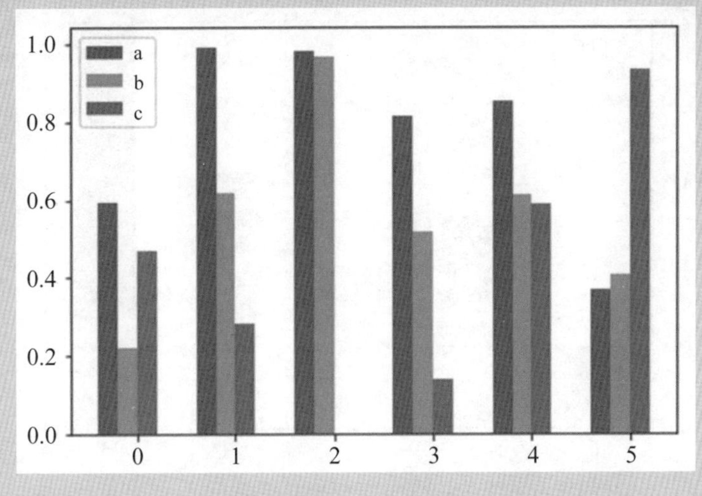

圖 Py 3-2 並列長條圖

```
total_width, n = 0.8, 3
width = total_width / n

# 重新擬定 x 的座標
x = x - (total_width - width) / 2

# 這裡使用偏移
plt.bar(x, a,  width=width, label='a')
plt.bar(x + width, b, width=width, label='b')
plt.bar(x + 2 * width, c, width=width, label='c')
plt.legend()
plt.show()
```

(3) 疊加長條圖（圖 Py 3-3）

程式碼如下：

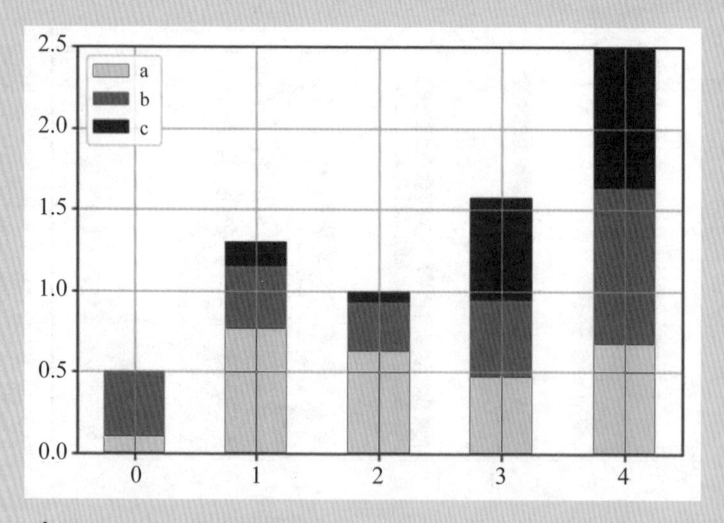

圖 Py 3-3 疊加長條圖

```
import numpy as np
import matplotlib.pyplot as plt
size = 5
a = np.random.random(size)
b = np.random.random(size)
c = np.random.random(size)

x = np.arange(size)

# 這裡使用偏移
plt.bar(x, a, width=0.5, label='a',fc='r')
plt.bar(x, b, bottom=a, width=0.5, label='b', fc='g')
plt.bar(x, c, bottom=a+b, width=0.5, label='c', fc='b')
plt.ylim(0, 2.5)
plt.legend()
plt.grid(True)
plt.show()
```

主題 4　圓餅圖（pie）

(1) 簡單圓餅圖

圖 Py 4-1 的程式碼如下：

```
import matplotlib.pyplot as plt
labels = 'Fruit', 'Water', 'Food', 'Snack'
sizes = [17, 28, 47, 8]

# 設置分離的距離，0 表示不分離
```

```
explode = (0, 0.1, 0, 0)

plt.pie(sizes, explode=explode, labels=labels, autopct='%1.1f%%',
    shadow=True, startangle=90)
# Equal aspect ratio( 保證畫出的圖是正圓形 )
plt.axis('equal')
plt.show()
```

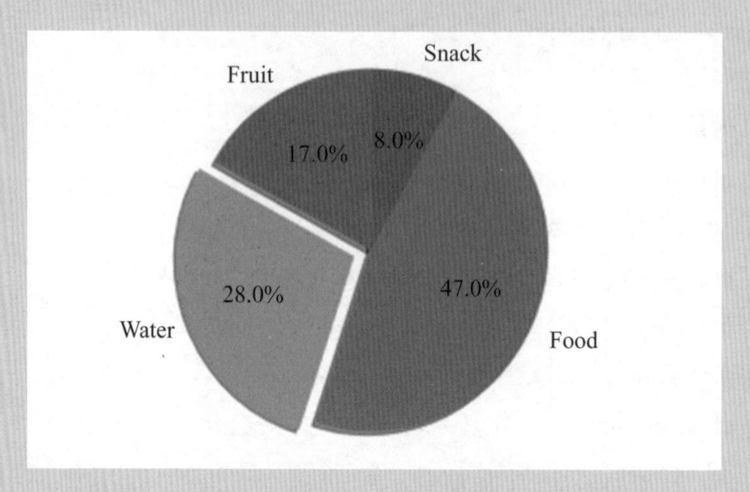

圖 Py 4-1　簡單圓餅圖

(2) 嵌套圓餅圖

圖 Py 4-2 的程式碼如下：

```
import numpy as np
import matplotlib.pyplot as plt
```

設置每環的寬度：

```
size = 0.3
vals = np.array([[60., 32.], [37., 40.], [29., 10.]])
```

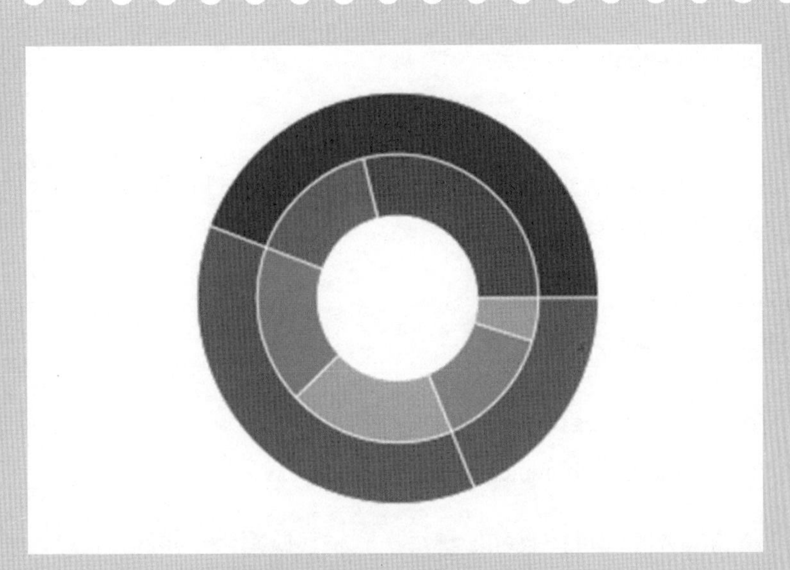

圖 Py 4-2 嵌套圓餅圖

通過 get_cmap 隨機獲取顏色：

```
cmap = plt.get_cmap("tab20b")
outer_colors = cmap(np.arange(3)*4)
inner_colors = cmap(np.array([1, 2, 5, 6, 9, 10]))
print(vals.sum(axis=1))
# [92. 77. 39.]
plt.pie(vals.sum(axis=1), radius=1, colors=outer_colors,
    wedgeprops=dict(width=size, edgecolor='w'))
print(vals.flatten())
# [60. 32. 37. 40. 29. 10.]
plt.pie(vals.flatten(), radius=1-size, colors=inner_colors,
    wedgeprops=dict(width=size, edgecolor='w'))
# equal( 使得為正圓 )
```

```
plt.axis('equal')
plt.show()
```

上面「通過 get_cmap 隨機獲取顏色」，cmap 有多種選項，參考前頁，讀者可以置換看看效果。

(3) 雷達圖

圖 Py 4-3 的程式碼如下：

```
import numpy as np
import matplotlib.pyplot as plt
```

將隨機數據固定在 seed，讓每次測試數據都是一樣的：

```
#np.random.seed(12345678)
```

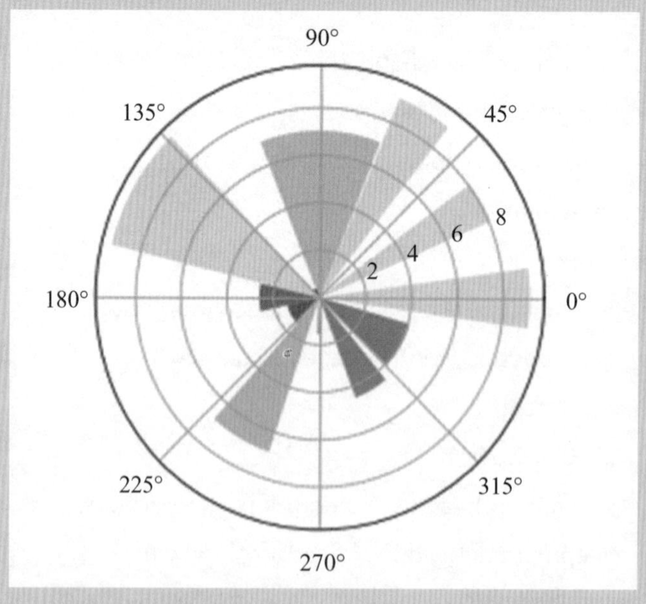

圖 Py 4-3　雷達圖

```
N = 12
theta = np.linspace(0.0, 2 * np.pi, N, endpoint=False)
#radii 表示從中心點向邊緣繪製的長度（半徑）：
radii = 10 * np.random.rand(N)
#width 表示末端的弧長（扇子面積）：
width = (np.pi/4) * np.random.rand(N)

ax = plt.subplot(111, projection='polar')
bars = ax.bar(theta, radii, width=width, bottom=0.0)
```

定義顏色和不透明度：

```
for r, bar in zip(radii, bars):
    bar.set_facecolor(plt.cm.viridis(r/8.))
    bar.set_alpha(0.8)
plt.show()
```

另外，3D 繪圖也是 Python 很厲害的地方。有興趣的讀者，可以進階持續學習。

主題 5　三維立體圖 3D

下例我們會用 np.random.randint() 函數，在 0 ～ 2555 之間，隨機抽樣 21 個整數，然後 7 個一塊，分成 3 塊，用三種顏色（y、r、b）顯示。參考前面八種內建默認顏色縮寫，置換看看顯示成果。

圖 Py 5-1 的程式碼如下：

```
import numpy as np
import matplotlib.pyplot as plt
```

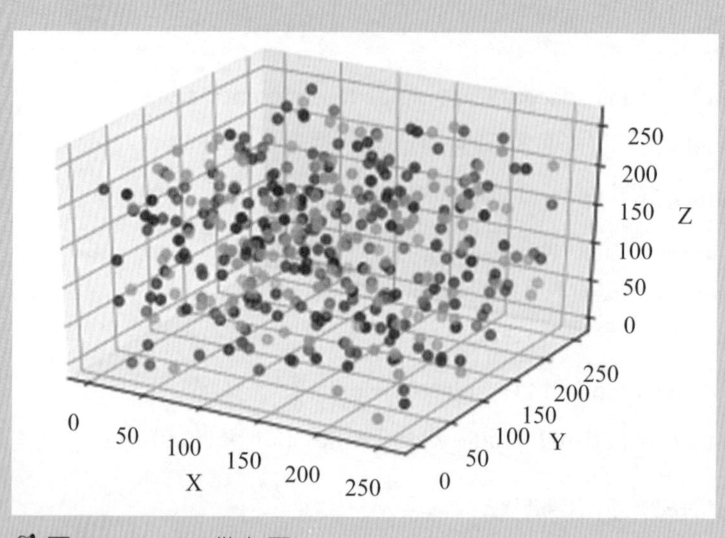

圖 Py 5-1　3D 散布圖

```
from mpl_toolkits.mplot3d import Axes3D
data = np.random.randint(0, 255, size=[21, 21, 21])
x, y, z = data[0], data[1], data[2]

ax = plt.subplot(111, projection='3d') # 開啓一個 3D 繪圖架構

ax.scatter(x[:7], y[:7], z[:7], c='y')
ax.scatter(x[8:14], y[8:14], z[8:14], c='r')
ax.scatter(x[-7:], y[-7:], z[-7:], c='b')

ax.set_zlabel('Z') # 座標軸
ax.set_ylabel('Y')
ax.set_xlabel('X')
plt.show()
```

我們會使用之前介紹過 arange() 這個函數產生 X 和 Y 的數列數據，0.15 這個數字，圖形愈小愈細。

圖 Py 5-2 程式碼如下：

```
from matplotlib import pyplot as plt
import numpy as np
from mpl_toolkits.mplot3d import Axes3D

fig = plt.figure()
ax = Axes3D(fig)
X = np.arange(-7, 2, 0.15)
Y = np.arange(-7, 2, 0.15)
X, Y = np.meshgrid(X, Y)
R = np.sqrt(X**2 + Y**2)
```

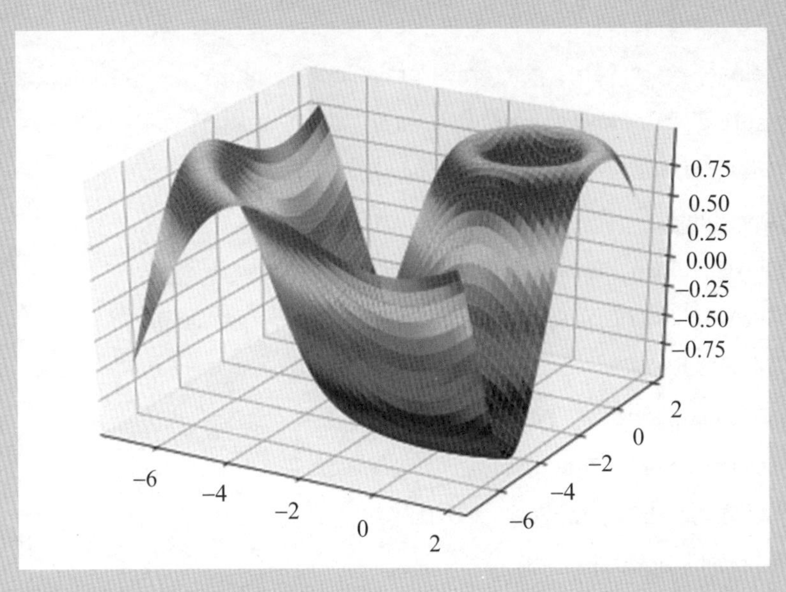

圖 Py 5-2　3D 平面圖

```
Z = np.sin(R)
ax.plot_surface(X, Y, Z, rstride=1, cstride=1, cmap='nipy_spectral')
plt.show()
```

3D 圖繪製的關鍵就是函數 ax.plot_surface()，關於它的完整內容，可用 help(ax.plot_surface) 查看。

高階繪圖往往需要色版，cmap 的色版如下，讀者可以置換 cmap='nipy_spectral' 選項。

```
cmaps = [('Perceptually Uniform Sequential', [
    'viridis', 'plasma', 'inferno', 'magma']),
  ('Sequential', [
    'Greys', 'Purples', 'Blues', 'Greens', 'Oranges', 'Reds',
    'YlOrBr', 'YlOrRd', 'OrRd', 'PuRd', 'RdPu', 'BuPu',
    'GnBu', 'PuBu', 'YlGnBu', 'PuBuGn', 'BuGn', 'YlGn']),
  ('Sequential (2)', [
    'binary', 'gist_yarg', 'gist_gray', 'gray', 'bone', 'pink',
    'spring', 'summer', 'autumn', 'winter', 'cool', 'Wistia',
    'hot', 'afmhot', 'gist_heat', 'copper']),
  ('Diverging', [
    'PiYG', 'PRGn', 'BrBG', 'PuOr', 'RdGy', 'RdBu',
    'RdYlBu','RdYlGn','Spectral','coolwarm','bwr', 'seismic']),
  ('Qualitative', [
    'Pastel1', 'Pastel2', 'Paired', 'Accent',
    'Dark2', 'Set1', 'Set2', 'Set3',
    'tab10', 'tab20', 'tab20b', 'tab20c']),
  ('Miscellaneous', [
```

```
'flag', 'prism', 'ocean', 'gist_earth', 'terrain', 'gist_stern',
'gnuplot', 'gnuplot2', 'CMRmap', 'cubehelix', 'brg', 'hsv',
'gist_rainbow', 'rainbow', 'jet', 'nipy_spectral', 'gist_ncar'])]
```

國家圖書館出版品預行編目資料

管理數學、Python與R：邊玩程式邊學數學，不小心變成數據分析高手／何宗武著. 一一三版. 一一臺北市：五南圖書出版股份有限公司, 2023.06
面； 公分
ISBN 978-626-366-128-8（平裝）

1.CST：管理數學 2.CST：電腦程式語言

319 112007839

1FWC

管理數學、Python與R：

邊玩程式邊學數學，不小心變成數據分析高手(第三版)

作　　者 — 何宗武
責任編輯 — 唐　筠
文字校對 — 石曉蓉、鐘秀雲、許馨尹
封面設計 — 王麗娟
發 行 人 — 楊榮川
總 經 理 — 楊士清
總 編 輯 — 楊秀麗
副總編輯 — 張毓芬
出 版 者 — 五南圖書出版股份有限公司
地　　址：106台北市大安區和平東路二段339號4樓
電　　話：(02)2705-5066　　傳　　真：(02)2706-6100
網　　址：https://www.wunan.com.tw
電子郵件：wunan@wunan.com.tw
劃撥帳號：01068953
戶　　名：五南圖書出版股份有限公司

法律顧問　林勝安律師

出版日期　2019年6月初版一刷
　　　　　2022年3月二版一刷
　　　　　2023年6月三版一刷

定　　價　新臺幣550元

經典永恆・名著常在

五十週年的獻禮——經典名著文庫

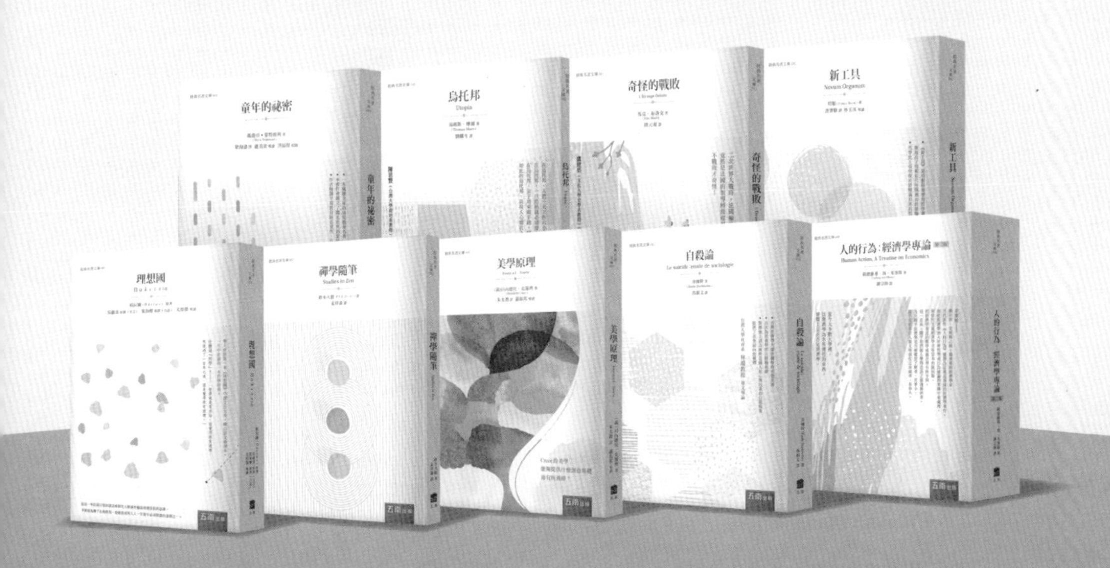

五南，五十年了，半個世紀，人生旅程的一大半，走過來了。
思索著，邁向百年的未來歷程，能為知識界、文化學術界作些什麼？
在速食文化的生態下，有什麼值得讓人雋永品味的？

歷代經典・當今名著，經過時間的洗禮，千錘百鍊，流傳至今，光芒耀人；
不僅使我們能領悟前人的智慧，同時也增深加廣我們思考的深度與視野。
我們決心投入巨資，有計畫的系統梳選，成立「經典名著文庫」，
希望收入古今中外思想性的、充滿睿智與獨見的經典、名著。
這是一項理想性的、永續性的巨大出版工程。
不在意讀者的眾寡，只考慮它的學術價值，力求完整展現先哲思想的軌跡；
為知識界開啟一片智慧之窗，營造一座百花綻放的世界文明公園，
任君遨遊、取菁吸蜜、嘉惠學子！